普通高等教育“十三五”规划教材
电子电气基础课程规划教材

VHDL 应用教程

杨 光 宿敬辉 陈 磊
王英志 冯 涛 编著

電子工業出版社
Publishing House of Electronics Industry
北京 • BEIJING

内 容 简 介

本书以 VHDL 语言应用为主线，首先介绍 EDA 技术的基本概念、发展趋势及开发过程；其次对 VHDL 的结构与要素、VHDL 基本语句、VHDL 设计实例进行阐述，最后介绍 MAX+plus II 和 Quartus II 开发工具以及实验指导。全书紧密结合实际教学需要，强调实际工程应用，内容力求由浅入深，循序渐进，通俗易懂，注重理论与实际应用相结合，并且设计实例以仿真图和文字说明的方式进行表述，重点突出，浅显易懂，帮助读者尽快掌握应用 VHDL 语言描述硬件电路的基本过程。

本书可作为高等院校电子、电气、计算机、自动化及机电一体化等专业本科生和研究生学习 VHDL 应用的教材，也可以作为 VHDL 应用开发人员的参考书。

图书在版编目（CIP）数据

VHDL 应用教程/杨光等编著．—北京：电子工业出版社，2017.5

ISBN 978-7-121-31342-4

I. ①V… II. ①杨… III. ①VHDL 语言—程序设计 IV.①TP301.2

中国版本图书馆 CIP 数据核字（2017）第 076258 号

策划编辑：谭海平
责任编辑：谭海平
印　　刷：北京七彩京通数码快印有限公司
装　　订：北京七彩京通数码快印有限公司
出版发行：电子工业出版社
　　　　　北京市海淀区万寿路 173 信箱　邮编　100036
开　　本：787×1 092　1/16　印张：14.25　字数：364.8 千字
版　　次：2017 年 5 月第 1 版
印　　次：2023 年 8 月第 10 次印刷
定　　价：35.00 元

凡所购买电子工业出版社图书有缺损问题，请向购买书店调换。若书店售缺，请与本社发行部联系，联系及邮购电话：（010）88254888，88258888。

质量投诉请发邮件至 zlts@phei.com.cn，盗版侵权举报请发邮件至 dbqq@phei.com.cn。

本书咨询联系方式：（010）88254552，tan02@phei.com.cn。

前　　言

面对现代电子技术的迅猛发展、高新技术日新月异的变化，以及人才市场、产品市场的迫切需求，我国许多高校迅速做出了积极的反应，在不长的时间内，相关的专业教学与学科领域卓有成效地完成了具有重要意义的教学改革与学科建设。例如，适用于各种教学层次的 EDA 实验室的建立，EDA、VHDL 和大规模可编程逻辑器件相关课程的设置。同时，对革新传统的数字电路课程的教学内容和实验方式做了许多大胆的尝试，使得诸如电子信息、通信工程、计算机应用、工业自动化等专业的毕业生的实际电子工程设计能力、新技术应用能力及高新技术市场的适应能力，都有了明显的提高。

新世纪，电子技术的发展将更加迅猛，电子设计的自动化程度将更高，电子产品的上市节奏将更快，传统的电子设计技术、工具和器件将在更大程度上被 EDA 所取代，EDA 技术和 VHDL 势必成为广大电子信息工程类各专业领域工程技术人员的必修课。

本书以实用为主线，兼顾普及与提高。全书内容分为 11 章。第 1 章介绍 EDA 技术的相关概念、应用及发展历程；第 2 章简要介绍 CPLD/FPGA 的内部结构及相应的配置；第 3 章主要讨论 VHDL 语言的编程基础，详细介绍 VHDL 语言的编程要素；第 4 章介绍 VHDL 语言的程序结构，详细介绍实体、结构体及进程语句；第 5 章介绍顺序语句；第 6 章介绍并行语句；第 7 章介绍 VHDL 语言的描述风格；第 8 章介绍常用组合电路和数字电路的 VHDL 语言描述；第 9 章简要介绍状态机及其设计方法；第 10 章介绍软件开发平台及软件的应用；第 11 章详细阐述实验指导。

本书可作为普通高校通信、信息、电子、自动化、电气、计算机等相关专业高年级本科生和研究生的教材，也可作为有关教师和科研人员的参考用书。

本书由长春理工大学电子信息工程学院杨光副教授主编。第 1 章和第 2 章由王英志编写，第 3 章和第 4 章由宿敬辉编写，第 5 章和第 7 章由陈磊编写，第 6 章、第 8 章和第 9 章由杨光编写，第 10 章和第 11 章由冯涛编写。

由于 EDA 技术发展迅速，且编者水平和掌握的资料有限，书中不当和错误之处在所难免，恳请广大读者批评指正。

编著者

2017 年 3 月

目　　录

第1章　绪　论

1.1　EDA技术的含义

由于EDA是一门迅速发展的新技术，涉及面广，内容丰富，理解各异，因此目前尚无统一的看法。比较一致的看法是：EDA技术，是以大规模可编程逻辑器件为设计载体，以硬件描述语言为系统逻辑描述的主要表达方式，以计算机、大规模可编程逻辑器件的开发软件及实验开发系统为设计工具，通过有关的开发软件，自动完成用软件的方式设计的电子系统到硬件系统的逻辑编译、逻辑化简、逻辑分割、逻辑综合及优化、逻辑布局布线、逻辑仿真，直至完成对于特定目标芯片的适配编译、逻辑映射、编程下载等工作，最终形成集成电子系统或专用集成芯片的一门新技术。

利用EDA技术设计电子系统具有以下几个特点：① 用软件的方式设计硬件；② 用软件方式设计的系统到硬件系统的转换是由有关的开发软件自动完成的；③ 设计过程中可用有关软件进行各种仿真；④ 系统可现场编程，在线升级；⑤ 整个系统可集成在一个芯片上，体积小、功耗低、可靠性高。因此，EDA技术是现代电子设计的发展趋势。

1.2　EDA技术的发展历程

伴随着计算机、集成电路、电子系统设计的发展，EDA技术经历了计算机辅助设计（Computer Assist Design，CAD）、计算机辅助工程设计（Computer Assist Engineering Design，CAE）和电子设计自动化（Electronic Design Automation，EDA）三个发展阶段。

1．20世纪70年代的计算机辅助设计阶段

早期的电子系统硬件设计采用的是分立元件，随着集成电路的出现和应用，硬件设计进入发展的初级阶段。初级阶段的硬件设计大量选用中小规模标准集成电路，人们将这些器件焊接在电路板上，做成初级电子系统，对电子系统的调试是在组装好的印制电路板（Printed Circuit Board，PCB）上进行的。

由于设计师对图形符号使用数量有限，传统的手工布图方法无法满足产品复杂性的要求，更不能满足工作效率的要求。这时，人们开始将产品设计过程中高度重复性的繁杂劳动，如布图、布线工作，用二维图形编辑与分析的CAD工具替代，其中最具代表性的CAD产品是美国ACCEL公司开发的Tango布线软件。20世纪70年代是EDA技术发展初期，由于PCB布图、布线工具受到计算机工作平台的制约，其支持的设计工作有限，且性能较差。

2．20世纪80年代的计算机辅助工程设计阶段

初级阶段的硬件设计是用大量不同型号的标准芯片实现电子系统设计的。随着微电子工艺的发展，相继出现了集成上万个晶体管的微处理器、集成几十万直到上百万个存储单元的随机存储器和只读存储器。此外，支持定制单元电路设计的硅编辑、掩膜编程的门阵列，如标准单元的半定制设计方法及可编程逻辑器件（PAL 和 GAL）等一系列微结构和微电子学的研究成果，都为电子系统的设计提供了新天地。因此，可以用少数几种通用的标准芯片实现电子系统的设计。

伴随计算机和集成电路的发展，EDA 技术进入计算机辅助工程设计阶段。20 世纪 80 年代初，推出的 EDA 工具则以逻辑模拟、定时分析、故障仿真、自动布局和布线为核心，重点解决电路设计没有完成之前的功能检测等问题。利用这些工具，设计师能在产品制作之前预知产品的功能与性能，能生成产品制造文件，因此在设计阶段对产品性能的分析前进了一大步。

如果说 20 世纪 70 年代的自动布局、布线的 CAD 工具代替了设计工作中绘图的重复劳动，那么 20 世纪 80 年代出现的具有自动综合能力的 CAE 工具则代替了设计师的部分工作，对保证电子系统的设计，制造出最佳的电子产品起着关键的作用。20 世纪 80 年代后期，EDA 工具已经可以进行设计描述、综合与优化和设计结果验证，CAE 阶段的 EDA 工具不仅为成功开发电子产品创造了有利条件，而且为高级设计人员的创造性劳动提供了方便。但是，大部分从原理图出发的 EDA 工具仍然不能适应复杂电子系统的设计要求，而具体化的元件图形制约着优化设计。

3．20 世纪 90 年代电子系统设计自动化阶段

为了满足千差万别的系统用户提出的设计要求，最好的办法是由用户自己设计芯片，让他们把想设计的电路直接设计在自己的专用芯片上。微电子技术的发展，特别是可编程逻辑器件的发展，使得微电子厂家可以为用户提供各种规模的可编程逻辑器件，使设计者通过设计芯片实现电子系统功能。EDA 工具的发展，又为设计师提供了全线 EDA 工具。这个阶段发展起来的 EDA 工具，目的是在设计前期将设计师从事的许多高层次设计由工具来完成，例如可以将用户要求转换为设计技术规范，有效地处理可用设计资源与理想设计目标之间的矛盾，按具体的硬件、软件和算法分解设计等。由于电子技术和 EDA 工具的发展，设计师可以在不太长的时间内使用 EDA 工具，通过一些简单标准化的设计过程，利用微电子厂家提供的设计库来完成数万门 ASIC 和集成系统的设计与验证。

20 世纪 90 年代，设计师逐步从使用硬件转向设计硬件，从单个电子产品开发转向系统级电子产品开发（即片上系统集成，System On a Chip）。因此，EDA 工具是以系统及设计为核心，包括系统行为级描述与结构综合、系统仿真与测试验证、系统划分与指标分配、系统决策与文件生成等一整套电子系统设计自动化工具。这时的 EDA 工具不仅具有电子系统设计的能力，而且能提供独立于工艺和厂家的系统级设计能力，具有高级抽象的设计构思手段。例如，具有提供方框图、状态图和流程图的编辑能力，具有适合层次描述和混合信号描述的硬件描述语言（如 VHDL、AHDL 或 Verilog-HDL），同时含有各种工艺的标准元件库。

只有具备上述功能的 EDA 工具，才可能使电子系统工程师在不熟悉各种半导体工艺的情况下，完成电子系统的设计。

未来的 EDA 技术将向广度和深度两个方向发展，EDA 将会超越电子设计的范畴进入其他领域，随着基于 EDA 的 SoC（片上系统）设计技术的发展、软硬核功能库的建立，以及基于 VHDL 的自顶向下设计理念的确立，未来的电子系统的设计与规划将不再是电子工程师的专利。

1.3 EDA 技术的主要内容

EDA 技术涉及面广，内容丰富。从教学和实用的角度看，应主要掌握 4 方面的内容：

① 大规模可编程逻辑器件。

② 硬件描述语言。

③ 软件开发工具。

④ 实验开发系统。

其中，大规模可编程逻辑器件是利用 EDA 技术进行电子系统设计的载体，硬件描述语言是利用 EDA 技术进行电子系统设计的主要表达手段，软件开发工具是利用 EDA 技术进行电子系统设计的智能化的自动化设计工具，实验开发系统则是利用 EDA 技术进行电子系统设计的下载工具及硬件验证工具。

为了使读者对 EDA 技术有一个总体印象，下面简要介绍 EDA 技术的主要内容。

1．大规模可编程逻辑器件

可编程逻辑器件（Programmable Logic Device，PLD）是一种由用户编程以实现某种逻辑功能的新型逻辑器件。FPGA 和 CPLD 分别是现场可编程门阵列和复杂可编程逻辑器件的简称。今天，FPGA 和 CPLD 器件的应用已十分广泛，它们将随着 EDA 技术的发展而成为电子设计领域的重要角色。国际上生产 FPGA/CPLD 且在我国市场份额较大的主流公司是 Xilinx、Altera、Lattice。Xilinx 公司的 FPGA 器件有 XC2000、XC3000、XC4000、XC4000E、XC4000XLA、XC5200 系列等，可用门数为 1200～18000；Altera 公司的 CPLD 器件有 FLEX6000、FLEX8000、FLEX10K、FLEX10KE 系列等，可用门数为 5000～25000；Lattice 公司的 ISP-PLD 器件有 ispLSI1000、ispLSI2000、ispLSI3000、ispLSI6000 系列等，集成度可多达 25000 个 PLD 等效门。

FPGA 在结构上主要分为三部分，即可编程逻辑单元、可编程输入/输出单元和可编程连线。CPLD 在结构上主要包括三部分，即可编程逻辑宏单元、可编程输入/输出单元和可编程内部连线。

高集成度、高速度和高可靠性是 FPGA/CPLD 最明显的特点，其时钟延时可小至纳秒级，结合其并行工作方式，在超高速应用领域和实时测控方面有着非常广阔的应用前景。在高可靠应用领域，如果设计得当，将不会存在类似于 MCU 的复位不可靠和 PC 可能跑飞等问题。FPGA/CPLD 的高可靠性还表现在几乎可将整个系统下载到同一芯片中，实现所谓的片上系统，从而大大缩小体积，易于管理和屏蔽。

由于 FPGA/CPLD 的集成规模非常大，因此可利用先进的 EDA 工具进行电子系统设计和产品开发。由于开发工具的通用性、设计语言的标准化以及设计过程几乎与所用器件的硬件结构无关，因而设计开发成功的各类逻辑功能块软件有很好的兼容性和可移植性。它几乎可用于任何型号和规模的 FPGA/CPLD 中，因此可使得产品设计效率大幅提升。可以在很短时间内完成十分复杂的系统设计，这正是产品快速进入市场最宝贵的特征。美国的 IT 公司认为，ASIC 百分之八十的功能可用于 IP 核等现有逻辑合成，而未来大系统的 FPGA/CPLD 设计仅是各类再应用逻辑与 IP 核的拼装，其设计周期将更短。

与 ASIC 设计相比，FPGA/CPLD 的明显优势是开发周期短、投资风险小、产品上市速度快、市场适应能力强和硬件升级回旋余地大，而且当产品定型和产量扩大后，可将在生产中达到充分检验的 VHDL 设计迅速实现 ASIC 投产。

对于一个开发项目，究竟是选择 FPGA 还是选择 CPLD 呢？主要看开发项目本身的需要。对于普通规模且产量不是很大的产品项目，通常使用 CPLD 较好。对于大规模的逻辑设计或单片系统设计，则多采用 FPGA。另外，FPGA 掉电后将丢失原有的逻辑信息，所以在实用中需要为 FPGA 芯片配置一个专用 ROM。

2. 硬件描述语言（HDL）

常用的硬件描述语言有 VHDL、Verilog 和 ABEL。

VHDL：作为 IEEE 的工业标准硬件描述语言，VHDL 在电子工程领域已成为事实上的通用硬件描述语言。

Verilog：支持的 EDA 工具较多，适用于 RTL 级和门电路级的描述，其综合过程较 VHDL 稍简单，但其在高级描述方面不如 VHDL。

ABEL：这是一种支持各种不同输入方式的 HDL，广泛用于各种可编程逻辑器件的逻辑功能设计。由于其语言描述的独立性，因而适用于各种不同规模的可编程器件的设计。

3. 软件开发工具

目前比较流行的 EDA 的软件工具有 Altera 公司的 MAX+plus II 和 Quartus、Lattice 公司的 IspEXPERT，以及 Xilinx 公司的 ISE。

MAX+plus II：支持原理图、VHDL 和 Verilog 语言文本文件，它以波形与 EDIF 等格式的文件作为设计输入，支持这些文件的任意混合设计。它具有门级仿真器，可以进行功能仿真和时序仿真，能够产生精确的仿真结果。在适配之后，MAX+plus II 可生成供时序仿真用的 EDIF、VHDL 和 Verilog 三种不同格式的网表文件，界面友好，使用简单，是业界最易学、易用的 EDA 软件。它还支持主流的第三方 EDA 工具，支持除 APEX20K 系列之外所有 Altera 公司的 FPGA/CPLD 大规模逻辑器件。

IspEXPERT：IspEXPERT System 是 IspEXPERT 的主要集成环境。通过它可以进行 VHDL、Verilog 及 ABEL 语言的设计输入、综合、适配、仿真和系统下载。IspEXPERT System 是目前流行 EDA 软件中最易掌握的设计工具之一，其界面友好、操作方便、功能强大，与第三方 EDA 工具兼容良好。

ISE：Xilinx 公司最新集成开发的 EDA 工具。它采用自动化的、完整的集成设计环境。ISE 设计套件 10.1 是 Xilinx 推出的业内领先设计工具的最新版本，提供了完美的设计性能和生产率组合。

4. 实验开发系统

提供芯片下载电路及 EDA 实验/开发的外围资源（类似用于单片机开发的仿真器），供硬件验证用。一般包括：① 实验或开发所需的各类基本信号发生模块，包括时钟、脉冲、高低电平等；② FPGA/CPLD 输出信息显示模块，包括数码显示、发光管显示、声响指示等；③ 监控程序模块，提供“电路重构软配置”；④ 目标芯片适配座及上面的 FPGA/CPLD 目标芯片和编程下载电路。

1.4 EDA 软件系统的构成

EDA 技术研究的对象是电子设计的全过程，包括系统级、电路级和物理级 3 个层次的设计。它涉及的电子系统从低频、高频到微波，从线性到非线性，从模拟到数字，从通用集成电路到专用集成电路构造的电子系统，因此 EDA 技术研究的范畴相当广泛。如果从专用集成电路（ASIC）开发与应用角度看，EDA 软件系统应当包含以下子模块：设计输入子模块、设计数据库子模块、分析验证子模块、综合仿真子模块、布局布线子模块等。

（1）设计输入子模块：该模块接受用户的设计描述，并进行语义正确性、语法规则的检查，检查通过后，将用户的设计描述数据转换为 EDA 软件系统的内部数据格式，存入设计数据库供其他子模块调用。设计输入子模块不仅能接受图形描述输入、硬件描述语言（HDL）描述输入，还能接受图文混合描述输入。该子模块一般包含针对不同描述方式的编辑器，如图形编辑器、文本编辑器等，同时包含对应的分析器。

（2）设计数据库子模块：该模块存放系统提供的库单元，以及用户的设计描述和中间设计结果。

（3）分析验证子模块：该模块包括各个层次的模拟验证、设计规则的检查、故障诊断等。

（4）综合仿真子模块：该模块包括各个层次的综合工具，理想的情况是：从高层次到低层次的综合仿真全部由 EDA 工具自动实现。

（5）布局布线子模块：该模块实现由逻辑设计到物理实现的映射，因此与物理实现的方式密切相关。例如，最终的物理实现可以是门阵列、可编程逻辑器件等。由于对应的器件不同，因此各自的布局布线工具会有很大的差异。

近年来，许多生产可编程逻辑器件的公司都相继推出了适于开发自己公司器件的 EDA 工具，这些工具一般都具有上面提到的各个模块，操作简单，对硬件环境要求低，运行平台是 PC 和 Windows 或 Windows NT 操作系统。例如，Xilinx、Altera、Lattice、Actel、AMD 等器件公司都有自己的 EDA 工具。

EDA 工具不只面向 ASIC 的应用与开发，还有涉及电子设计各个方面的 EDA 工具，包括数字电路设计、模拟电路设计、数模混合设计、系统设计、仿真验证等电子设计的许多领域。这些工具对硬件环境要求高，一般运行平台要求是工作站和 UNIX 操作系统，功能齐全、性能优良，一般由专门开发 EDA 软件工具的软件公司提供，如 Cadence、Mentel Graphics、Viewlogic、Synopsys 等软件公司都有其特色工具。

Viewlogic 公司的 EDA 工具就有基本工具、系统设计工具和 ASIC/FPGA 设计工具三大类，共 20 多个工具。

基本工具包括：原理图输入工具 ViewDraw，数字仿真器 ViewSim，波形编辑与显示器 ViewTrace，静态时序分析工具 Motive，设计流程管理工具 ViewFlow。

系统设计工具包括：模拟电路仿真器 ViewSpice，PLD 开发工具包 ViewPLD，库开发工具 ViewLibrarian，PCB 信号串扰分析工具 XTK，PCB 布线前信号分析工具 PDQ，电磁兼容设计工具 QUIET，PCB 版面规划工具 ViewFloorplanner。

ASIC/FPGA 设计工具包括：VHDL 仿真器 SpeedWave，SpeedWave Verilog 仿真器 VCS，

逻辑综合工具 ViewSynthesis，自动测试向量生成工具 Test Gen/Sunrise，原理图自动生成工具 ViewGen，有限状态机设计工具 ViewFSM，Datapath 设计工具 ViewDatapath，VHDL 与 Verilog 混合仿真环境 FusionHDL。

1.5 EDA 工具的发展趋势

1. 设计输入工具的发展趋势

早期 EDA 工具设计输入普遍采用原理图输入方式，以文字和图形作为设计载体和文件，将设计信息加载到后续的 EDA 工具中，完成设计分析工作。原理图输入方式的优点是直观，能满足以设计分析为主的一般要求，但原理图输入方式不适合用 EDA 综合工具。20 世纪 80 年代末，电子设计开始采用新的综合工具，设计描述开始由原理图设计描述转向以各种硬件描述语言为主的编程方式。用硬件描述语言描述设计，更接近系统行为描述，且便于综合，更适于传递和修改设计信息，还可以建立独立于工艺的设计文件；不便之处是不太直观，要求设计师学会编程。

很多电子设计师都具有原理图设计的经验，而不具有编程经验，所以仍然希望继续在比较熟悉的符号与图形环境中完成设计，而不是利用编程完成设计。为此，EDA 公司在 20 世纪 90 年代相继推出了一批图形化免编程的设计输入工具，它们允许设计师用其最方便并熟悉的设计方式，如框图、状态图、真值表和逻辑方程建立设计文件，然后由 EDA 工具自动生成综合所需的硬件描述语言文件。

2. 具有混合信号处理能力的 EDA 工具

目前，数字电路设计的 EDA 工具远比模拟电路的 EDA 工具多，模拟集成电路 EDA 工具开发的难度较大，但由于物理量本身多以模拟形式存在，所以实现高性能的复杂电子系统的设计离不开模拟信号。因此，20 世纪 90 年代以来，EDA 工具厂商都比较重视数模混合信号设计工具的开发。对数字信号的语言描述，IEEE 已经制定了 VHDL 标准，而对模拟信号的语言正在制定 AHDL 标准。此外，还提出了适用于微波信号的 MHDL 描述语言。

具有混合信号设计能力的 EDA 工具能处理含有数字信号处理、专用集成电路宏单元、数模转换和模数转换模块、各种压控振荡器在内的混合系统设计。美国 Cadence、Synopsys 等公司开发的 EDA 工具已经具有混合设计能力。

3. 更为有效的仿真工具的发展

通常，可以将电子系统设计的仿真过程分为两个阶段：设计前期的系统级仿真和设计过程的电路级仿真。系统级仿真主要验证系统的功能；电路级仿真主要验证系统的性能，决定怎样实现设计所需的精度。在整个电子设计过程中，仿真是花费时间最多的工作，也是占用 EDA 工具资源最多的一个环节。通常，设计活动的大部分时间是进行仿真，如验证设计的有效性、测试设计的精度、处理和保证设计要求等。仿真过程中仿真收敛的快慢同样是关键因素之一。要提高仿真的有效性，一方面是建立合理的仿真算法，另一方面是系统级仿真中系统级模型的建模，电路级仿真中电路级模型的建模。预计在下一代 EDA 工具中，仿真工具将有较大的发展。

4．更为理想的设计综合工具的开发

今天，电子系统和电路的集成规模越来越大，几乎不可能直接面向版图做设计，若要找出版图中的错误，更是难上加难。将设计者的精力从烦琐的版图设计和分析中转移到设计前期的算法开发和功能验证上，是设计综合工具要达到的目标。高层次设计综合工具可以将低层次的硬件设计一起转换到物理级的设计，实现不同层次、不同形式的设计描述转换，通过各种综合算法实现设计目标所规定的优化设计。当然，设计者的经验在设计综合中仍将起重要的作用，自动综合工具将有效地提高优化设计效率。

设计综合工具由最初的只能实现逻辑综合，逐步发展到可以实现设计前端的综合，直到设计后端的版图综合，以及测试综合的理想且完整的综合工具。设计前端的综合工具，可以实现从算法级的行为描述到寄存器传输级结构描述的转换，给出满足约束条件的硬件结构。在确定寄存器传输结构描述后，由逻辑综合工具完成硬件的门级结构的描述，逻辑综合的结果将作为版图综合的输入数据，进行版图综合。版图综合则是将门级和电路级的结构描述转换成物理版图的描述，版图综合时将通过自动交互的设计环境，实现按面积、速度和功率完成布局、布线的优化，实现最佳的版图设计。人们希望将设计测试工作尽可能地提前到设计前期，以便缩短设计周期，减少测试费用，因此测试综合贯穿于设计过程的始终。测试综合时可以消除设计中的冗余逻辑，诊断不可测的逻辑结构，自动插入可测性结构，生成测试向量；整个电路设计完成时，测试设计也随之完成。

面对当今飞速发展的电子产品市场，电子设计人员需要更加实用、快捷的 EDA 工具，使用统一的集成化设计环境，改变传统设计思路，即优先考虑具体物理实现方式，将精力集中到设计构思、方案比较和寻找优化设计等方面，以最快的速度开发出性能优良、质量一流的电子产品。今天的 EDA 工具将向着功能强大、简单易学、使用方便的方向发展。

1.6 EDA 的工程设计流程

1．源程序的编辑和编译

利用 EDA 技术进行一项工程设计，首先需要利用 EDA 工具的文本编辑器或图形编辑器，将它用文本方式或图形方式表达出来，进行排错编译，变成 VHDL 文件格式，为进一步的逻辑综合做好准备。

常用的源程序输入方式有如下三种。

（1）原理图输入方式：利用 EDA 工具提供的图形编辑器以原理图的方式进行输入。原理图输入方式比较容易掌握，直观且方便，所画的电路原理图（注意，这种原理图与利用 Protel 所画的原理图有本质的区别）与传统的器件连接方式完全一样，很容易被人接受，而且编辑器中有许多现成的单元器件可以利用，自己也可以根据需要设计元件。然而原理图输入法的优点同时也是它的缺点：① 随着设计规模增大，设计的易读性迅速下降，对于图中密密麻麻的电路连线，极难搞清电路的实际功能；② 一旦完成，电路结构的改变将十分困难，因而几乎没有可再利用的设计模块；③ 移植困难、入档困难、交流困难、设计交付困难，因为不可能存在一个标准化的原理图编辑器。

（2）状态图输入方式：以图形的方式表示状态图进行输入。填好时钟信号名、状态转换条件、状态机类型等要素后，就可自动生成 VHDL 程序。这种设计方式简化了状态机的设计，比较流行。

（3）VHDL 软件程序的文本方式：最一般化、最具普遍性的输入方法，任何支持 VHDL 的 EDA 工具都支持文本方式的编辑和编译。

2．逻辑综合和优化

要把 VHDL 的软件设计与硬件的可实现挂钩，需要利用 EDA 软件系统的综合器进行逻辑综合。

综合器的功能是将设计者在 EDA 平台上为某个系统项目完成的 HDL、原理图或状态图形的描述，针对给定硬件结构组件进行编译、优化、转换和综合，最终获得门级电路，甚至更底层的电路描述文件。由此可见，综合器工作前，必须给定最后实现的硬件结构参数，它的功能就是将软件描述与给定硬件结构用某种网表文件的方式关联起来。显然，综合器是软件描述与硬件实现的桥梁。综合过程就是将电路的高级语言描述转换成低级语言描述的、可与 FPGA/CPLD 或构成 ASIC 的门阵列基本结构相映射的网表文件。

由于 VHDL 仿真器的行为，仿真功能是面向高层次的系统仿真，只能对 VHDL 的系统描述做可行性的评估测试，而不针对任何硬件系统，因此基于这一仿真层次的许多 VHDL 语句不能被综合器所接受。也就是说，这类语句的描述无法在硬件系统中实现（至少是现阶段），这时综合器不支持的语句在综合过程中将被忽略。综合器对源 VHDL 文件的综合是针对某一 PLD 供应商的产品系列的，因此综合后的结果可以为硬件系统所接受，具有硬件可实现性。

3．目标器件的布线/适配

逻辑综合通过后，必须利用适配器将综合后的网表文件针对某一具体的目标器件进行逻辑映射操作，其中包括底层器件配置、逻辑分割、逻辑优化、布线与操作，适配完成后可以利用适配所产生的仿真文件做精确的时序仿真。

适配器的功能是将由综合器产生的网表文件配置到指定的目标器件中，产生最终的下载文件，如 JEDEC 格式的文件。适配所选定的目标器件（FPGA/CPLD 芯片）必须属于原综合器指定的目标器件系列。对于普通可编程模拟器件所对应的 EDA 软件来说，一般仅需包含一个适配器，如 Lattice 的 PAC-DESIGNER。通常，EDA 软件中的综合器可由专业的第三方 EDA 公司提供，而适配器则需由 FPGA/CPLD 供应商自己提供，因为适配器的适配对象直接与器件结构对应。

4．目标器件的编程/下载

若编译、综合、布线/适配和行为仿真、功能仿真、时序仿真等过程都未发现问题，即满足原设计的要求，则可将由 FPGA/CPLD 布线/适配器产生的配置/下载文件，通过编程器或下载电缆载入目标芯片 FPGA 或 CPLD 中。

5．设计过程中的有关仿真

在综合以前，可以先对 VHDL 所描述的内容进行行为仿真，即将 VHDL 设计源程序直接送到 VHDL 仿真器中仿真，这就是所谓的 VHDL 行为仿真。因为此时的仿真只是根据 VHDL 的语义进行的，与具体电路无关。在这时的仿真中，可以充分发挥 VHDL 中的适用于仿真控制的语句及有关的预定义函数和库文件。

在综合之后，VHDL 综合器一般都可生成一个 VHDL 网表文件。网表文件中描述的电路与生成的 EDIF/XNF 等网表文件一致。VHDL 网表文件采用 VHDL 语法，只是其中的电路描述采用了结构描述方法，即首先描述了最基本的门电路，然后将这些门电路用例化语句连接起来。这样的 VHDL 网表文件再送到 VHDL 仿真器中进行所谓的功能仿真，仿真结果与门级仿真器所进行的功能仿真的结果基本一致。

需要注意的是仿真器有两种：一种是 VHDL 仿真器，另一种是门级仿真器，它们都能进行功能仿真和时序仿真。所不同的是，仿真用的文件格式不同，即网表文件不同。这里所说的网表（Netlist）特指电路网络，网表文件描述了一个电路网络。目前流行多种网表文件格式，其中最通用的是 EDIF 格式的网表文件，Xilinx 公司的 XNF 网表文件格式也很流行，不过一般只在使用 Xilinx 的 FPGA/CPLD 时才会用到 XNF 格式。VHDL 文件格式也可用来描述电路网络，即采用 VHDL 语法描述各级电路互连，称之为 VHDL 网表。

功能仿真仅对 VHDL 描述的逻辑功能进行测试模拟，以了解其实现的功能是否满足原设计的要求，仿真过程不涉及具体器件的硬件特性，如延时特性。时序仿真是接近真实器件运行的仿真，仿真过程中已将器件特性考虑进去，因而仿真精度要高得多。但是，时序仿真的仿真文件必须来自针对具体器件的布线/适配器所产生的仿真文件。综合后所得的 EDIF/XNF 门级网表文件通常作为 FPGA 布线器或 CPLD 适配器的输入文件。通过布线/适配处理后，布线/适配器将生成一个 VHDL 网表文件，这个网表文件中包含了较为精确的延时信息，网表文件中描述的电路结构与布线/适配后的结果是一致的。此时，将这个 VHDL 网表文件送到 VHDL 仿真器中进行仿真，即可得到精确的时序仿真结果。

6. 硬件仿真/硬件测试

这里所说的硬件仿真是针对 ASIC 设计而言的。在 ASIC 设计中，比较常用的方法是利用 FPGA 对系统的设计进行功能检测，通过后再将其 VHDL 设计以 ASIC 形式实现；而硬件测试则是针对 FPGA 或 CPLD 直接用于应用系统的检测而言的。

硬件仿真和硬件测试的目的，是为了在更真实的环境中检验 VHDL 设计的运行情况，特别是对于 VHDL 程序设计上不十分规范、语义上含有一定歧义的程序。一般的仿真器包括 VHDL 行为仿真器和 VHDL 功能仿真器，它们对于同一 VHDL 设计的“理解”，即仿真模型的产生，与 VHDL 综合器的“理解”，即综合模型的产生，常常是不一致的。此外，由于目标器件功能的可行性约束，综合器对于设计的“理解”常在一个有限范围内选择，而 VHDL 仿真器的“理解”是纯软件行为，其“理解”的选择范围要宽得多，结果这种“理解”的偏差势必导致仿真结果与综合后实现的硬件电路在功能上的不一致。当然，还有许多其他的因素也会产生这种不一致。由此可见，VHDL 设计的硬件仿真和硬件测试是十分必要的。

1.7 数字系统的设计

1.7.1 数字系统的设计模型

数字系统指的是交互式的、以离散形式表示的具有存储、传输、信息处理能力的逻辑子系统的集合。用于描述数字系统的模型有多种，各种模型描述数字系统的侧重点不同。下面介绍一种普遍采用的模型。这种模型根据数字系统的定义，将整个系统划分为两个模块或两个子系统：数据处理子系统和控制子系统。

数据处理子系统主要完成数据的采集、存储、运算和传输。数据处理子系统主要由存储器、运算器、数据选择器等功能电路组成。数据处理子系统与外界进行数据交换，在控制子系统（或称控制器）发出的控制信号作用下，数据处理子系统将进行数据的存储和运算等操作。数据处理子系统将接收由控制器发出的控制信号，同时将自己的操作进程或操作结果作为条件信号传送给控制器。

控制子系统是执行数字系统算法的核心，具有记忆功能，因此控制子系统是时序系统。控制子系统由组合逻辑电路和触发器组成，与数据处理子系统共用时钟。控制子系统的输入信号是外部控制信号和由数据处理子系统送来的条件信号，按照数字系统设计方案要求的算法流程，在时钟信号的控制下进行状态的转换，同时产生与状态和条件信号相对应的输出信号，该输出信号将控制数据处理子系统的具体操作。

把数字系统划分成数据处理子系统和控制子系统进行设计，只是一种手段而非目的。它用来帮助设计者有层次地理解和处理问题，进而获得清晰、完整、正确的电路图。因此，数字系统的划分应当遵循自然、易于理解的原则。

设计一个数字系统时，采用这种模型的优点如下。

（1）把数字系统划分为控制子系统和数据处理子系统两个主要部分，使设计者面对的电路规模减小，二者可以分别设计。

（2）由于数字系统中控制子系统的逻辑关系比较复杂，将其独立划分出来后，可突出设计重点和分散设计难点。

（3）当数字系统划分为控制子系统和数据处理子系统后，逻辑分工清楚，各自的任务明确，因此可以使电路的设计、调测和故障处理都比较方便。

但采用该模型设计一个数字系统时，必须先分析和找出实现系统逻辑的算法，根据具体的算法要求提出系统内部的结构要求，再根据各个部分分担的任务，划分出控制子系统和数据处理子系统。算法不同，系统的内部结构不同，控制子系统和数据处理子系统电路也不同。有时控制子系统和数据处理子系统的界限划分比较困难，需要反复比较和调整才能确定。

1.7.2 数字系统的设计方法

数字系统设计有多种方法，如模块设计法、自顶向下设计法和自底向上设计法等。

数字系统的设计一般采用自顶向下、由粗到细、逐步求精的方法。自顶向下是指将数字系统的整体逐步分解为各个子系统和模块，若子系统规模较大，则还需将子系统进一步分解为更小的子系统和模块，层层分解，直至整个系统中各子系统关系合理，并便于逻辑电路级的设计和实现为止。采用该方法设计时，高层设计进行功能和接口描述，说明模块的功能和接口，模块功能的详细描述在下一设计层次说明，底层的设计才涉及具体的寄存器和逻辑门电路等实现方式的描述。

采用自顶向下设计方法的优点如下。

（1）自顶向下设计方法是一种模块化设计方法。它对设计的描述从上到下，逐步由粗略到详细，符合常规的逻辑思维习惯。由于高层设计与器件无关，设计易于在各种集成电路工艺或可编程器件之间移植。

（2）适合多个设计者同时进行设计。随着技术的不断进步，许多设计由一个设计者已无法完成，而必须经过多个设计者分工协作来完成。在这种情况下，应用自顶向下的设计方法便于多个设计者同时进行设计，对设计任务进行合理分配，并用系统工程的方法对设计进行管理。

针对具体的设计，实施自顶向下的设计方法的形式会有所不同，但均需遵循逐层分解功能、分层次进行设计的原则。同时，应在各个设计层次上，考虑相应的仿真验证问题。

1.7.3 数字系统的设计准则

进行数字系统设计时，通常需要考虑多方面的条件和要求，如设计的功能和性能要求，元器件的资源分配和设计工具的可实现性，系统的开发费用和成本等。虽然具体设计的条件和要求千差万别，实现的方法也各不相同，但数字系统设计还是具备一些共同的方法和准则。

1．分割准则

自顶向下的设计方法或其他层次化的设计方法，需要对系统功能进行分割，然后用逻辑语言进行描述。分割过程中，若分割过粗，则不易用逻辑语言表达；分割过细，则带来不必要的重复和烦琐。因此，分割的粗细需要根据具体的设计和设计工具情况而定。要掌握分割程度，可遵循以下的原则：分割后底层的逻辑块应适合用逻辑语言进行表达；相似的功能应设计成共享的基本模块；接口信号尽可能少；同层次的模块之间，在资源和I/O分配上，尽可能平衡，以使结构匀称；模快的划分和设计，尽可能做到通用性好、易于移植。

2．系统的可观测性

在系统设计中，应同时考虑功能检查和性能的测试，即系统观测性的问题。一些有经验的设计者会自觉地在设计系统的同时，设计观测电路，即观测器，指示系统内部的工作状态。

要建立观测器，应遵循以下原则：具有系统的关键点信号，如时钟、同步信号和状态等信号；具有代表性的节点和线路上的信号；具备“系统工作是否正常”的简单判断能力。

3．同步和异步电路

异步电路会造成较大延时和逻辑竞争，容易引起系统的不稳定，而同步电路则按照统一的时钟工作，稳定性好。因此在设计时，应尽可能采用同步电路进行设计，避免使用异步电路。在必须使用异步电路时，应采取措施来避免竞争和增加稳定性。

4．最优化设计

由于可编程器件的逻辑资源、连接资源和I/O资源有限，器件的速度和性能也是有限的，用器件设计系统的过程相当于求最优解的过程。因此，需要给定两个约束条件：边界条件和最优化目标。

所谓边界条件，是指器件的资源及性能限制。最优化目标有多种，设计中常见的最优化目标有：器件资源利用率最高；系统工作速度最快，即延时最小；布线最容易，即可实现性最好。具体设计中，各个最优化目标间可能会产生冲突，这时应满足设计的主要要求。

5．系统设计的艺术

一个系统的设计，通常需要经过反复的修改、优化才能达到设计的要求。一个好的设计，应该满足“和谐”的基本特征，对数字系统可以根据以下几点做出判断：设计是否总体上流畅，无拖泥带水的感觉；资源分配、I/O分配是否合理，是否没有任何设计上和性能上的瓶颈，系统结构是否协调；是否具有良好的可观测性；是否易于修改和移植；器件的特点是否能得到充分发挥。

1.7.4 数字系统的设计步骤

1．系统任务分析

数字系统设计中的第一步是明确系统的任务。在设计任务书中，可用各种方式提出对整个数字系统的逻辑要求，常用的方式有自然语言、逻辑流程图、时序图或几种方法的结合。当系统较大或逻辑关系较复杂时，系统任务（逻辑要求）逻辑的表述和理解都不是一件容易的工作。所以，分析系统的任务必须细致、全面，不能有理解上的偏差和疏漏。

2．确定逻辑算法

实现系统逻辑运算的方法称为逻辑算法，简称算法。一个数字系统的逻辑运算往往有多种算法，设计者的任务不仅是找出各种算法，还必须比较优劣，取长补短，从中确定最合理的一种。数字系统的算法是逻辑设计的基础，算法不同，系统的结构也不同，因此算法的合理与否直接影响系统结构的合理性。确定算法是数字系统设计中最具创造性的一环，也是最难的一步。

3．建立系统及子系统模型

算法明确后，应根据算法构造系统的硬件框架（也称系统框图），将系统划分为若干部分，各部分分别承担算法中不同的逻辑操作功能。如果某一部分的规模仍较大，则需进一步划分。划分后的各部分应逻辑功能清楚，规模大小合适，便于进行电路级的设计。

4．系统（或模块）逻辑描述

当系统中各个子系统（指最低层子系统）和模块的逻辑功能与结构确定后，则需采用比较规范的形式来描述系统的逻辑功能。设计方案的描述方法可以有多种，常用的有方框图、流程图和描述语言等。

对系统的逻辑描述可先采用较粗略的逻辑流程图，再将逻辑流程图逐步细化为详细逻辑流程图，最后将详细逻辑流程图表示成与硬件有对应关系的形式，为下一步的电路级设计提供依据。

5．逻辑电路级设计及系统仿真

电路级设计是指选择合理的器件和连接关系来实现系统逻辑要求。电路级设计的结果常采用两种方式来表达：电路图方式和硬件描述语言方式。EDA 软件允许以这两种方式输入，以便做后续的处理。

电路设计完成后，必须验证设计是否正确。早期，人们只能通过搭试硬件电路才能得到设计的结果。今天，数字电路设计的 EDA 软件都具有仿真功能，因此可先进行系统仿真，系统仿真结果正确后再进行实际电路的测试。由于 EDA 软件的验证结果十分接近实际结果，因此可极大地提高电路设计的效率。

6．系统的物理实现

物理实现是指用实际的器件实现数字系统的设计，用仪表测量设计的电路是否符合设计要求。今天的数字系统往往采用大规模和超大规模集成电路，由于器件集成度高、导线密集，故一般在电路设计完成后即设计印制电路板，在印制电路板上组装电路进行测试。需要注意的是，印制电路板本身的物理特性也会影响电路的逻辑关系。

习 题

1.1 EDA的中文含义是什么？
1.2 什么是EDA技术？
1.3 利用EDA技术进行电子系统设计有什么特点？
1.4 什么叫可编程逻辑器件（PLD）？
1.5 自顶向下的设计方法有何优点？

第 2 章 可编程逻辑器件

2.1 可编程逻辑器件的种类及分类方法

目前生产可编程逻辑器件（PLD）的厂家有 Xilinx、Altera、Actel、Atmel、AMD、AT&T、Cypress、Intel、Motorola、Quicklogic、TI（Texas Instrument）等。常见的 PLD 产品有 PROM、EPROM、EEPROM、PLA、FPLA、PAL、GAL、CPLD、EPLD、EEPLD、HDPLD、FPGA、pLSI、ispLSI、ispGAL 和 ispGDS 等。PLD 的分类方法较多，并不统一。下面简单介绍 4 种分类方法。

1．按结构的复杂程度分类

按结构的复杂程度，一般可将 PLD 分为简单 PLD 和复杂 PLD（CPLD），或分为低密度 PLD 和高密度 PLD（HDPLD）。通常，当 PLD 中的等效门数超过 500 时，则认为它是高密度 PLD。传统的 PAL 和 GAL 是典型的低密度 PLD，其余如 EPLD、FPGA 和 pLSI/ispLSI 则称为 HDPLD 或 CPLD。

2．按互连结构分类

按互连结构，可将 PLD 分为确定型和统计型两类。

确定型 PLD 提供的互连结构每次用相同的互连线实现布线，所以这类 PLD 的定时特性常常可以从数据手册上查阅而事先确定。这类 PLD 是由 PROM 结构演变而来的，目前除了 FPGA 器件外，基本上都属于这一类结构。

统计型结构是指设计系统每次执行相同的功能，却能给出不同的布线模式，一般无法确切地预知线路的延时。因此，设计系统必须允许设计者提出约束条件，如关键路径的延时和关联信号的延时差等。这类器件的典型代表是 FPGA 系列。

3．按可编程特性分类

按可编程特性，可将 PLD 分为一次可编程和重复可编程两类。一次可编程的典型产品是 PROM、PAL 和熔丝型 FPGA，其他大多是重复可编程的。其中，用紫外线擦除的产品的编程次数一般为几十次，采用电擦除方式的产品的编程次数稍多一些，采用 E2CMOS 工艺的产品，擦写次数可达上千次，而采用 SRAM（静态随机存取存储器）结构，可实现无限次的编程。

4．按可编程器件的编程元件分类

最早的 PLD 器件（如 PAL）大多是 TTL 工艺，但后来的 PLD 器件（如 GAL、EPLD、FPGA 和 pLSI/ISP 器件）都采用 MOS 工艺（如 NMOS、CMOS、E2CMOS 等）。目前，一般有下列 5 种编程元件：① 熔丝型开关（一次可编程，要求大电流）；② 可编程低阻电路元件（多次可编程，要求中电压）；③ EPROM 的编程元件（需要有石英窗口，紫外线擦除）；④ EEPROM 的编程元件；⑤ 基于 SRAM 的编程元件。

2.2　复杂的可编程逻辑器件

2.2.1　CPLD 的基本结构

早期的 CPLD 主要用来替代 PAL 器件，所以其结构与 PAL、GAL 的基本相同，采用了可编程的与阵列和固定的或阵列结构，再加上一个全局共享的可编程与阵列，可把多个宏单元连接起来，增加了 I/O 控制模块的数量和功能。我们可以把 CPLD 的基本结构视为由逻辑阵列宏单元和 I/O 控制模块两部分组成。

1．逻辑阵列宏单元

在较早的 CPLD 中，由结构相同的逻辑阵列组成宏单元模块。一个逻辑阵列单元的基本结构如图 2.1 所示。输入项由专用输入端和 I/O 端组成，而来自 I/O 端口的输入项，可通过 I/O 结构控制模块的反馈选择，可以是 I/O 端信号的直接输入，也可以是本单元输出的内部反馈。所有输入项都经过缓冲器驱动，并输出其输入的原码及补码。图 2.1 中所有竖线为逻辑单元阵列的输入线，每个单元各有 9 条横向线，称为积项线（或乘积项）。在每条输入线和积项线的交叉处，设有一个 EPROM 单元进行编程，以实现输入项与乘积项的连接关系，进而使得逻辑阵列中的与阵列是可编程的。其中，8 条积项线用做或门的输入，构成一个具有 8 个积项和的组合逻辑输出；另一条积项线（OE 线）连到本单元的三态输出缓冲器的控制端，以 I/O 端作输出、输入或双向输出等工作方式。

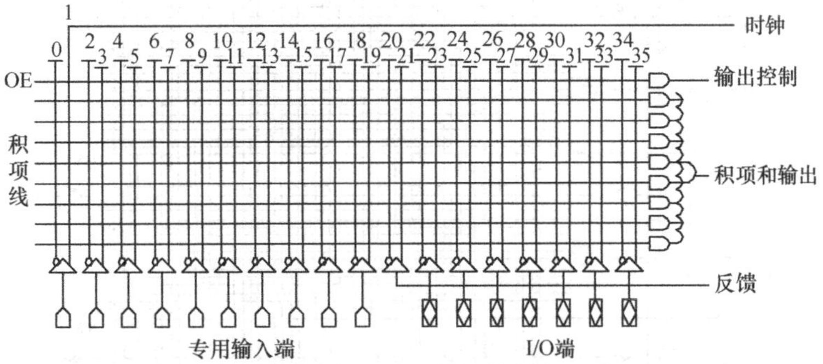

图 2.1　逻辑阵列单元结构图

可以看出，早期 CPLD 中的逻辑阵列结构与 PAL、GAL 中的结构极为类似，只是用 EPROM 单元取代了 PAL 中的熔丝和 GAL 中的 E2PROM 单元。和 GAL 器件一样，它可实现擦除和再编程功能。

在基本结构中，每个或门都有固定的乘积项（8 个），即逻辑阵列单元中的或阵列是固定的、不可编程的，因而这种结构的灵活性差。据统计，实际工作中常用到的组合逻辑，约有 70% 是只含 3 个乘积项和 3 个以下的积项和。另一方面，遇到复杂的组合逻辑时，所需的乘积项可能会超过 8 个，而这又要用两个或多个逻辑单元来实现，器件的资源利用率不高。为此，目前的 CPLD 在逻辑阵列单元结构方面做了很大改进。下面讨论几种改进的结构形式。

1）乘积项数目不同的逻辑阵列单元

图 2.2 所示是一个具有 12 个专用输入端和 10 个 I/O 端的 CPLD，共有 10 个逻辑阵列单元，

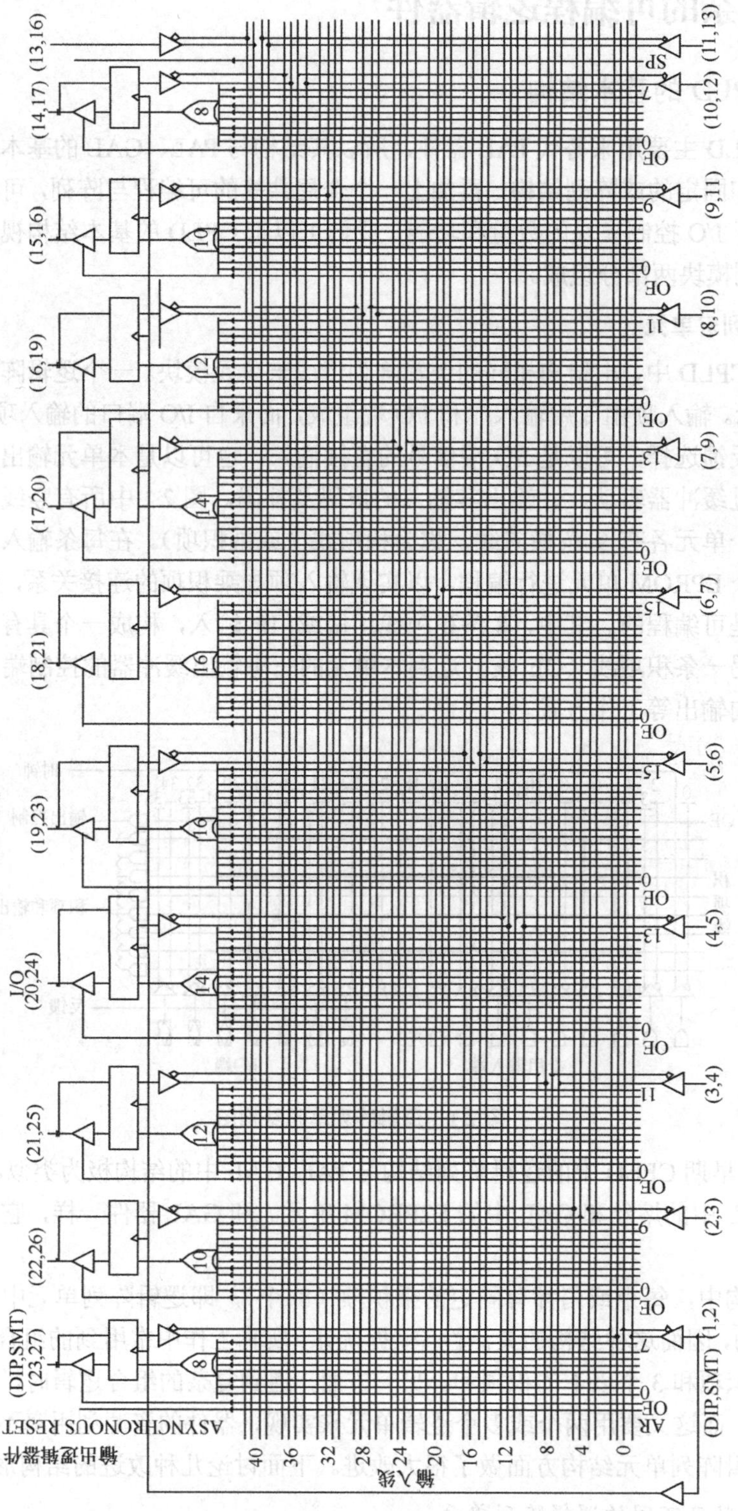

图 2.2 积项线数不同的逻辑阵列单元

分成 5 个逻辑单元对，各对分别由不同数量的乘积项组成。由图 2.2 可见，中间的逻辑单元对可实现 16 个积项和的组合逻辑输出，最外侧的逻辑单元对由 8 个乘积项组成，其余 3 对分别由 10、12、14 个乘积项组成，从而可实现更为复杂的逻辑功能。各逻辑单元中另有一条积项线作输出三态缓冲器的控制。具有这种结构的代表性产品是 Atmel 公司的 AT220V10A 器件。

2）具有两个或项输出的逻辑阵列单元

图 2.3 是具有两个固定积项和输出的 CPLD 的结构图。由图可见，每个单元中含有两个或项输出，而每个或项均有固定的 4 个乘积项输入。为提高内部各或项的利用率，每个或项的输出均先送到一个由 EPROM 单元可编程控制的 1 分 2 选择电路，即阵列单元中上面的或项输出由选择电路控制，既可输送到本单元中第 2 级或门的输入端，也可馈送到相邻的下一个阵列单元第 2 级或门的输入端。

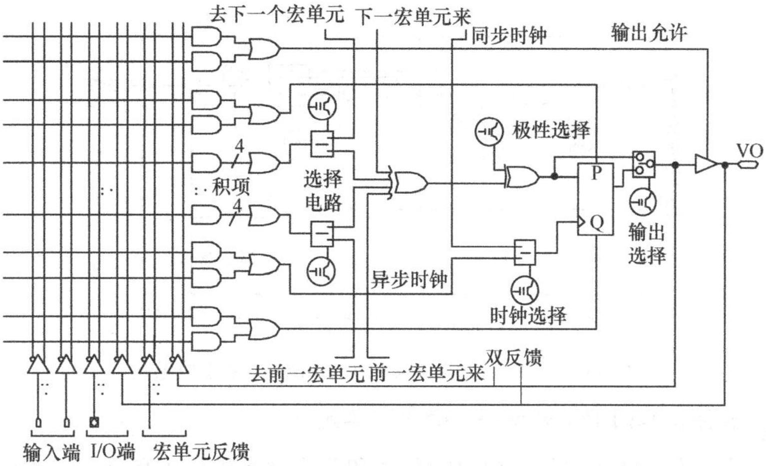

图 2.3　具有两个固定积项和输出的结构图

同样，阵列单元中下面的或项输出由选择电路控制，可直接送到本单元第 2 级或门的输入端，也可馈送到相邻的前一个阵列单元中的第 2 级或门输入端，使本单元不用的或项放到另一单元中发挥其作用。因而每个逻辑阵列单元又可共享相邻单元中的乘积项，使每个阵列可具有 4、8、12 和 16 种组合的积项和输出，甚至本单元中的两个或项都可用于相邻的两个单元中。这样，既提高了器件内部各单元的利用率，又可实现更为复杂的逻辑功能。以这种逻辑单元结构实现的 EPLD 有 Actel 公司的 EP512 器件等。

在 Atmel 公司的 ATV750 等器件结构调整中，每个逻辑单元中也含有两个或项，但不同单元中构成或项的积项数却不同，它是分别由 4、5、6、7 和 8 个乘积项输入到两个或门所组成的 5 对阵列单元构成的组合阵列。每个单元中的两个或项输出通过输出逻辑模块中的选择电路控制，可实现各自独立的输出，也可将两个或项再“线或”起来，实现功能更为复杂的组合逻辑输出，但各个阵列单元中的或项不能为相邻的阵列单元所共享。

3）功能更多、结构更复杂的逻辑阵列单元

随着集成规模和工艺水平的提高，出现了大批结构复杂、功能更多的逻辑阵列单元形式。如 Altera 公司的 EP1810 器件采用了全局总线和局部总线相结合的可编程逻辑宏单元结构；采用多阵列矩阵（Multiple Array Matrix，MAX）结构的大规模 CPLD 器件，如 Altera 公司的 EPM

系列和 Atmel 公司的 ATV5000 系列器件；采用通用互连矩阵（Universal Interconnect Matrix，UIM）及双重逻辑功能块结构的逻辑阵列单元，如 Xilinx 公司的 XC7000 和 XC9500 系列产品。

2．I/O 控制模块

CPLD 中的 I/O 控制模块，根据器件的类型和功能不同，可有各种不同的结构形式，但基本上每个模块都由输出极性转换电路、触发器和输出三态缓冲器三部分及与它们相关的选择电路组成。下面介绍在 CPLD 中广泛采用的几种 I/O 控制模块。

1）与 PAL 器件兼容的 I/O 模块

如图 2.4 所示，可编程逻辑阵列中，每个逻辑阵列逻辑单元的输出都通过一个独立的 I/O 控制模块接到 I/O 端，通过 I/O 控制模块的选择实现不同的输出方式。根据编程选择，各模块可实现组合逻辑输出和寄存器输出方式。

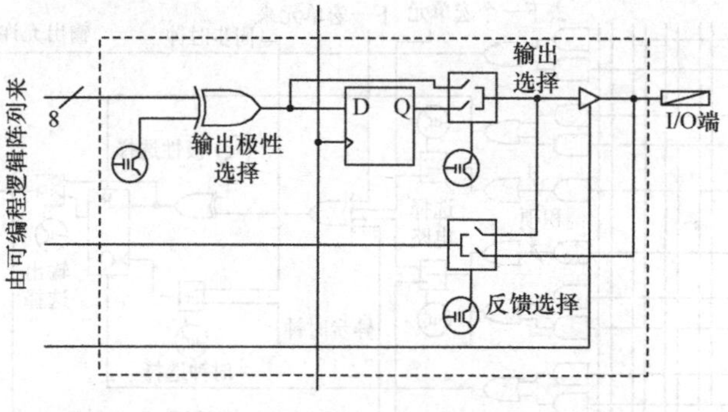

图 2.4　与 PAL 兼容的 CPLD 的 I/O 控制模块结构

2）与 GAL 器件兼容的 I/O 模块——输出宏单元

如图 2.5 所示，从逻辑阵列单元输出的积项和首先送到输出宏单元（Output Macro Cell，OMC）的输出极性选择电路，由 EPROM 单元构成的可编程控制位来选择该输出极性（原码或其补码）。每个 OMC 中还有由 EPROM 单元构成的两个结构控制位，根据构形单元表，OMC 可实现如图 2.6 所示的 4 种不同工作方式。

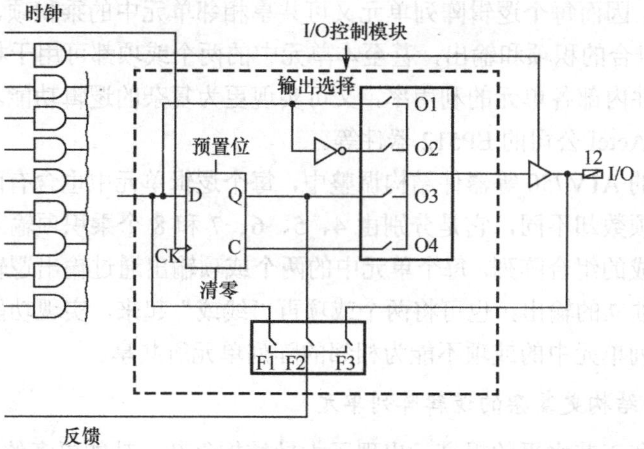

图 2.5　OMC 结构图

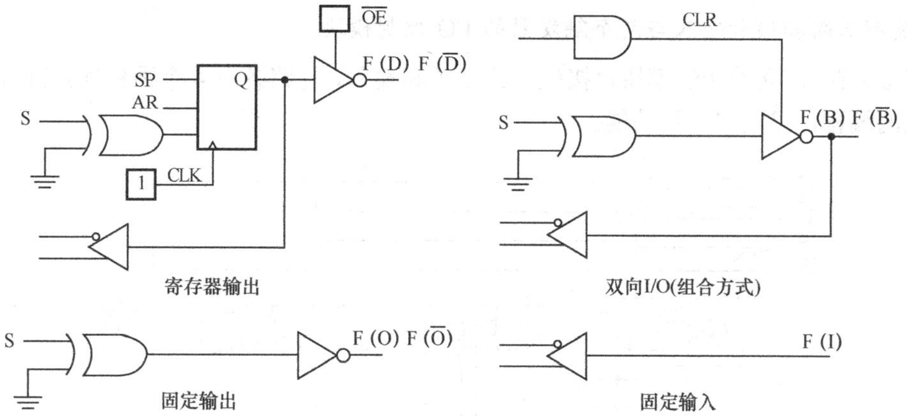

图 2.6　OMC 的 4 种不同工作方式

3）触发器可编程的 I/O 模块

为了进一步改善 I/O 控制模块的功能，对 I/O 模块中的触发器电路进行改进并由 EPROM 单元进行编程，可实现不同类型的触发器结构，即 D、T、JK、RS 等类型的触发器，如图 2.7 所示。这种改进的 I/O 控制模块，可组合成高达 50 种电路结构。

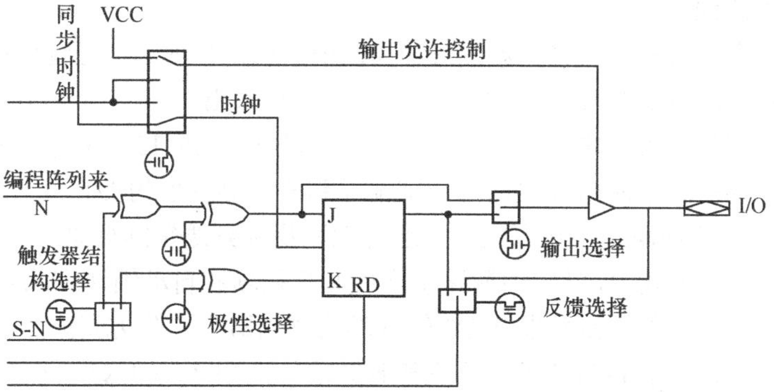

图 2.7　触发器可编程的 I/O 控制模块结构

4）具有两路积项和输入与两个触发器结构的 I/O 控制模块

如图 2.8 所示，模块中两个触发器可独立地反馈回逻辑阵列。这种结构的灵活性可使触发器成为“内藏”（Burried）工作方式，且由于具有更多的触发器，因此很容易实现更为复杂的状态机功能。

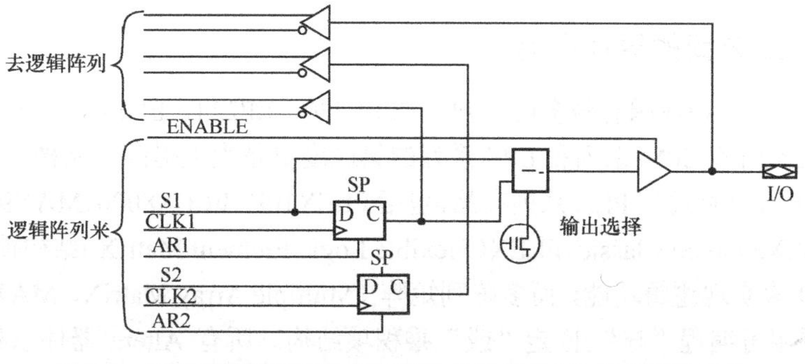

图 2.8　具有两路积项和输入与两个触发器的 I/O 控制模块结构

5）具有三路积项和输入与两个触发器的I/O控制模块

如图2.9所示，每个I/O模块可接受三路积项和输入，每路各有4个乘积项。利用EPROM控制单元的编程，可实现下列功能。

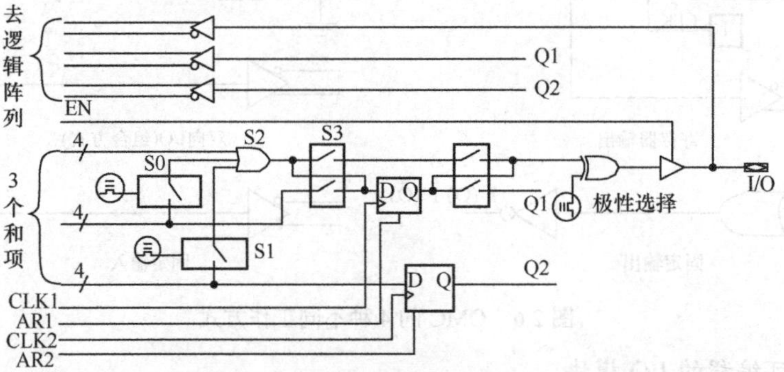

图2.9　具有三路积项和输入与两个触发器的I/O控制模块结构

（1）一路积项和的输出直接馈送到I/O端，而另两路积项和的输出则分别馈送到两个触发器的输入端D1和D2，它们的输出均可为“内藏”工作方式，通过编程控制可反馈到逻辑阵列总线中。

（2）在实现组合逻辑输出或寄存器方式输出之前，三路和项还可通过编程组合在一起，以实现高达12个积项和的组合逻辑输出或寄存器输出。

（3）在组合逻辑输出方式中，通过编程控制可实现4、8或12个积项和的组合逻辑输出，而模块中的中、下两路和项仍可分别馈送到两个触发器的D1和D2端，它们的输出Q1和Q2为“内藏”工作方式，可通过编程反馈到逻辑阵列总线中。

（4）在寄存器输出方式中，上、中两路组合成8个积项和自动馈送到触发器的D1输入端，而下路的和项除馈送到触发器D2输入端为“内藏”工作方式外，还可与D1共享。

（5）两个触发器均可有各自的异步复位和时钟信号：AR1、CLK1和AR2、CLK2，它们由编程逻辑阵列中的4条积项线提供。

（6）输出三态缓冲器的控制信号由来自编程逻辑阵列的一条积项线提供。

（7）当I/O端作输入端使用，或I/O模块的输出反馈到逻辑阵列总线中时，均通过同一个反馈缓冲器输出它们的同相和反相两路信号，馈送到逻辑阵列总线中，而两个触发器的输出Q1和Q2则通过各自的反馈缓冲器，将它们的信号（同相及反相信号）馈送到逻辑阵列总线中。

2.2.2　Altera公司的器件产品

Altera公司的产品在我国有较多的用户，如EP220、EP224、EP6010、EP1810等经典产品应用颇广。后来推出的EPM系列和EPF系列的集成度更是大大提高，品种多样，性能优越。

Altera公司提供7种通用PLD系列产品，包括FLEX10K、FLEX8000、MAX9000、MAX7000、FLASHlogic、MAX5000和Classic。FLEX（Flexible Logic Element MatriX）结构使用查找表（Look Up Table，LUT）来实现逻辑功能，而多阵列矩阵（Multiple Array MatriX，MAX）、FLASHlogic和经典系列，采用可编程“与”/固定“或”乘积项结构。所有Altera器件系列都使用CMOS

处理工艺，它比双极性工艺具有更低的功耗和更高的可靠性。

1．FLEX10K 系列器件

FLEX10K 系列器件是高密度阵列嵌入式可编程逻辑器件系列。这类器件最大可达 10 万个典型门，5392 个寄存器；采用 0.5 μm CMOS SRAM 工艺制造；具有在系统可配置特性；在所有 I/O 端口中有输入/输出寄存器；3.3 V 或 5.0 V 工作模式；由 Altera 公司的 MAX+plus II 开发系统提供软件支持，可在 PC 或工作站上运行。

为了增加逻辑系统要求的集成度，可编程逻辑不仅要增加密度，而且要有效地实现大量的逻辑电路。FLEX10K 系列以工业上最大的 PLD 为特征（达到 10 万门），包括嵌入式阵列、多组低时延时钟和内部三态总线等结构特性，提供了复杂逻辑设计所需的性能和利用主系统级集成的要求。FLEX10K 器件可理想地用于复杂门阵列的各种场合。

FLEX10K 器件的结构类似于嵌入式门阵列。由于有标准的门阵列，嵌入式门阵列在通用的门海结构中实现一般逻辑。除此之外，嵌入式门阵列有专门的芯片面积以实现大的专用功能。嵌入式门阵列在减少芯片面积的同时，具有比标准门阵列更快的速度，这是通过嵌入在硅中的函数完成的。然而嵌入的宏函数不能用户化，因此限制了设计者的选项。相比之下，FLEX10K 器件是可编程的，在调试时，给设计者提供了实现重复设计改变过程中对嵌入宏函数和一般逻辑的完全控制。

每个 FLEX10K 器件包含一个实现存储和专用逻辑功能的嵌入阵列，以及一个实现一般逻辑的逻辑阵列。嵌入阵列和逻辑阵列的结合，提供了嵌入式门阵列的高性能和高密度，可以使设计者在某个器件上实现一个完整的系统。

嵌入阵列由一系列嵌入阵列块（EAB）构成。实现存储功能时，每个 EAB 提供 2048 比特，可以用来完成 RAM、ROM、双口 RAM 或 FIFO 功能。实现逻辑功能时，每个 EAB 可提供 100～600 门以实现复杂的逻辑功能，如实现乘法器、微控制器、状态机和 DSP（数字信号处理）功能。EAB 既可单独使用，也可多个联合使用来实现更强的功能。

逻辑阵列由逻辑块（LAB）构成。每个 LAB 包含 8 个逻辑单元和一个局部连接。一个逻辑单元有一个 4 输入查找表、一个可编程触发器和一个实现进位和级联功能的专用信号路径。LAB 中的 8 个逻辑单元可用来产生中规模逻辑块，比如 8 比特计数器、地址译码器或状态机，或者通过逻辑阵列块结合产生更大的逻辑块。每个逻辑阵列块代表约 96 个可用逻辑门。

FLEX10K 内部的信号连接以及与器件引脚的信号连接由快速互连通道完成。快速互连通道是快速且连续地运行于整个器件行和列的通道。

每个 I/O 引脚由位于快速通道互连的每个行、列两端的 I/O 单元（IOE）输入。每个 IOE 包含一个双向 I/O 缓冲器和一个触发器。这个触发器可用做数据输入、输出或双向信号的输出或输入寄存器。和专用时钟引脚连用时，这些寄存器提供附加的性能。输入时，提供 4.2 ns 的建立时间和 0 ns 的保持时间；输出时，这些寄存器提供 6.7 ns 的保持时间。IOE 提供各种功能，比如 JTAG BST 支持、电压摆率控制、三态缓冲器及开漏输出等。

FLEX10K 器件在上电时，通过保存在 Altera 串行配置 EPROM 中的数据或系统控制器提供的数据进行配置。Altera 提供 EPC1 和 ECP1441 配置 EPROM，它们通过串行数据流对 FLEX10K 器件进行配置。配置数据也可从系统 RAM 或 Altera 的 BitBlaster 串行下载电缆以及 ByteBlaster 并行端口的下载电缆获得。FLEX10K 器件经过配置后，可装入新的配置数据实现在线重新配置。由于重新配置的时间小于 320 ms，因此在系统运行时可以完成重新配置的实时操作。

FLEX10K 器件包含一个优化接口，允许微处理器对 FLEX10K 器件进行串行或并行、同步或异步配置。该优化接口使得微处理器把 FLEX10K 器件当作存储器来处理，并且通过写入虚拟存储地址进行配置，这样设计者就很容易重新配置器件。

图 2.10 给出了 FLEX10K 的结构框图。每组 LE 连接到 LAB，LAB 被分成行和列，每行包含一个 EAB。LAB 和 EAB 由快速通道互连。IOE 位于行通道和列通道的两端。

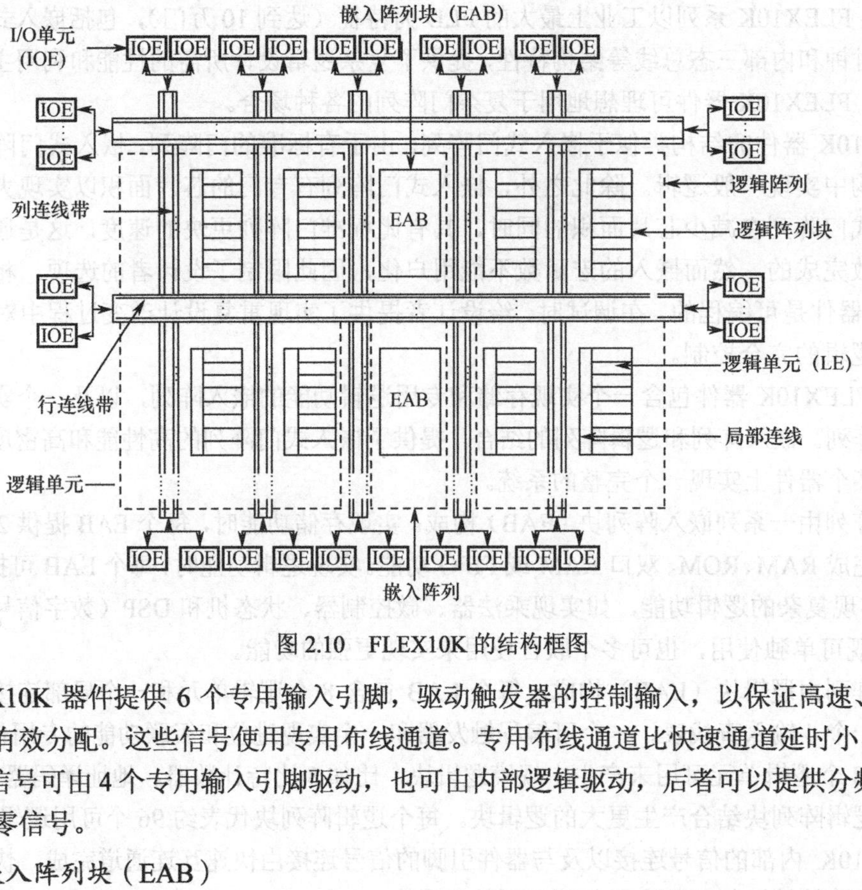

图 2.10 FLEX10K 的结构框图

FLEX10K 器件提供 6 个专用输入引脚，驱动触发器的控制输入，以保证高速、低摆率控制信号的有效分配。这些信号使用专用布线通道。专用布线通道比快速通道延时小、摆率低。4 个全局信号可由 4 个专用输入引脚驱动，也可由内部逻辑驱动，后者可以提供分频信号或内部异步清零信号。

1）嵌入阵列块（EAB）

嵌入阵列块是一种在输入、输出端口上带有寄存器的灵活 RAM 电路，用来实现一般门阵列的宏功能，适合实现乘法器、矢量标量、纠错电路等功能。因为它很大也很灵活，因此还可应用于数字滤波和微控制器等领域。

逻辑功能通过配置过程中对 EAB 的编程来实现，并产生一个 LUT（查找表）。有了 LUT，组合功能就可根据查找表结果而非通过计算来实现，比用一般逻辑实现的算法快。这一特点使 EAB 的快速存取时间得到进一步增强。EAB 的大容量允许设计者在一个逻辑级上实现复杂的功能，减少了增加逻辑单元或 FPGA 的 RAM 块连接带来的路径延时。例如，一个 EAB 可以通过 8 个输入引脚和 8 个输出引脚来实现 4×4 乘法器。参数化的函数，比如 LPM 函数，可自然而然地利用 EAB 实现。

EAB 比后面将要讲到的 FPGA 更有优势。FPGA 通过分布式的小 RAM 块阵列实现片上

RAM。当 RAM 的尺寸增大时，这些 FPGA RAM 块包含不可预测的延时。除此之外，FPGA RAM 还存在布线问题，因为小 RAM 块要连接在一起组成大部件。相比之下，EAB 可用来实现大的专用 RAM 部件，免去了不可预测的延时和布线问题。

EAB 可用来实现同步 RAM，它比异步 RAM 更容易使用。使用异步 RAM 的电路必须产生 RAM 的写使能（WE）信号，并确保数据和地址信号符合与写使能信号相关的建立和保持时间要求。与此相反，EAB 的同步 RAM 产生自己的独立写使能信号，并根据全局时钟的关系进行自定时。使用 EAB 自定时的 RAM 只需要符合全局时钟建立和保持时间要求。

每个 EAB 被用做 RAM 时可按下列规格进行配置：256×8、512×4、1024×2 或 2048×1。较大的 RAM 块可由多个 EAB 连接产生。例如，两个 256×8 连接可组成 256×16 的 RAM；两个 512×4 的 RAM 块连接可组成 512×8 的 RAM。如果必要，一个器件中的所有 EAB 可级联形成一个 RAM 块。EAB 可级联成 2048×8 的 RAM 块而不影响定时。Altera 的 MAX+plus II 软件自动连接 EAB 来满足设计者的 RAM 规格要求。

EAB 为驱动和控制时钟信号提供灵活的选择，如图 2.11 所示。EAB 的输入和输出可以用不同的时钟。寄存器可以独立地运用在数据输入、EAB 输出或地址写使能信号上。全局信号和 EAB 的局部互连都可驱动写使能信号。全局信号、专用时钟引脚和 EAB 的局部互连能够驱动 EAB 时钟信号。由于逻辑单元可驱动 EAB 局部互连，因此可用来控制写信号或 EAB 时钟信号。

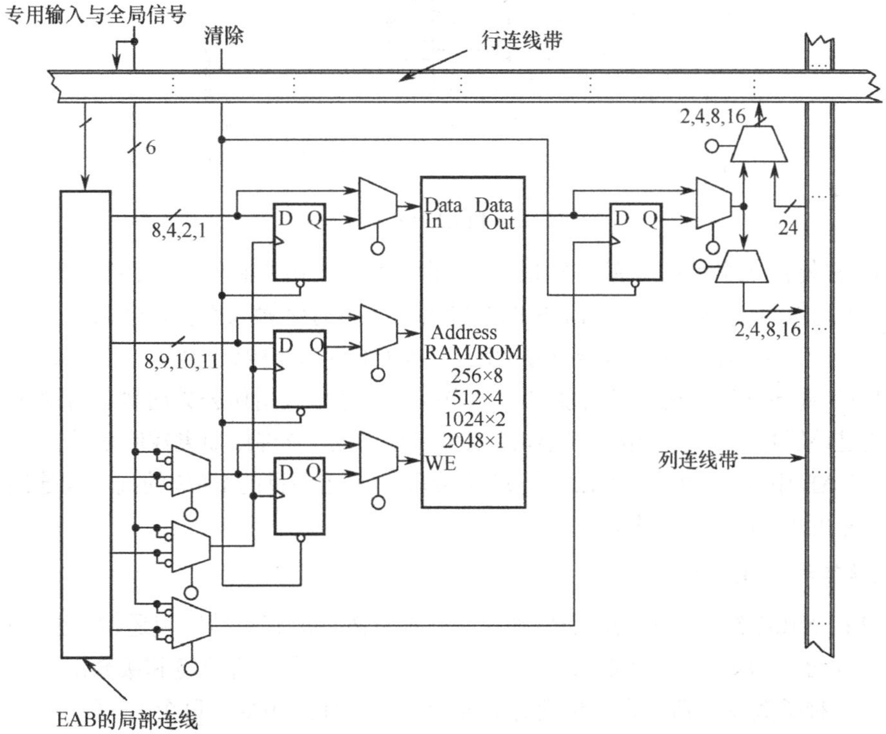

图 2.11　FLEX10K 的 EAB

每个 EAB 由行互连馈入信号，其输出可以驱动行和列互连。每个 EAB 输出最多驱动两个行通道和两个列通道。未用到的行通道可由其他逻辑单元驱动。这一特性为 EAB 输出增加了可用的布线资源。

2）逻辑阵列块（LAB）

FLEX10K 的逻辑阵列块包括 8 个逻辑单元、相关的进位链和级联链、LAB 控制信号以及 LAB 局部互连线，如图 2.12 所示。LAB 构成了 FLEX10K 结构的“粗粒度”构造，可以有效地布线，并提高器件的利用率和性能。

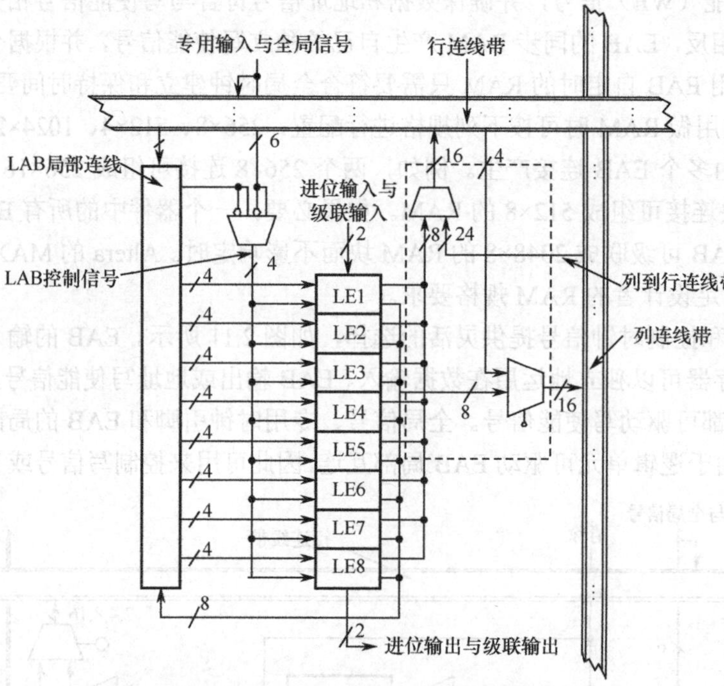

图 2.12 FLEX10K 的 LAB

每个 LAB 提供 4 个可供所有 8 个 LE 使用的可编程反相控制信号，其中 2 个可用做时钟信号，另外 2 个用做清除/置位控制。LAB 的时钟可由专用时钟输入引脚、全局信号、I/O 引脚或借助 LAB 局部互连的任何内部信号直接驱动。LAB 的置位/清除控制信号由全局信号、I/O 信号或借助 LAB 局部互连的内部信号驱动。全局控制信号一般用做公共时钟、清除或置位信号，因为它们通过该器件时引起的偏移很小，所以可以提供同步控制。如果控制信号需要某种逻辑，则可用任何 LAB 中的一个或多个 LE 形成，并经驱动后送到目的 LAB 的局部互连线上。另外，全局控制信号可由 LE 输出产生。

3）逻辑单元（LE）

LE 是 FLEX10K 结构中的最小逻辑单位，它很紧凑，能有效地实现逻辑功能。每个 LE 含有一个 4 输入的 LUT、一个可编程的具有同步使能的触发器、进位链和级联链，如图 2.13 所示。LUT 是一种函数发生器，它能快速计算 4 个变量的任意函数。每个 LE 可驱动局部的互连和快速通道的互连。

LE 中的可编程触发器可设置成 D、T、JK 或 RS 触发器。触发器的时钟、清除和置位控制信号可由专用的输入引脚、通用 I/O 引脚或任何内部逻辑驱动。对于纯组合逻辑，可将触发器旁路，LUT 的输出直接驱动 LE 的输出。

LE 有两个驱动互连通道的输出引脚：一个驱动局部互连通道，另外一个驱动行或列快速互连通道。这两个输出可被独立控制。例如，LUT 可以驱动一个输出，寄存器驱动另一输出。这一特征称为寄存器填充，因为寄存器和 LUT 可用于不同的逻辑功能，所以能提高 LE 的利用率。

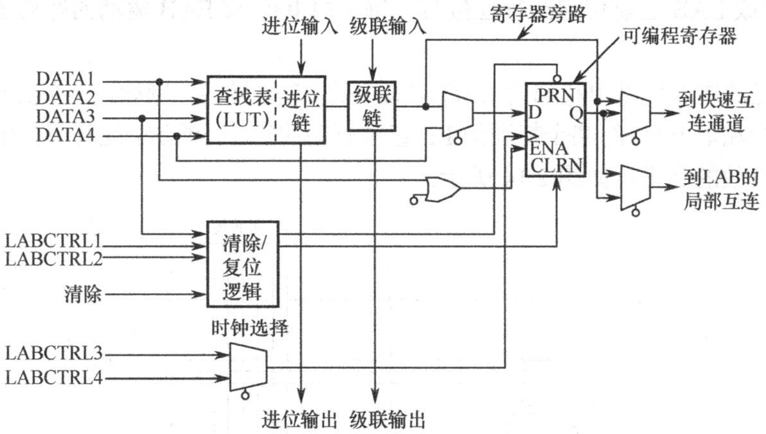

图 2.13　FLEX10K 的 LE

FLEX10K 的结构提供两条专用高速通路，即进位链和级联链，它们连接相邻的 LE 但不占用通用互连通路。进位链支持高速计数器和加法器，级联链可在最小延时的情况下实现多输入逻辑函数。级联链和进位链可以连接同一 LAB 中的所有 LE 和同一行中的所有 LAB。因为大量使用进位链和级联链会限制其他逻辑的布局与布线，所以建议只在对速度有较高要求的情况时使用。

进位链在 LE 之间提供非常快（0.2 ns）的进位功能。来自低位的进位信号经进位链送到高位，同时送到 LUT 和进位链的下一级。这一特点使 FLEX10K 能够实现高速计数器和任意位数的加法器和比较器。

利用级联链，FLEX10K 可以扇入很多的逻辑函数。相邻的 LUT 用来并行地计算函数的各个部分，级联链把中间结果串联起来。级联链可以使用逻辑“与”或逻辑“或”（借助狄摩根的反演定律）来连接相邻 LE 的输出。每增加一个 LE，函数的有效输入数增加 4 个，其延时约增加 0.7 ns。MAX+plus II 编译器在设计处理期间会自动建立级联链，设计者在设计输入过程中也可手工插入级联链。

4）快速通道互连

在 FLEX10K 的结构中，快速通道互连提供 LE 和 I/O 引脚的连接，它是一系列贯穿整个器件的水平或垂直布线通道。这个全局布线结构即使在复杂的设计中也可预知性能。而在 FPGA 中的分段布线却需要开关矩阵连接一系列变化的布线路径，这就增加了逻辑资源之间的延时并降低了性能。

快速互连通道由跨越整个器件的行、列互连通道构成。LAB 的每一行由一个专用行连线带传递。行互连能够驱动 I/O 引脚，馈给器件中的其他 LAB。列连线带连接行与行之间的信号，并驱动 I/O 引脚。

一个行通道可由一个 LE 或三个列通道之一来驱动。这 4 个信号馈入到连接两个专用行通道的双口 4 选 1 多路选择器。这些多路选择器连接到每个 LE，即使 LAB 中的 8 个 LE 全都驱动行连接带，仍然允许列通道驱动行通道。

LAB的每列由专用列连接带服务。行连接带可驱动I/O引脚或其他行的互连，向器件中其他的LAB传递信号。一个来自列互连的信号可以是LE的输出信号或者I/O引脚的输入，它必须在进入EAB或LAB之前传递给行连接带。每个由IOE或EAB驱动的行通道可以驱动一个专用列通道。

行、列通道的进入可以由相邻的LAB对其中的LE来转换。例如，一个LAB中，一个LE可以驱动由行中相邻LAB的某个特别的LE正常驱动的行、列通道。这种灵活的布线使得布线资源能得到更有效的利用，如图2.14所示。

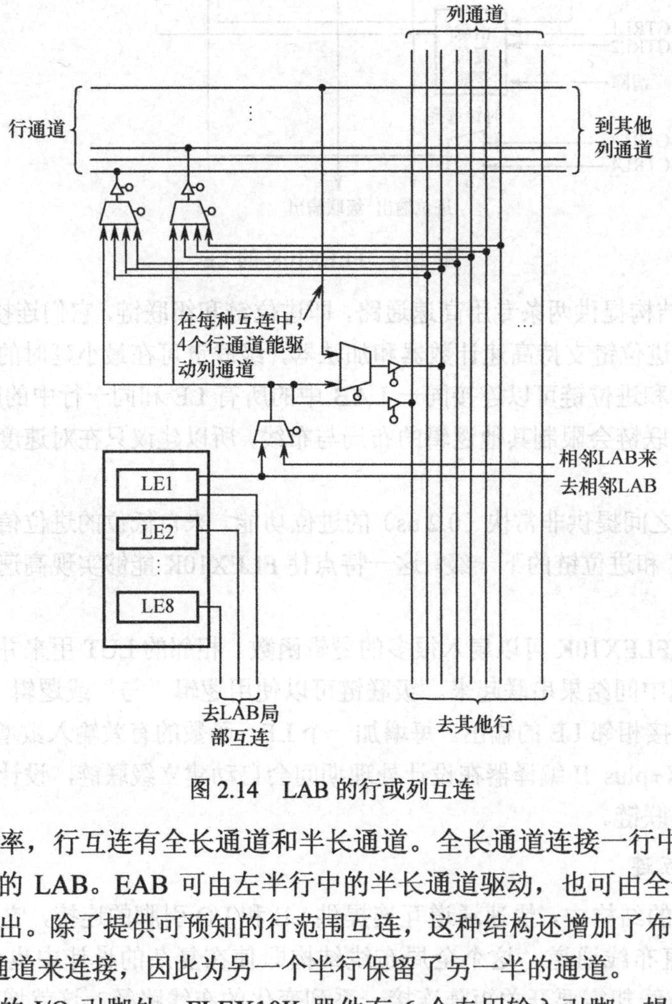

图2.14 LAB的行或列互连

为了提高布通率，行互连有全长通道和半长通道。全长通道连接一行中的所有LAB，半长通道连接半行中的LAB。EAB可由左半行中的半长通道驱动，也可由全长通道驱动。EAB驱动全长通道的输出。除了提供可预知的行范围互连，这种结构还增加了布线资源。两个相邻的LAB可通过行通道来连接，因此为另一个半行保留了另一半的通道。

除了通用功能的I/O引脚外，FLEX10K器件有6个专用输入引脚，提供器件中的低摆率信号。这6个输入可用于全局时钟信号、清除信号、置位信号和周边输出使能信号以及时钟使能控制信号。这些信号与器件中所有LAB和IOE的控制信号一样可被利用。

专用输入信号可被用于通用数据输入，因为它们可输入到器件的每个LAB的局部互连。然而，把专用输入信号作为输入则为控制信号网络引入了额外的延时。

图2.15表示了FLEX10K的互连资源，其中每个LAB根据其位置标号表示其所在的位置，位置标号由表示行的字母和表示列的数字组成，如LAB B3位于B行3列。

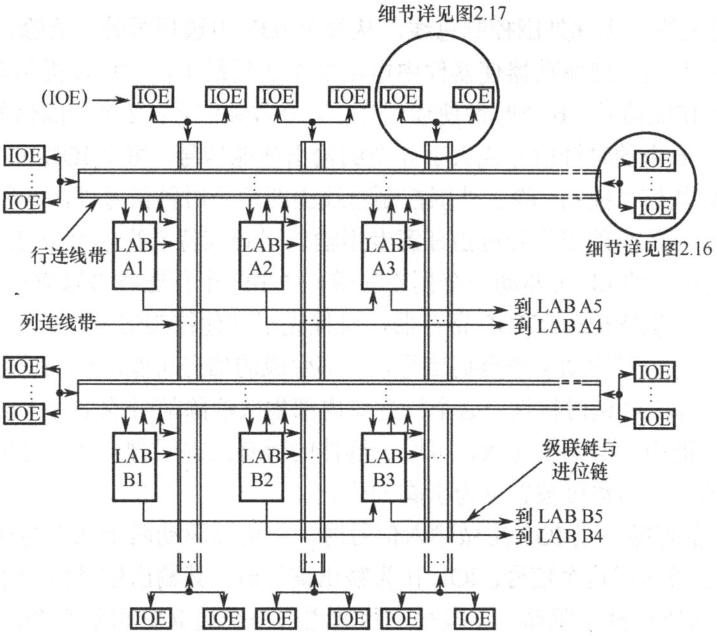

图 2.15　FLEX10K 的互连资源

5）I/O 单元（IOE）

一个 I/O 单元包含一个双向的 I/O 缓冲器和一个寄存器。寄存器可作输入寄存器使用，这是一种需要快速建立时间的外部数据的输入寄存器。IOE 的寄存器也可当作需要快速“时钟到输出”性能的数据输出寄存器使用。在有些场合，用 LE 寄存器作为输入寄存器会比用 IOE 寄存器产生更快的建立时间。IOE 可用做输入、输出或双向引脚。MAX+plus II 编译器利用可编程的反相选项，在需要时可以自动地将来自行、列连线带的信号反相。图 2.16 表示了 FLEX10K 的 I/O 单元。

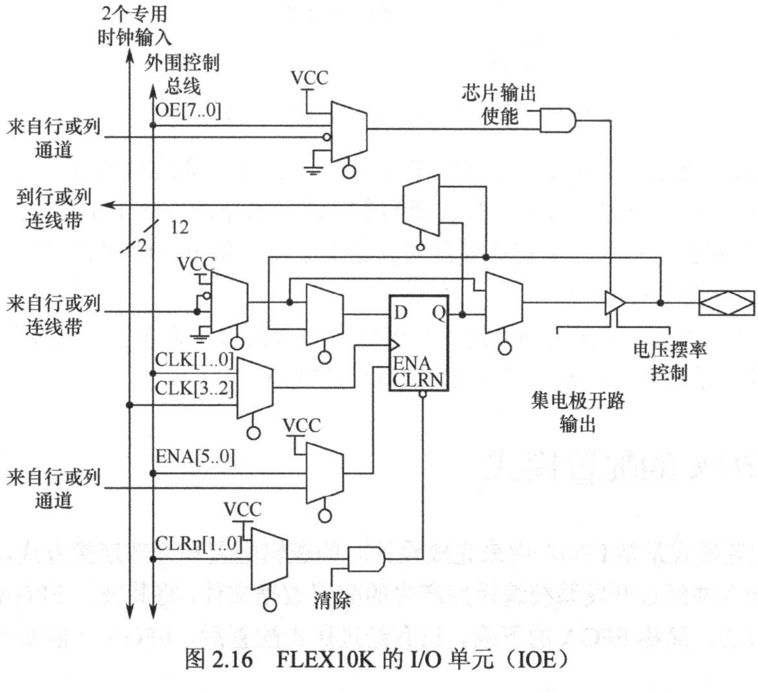

图 2.16　FLEX10K 的 I/O 单元（IOE）

I/O 控制信号网络，也称外围控制总线，从每个 IOE 中选择时钟、清除、输出使能控制信号。外围控制总线利用高速驱动器使器件中电压摆率达到最小。它可以提供多达 12 个外围控制信号：8 个输出使能信号；6 个时钟使能信号；2 个时钟信号；2 个清除信号。

如果需要大于 6 个的时钟信号或大于 8 个的输出使能信号，每个 IOE 可由专用 LE 驱动的时钟使能和输出使能信号控制。除了外围控制总线上的两个时钟信号外，每个 IOE 可使用两个专用时钟引脚之一。每个外围信号可由任意专用输入引脚或特定行中每个 LAB 的第一个 LE 驱动。另外，不同行中的 LE 可驱动一个列连线带，产生一个行连线带以驱动周边的控制信号。芯片级的置位信号可以置位所有 IOE 寄存器，且优先于其他控制信号。

控制总线的信号也可驱动 4 个全局信号，内部生成的信号可驱动全局信号，提供与输入信号驱动相同的低摆率、低延时特性。这个特性对内部生成清除信号或多扇入的时钟信号是理想的。芯片级输出使能引脚低电平有效，可用于器件的所有三态引脚。这个选项可由设计文件设定。另外，IOE 的寄存器也可被置位为引脚置位。

- 行到 IOE 的连接。当 IOE 用做输入信号时，它可以驱动两个独立的行通道。该行中的所有 LE 都可访问这个信号。IOE 作为输出信号时，其输出信号由一个从行通道实现信号选择的多路选择器驱动。连接每一行通道的每个边 IOE 可达 8 个，如图 2.17 所示。

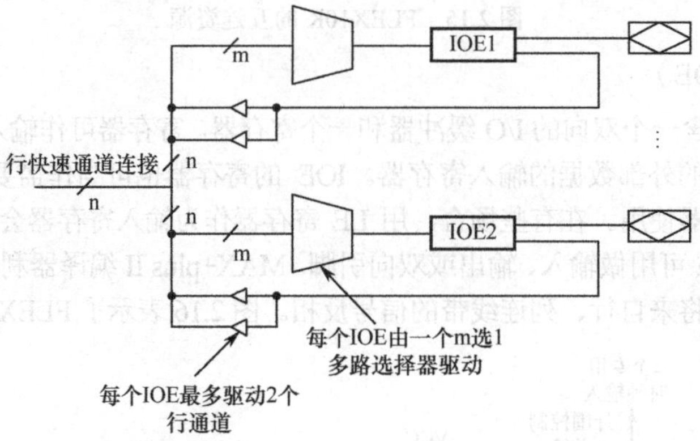

图 2.17　FLEX10K 行到 IOE 的连接

- 列到 IOE 的连接。当 IOE 作为输入时，可驱动两个独立的列通道。IOE 作为输出时，其输出信号由一个对列通道进行选择的多路选择器驱动。两个 IOE 连接列通道的每个边。每个 IOE 可由通过多路选择器的列通道驱动，每个 IOE 可访问的列通道的设置是不同的，如图 2.18 所示。

FLEX10K 器件为每个 I/O 引脚提供一个可选的开漏输出（等效于集电极开路）。开漏输出使得器件能够提供系统级的控制信号（如中断和写信号）。

2.3　FPGA 的配置模式

FPGA 的配置模式是指 FPGA 用来完成设计时的逻辑配置和外部连接方式。逻辑配置是指，经过用户设计输入并经过开发系统编译后产生的配置数据文件，将其装入 FPGA 芯片内部的可配置存储器的过程，简称 FPGA 的下载。只有经过逻辑配置后，FPGA 才能实现用户需要的逻辑功能。

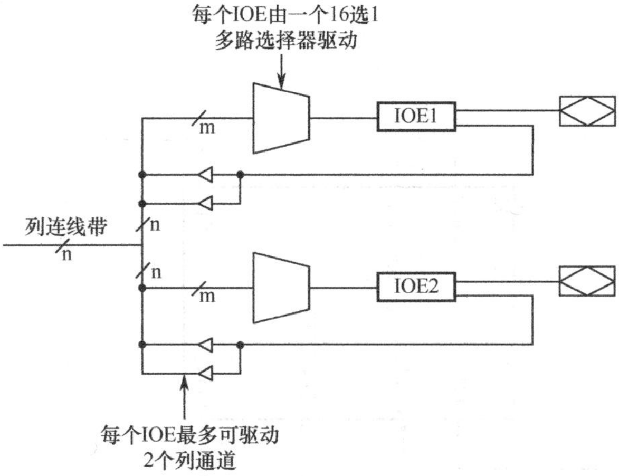

图 2.18　FLEX10K 列到 IOE 的连接

1．主动串行配置式

选择主动串行模式时，需要附加一个外部串行存储器 EPROM 或 PROM，事先将配置数据写入外部存储器。每当电源接通后，FPGA 将自动地从外部串行 PROM 或 EPROM 中读取串行配置数据。主动串行配置模式如图 2.19 所示。

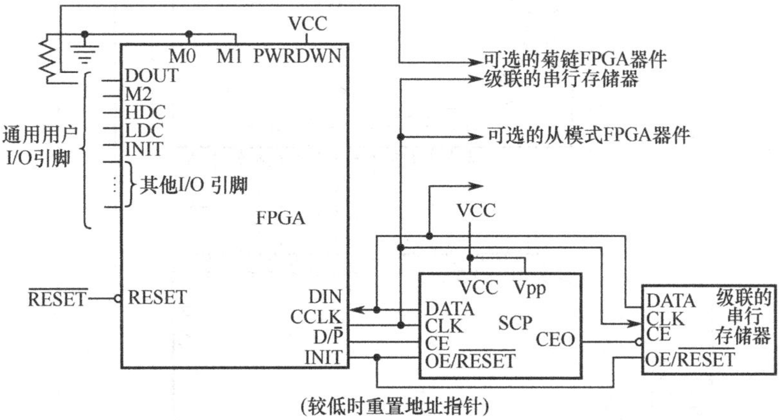

图 2.19　主动串行配置模式

在主动串行配置模式中，配置数据的主器件是 FPGA。该器件的输出时钟信号 CCLK 驱动串行 PROM（如 Xilinx 的 XC17XX）时钟信号 CLK，在 CCLK 上升沿的控制下，串行 PROM 内部地址指针加 1。PROM 的输出 DATA 连接到配置数据主器件的输入端 DIN，该数据为串行配置数据，实现对 FPGA 主器件的配置。

2．主动并行配置模式

在主动并行配置模式下，一般用 EPROM 作外部存储器，事先将配置数据写入 EPROM 芯片内，每当电源接通后，FPGA 将自动地从外部串行 EPROM 中读取配置数据。主动并行配置模式电路如图 2.20 所示。主动配置模式使用 FPGA 内部的一个振荡器产生 CCLK 来驱动从属器件，并为包含配置数据的外部 EPROM 生成地址及定时信号。

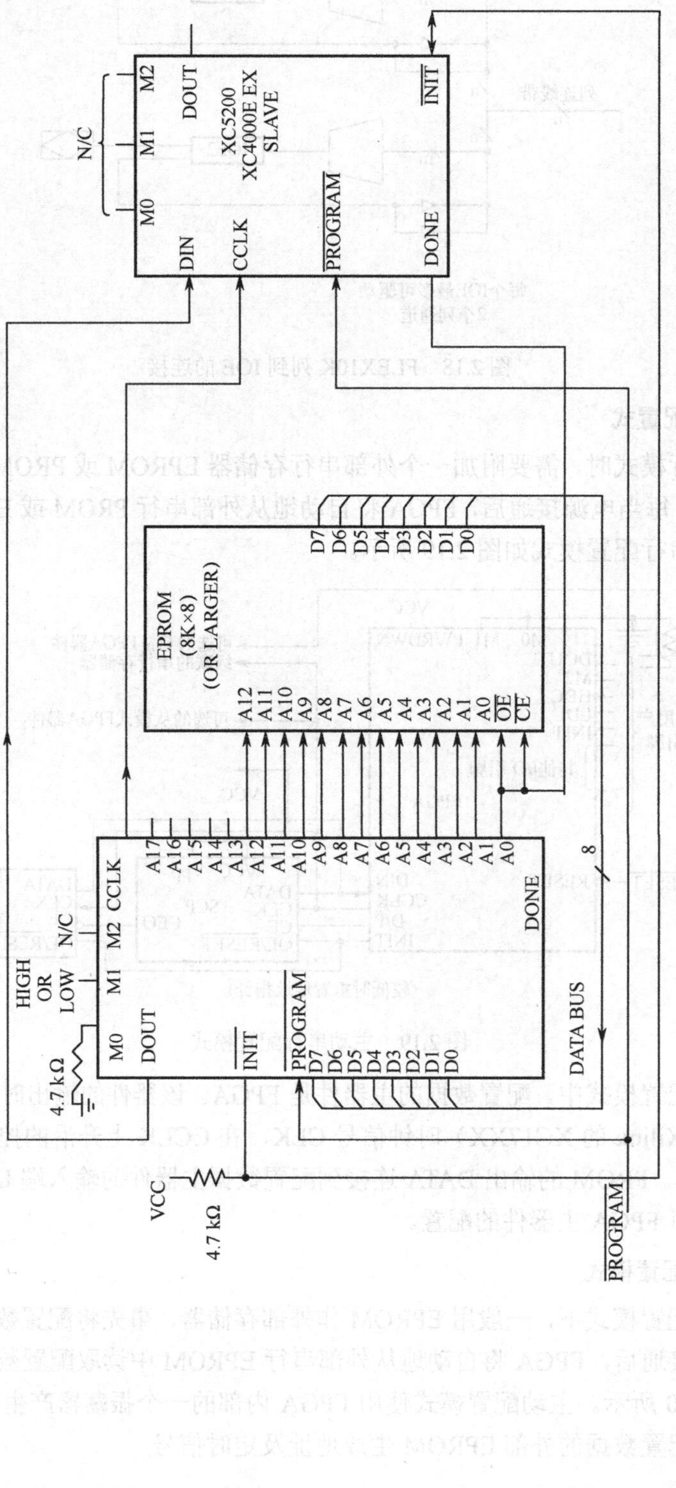

图 2.20 主动并行配置模式

主动并行配置模式生成 CCLK 信号及 EPROM 地址，并读入并行数据（字节宽），然后在内部变成串行的 LCA 数据帧格式。主动并行模式又分为主高及主低模式。主低模式从 0000 地址到高地址读入存储数据，主高模式从高（XC4000 为 3FFFF，XC2000 和 XC3000 为 FFFF）到低读入存储数据。这一功能可使主 FPGA 能与其他器件分享外部存储器。如一个微处理器从存储器低位开始执行，FPGA 就可从高位加载，一旦配置完毕，就允许处理器工作。

3．外设配置模式

在外设配置模式下，FGPA 器件将作为一个微处理器的外设，配置数据由微处理器提供，在微处理器的写脉冲和片选信号的控制下对 FPGA 进行数据配置。在 CS0、CS1、CS2 和 WRT 信号的控制下得到写周期，在每个写周期经数据总线通过 FPGA 芯片引脚 D0～D7 并行读入一个字节的配置数据（也可采用串行方式），配置数据存入芯片内部的输入缓冲寄存器，在 FPGA 内部将并行配置数据变为串行数据。若 FPGA 信号 RDY/$\overline{\text{BUSY}}$ 输出高电平，则表示一个字节的配置数据读完，输入缓冲器准备好，准备读入下一字节的配置数据。外设配置模式的电路如图 2.21 所示。

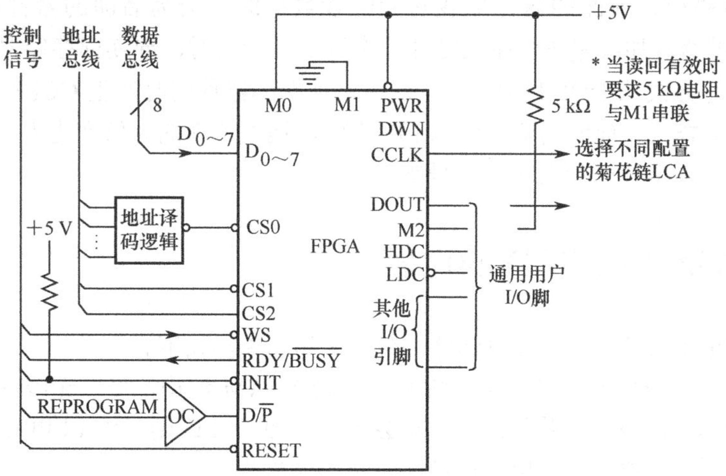

图 2.21 外设配置模式

4．从动串行配置模式

从动串行配置模式如图 2.22 所示。该模式为 PC 或单片机系统加载 FPGA 配置数据提供了

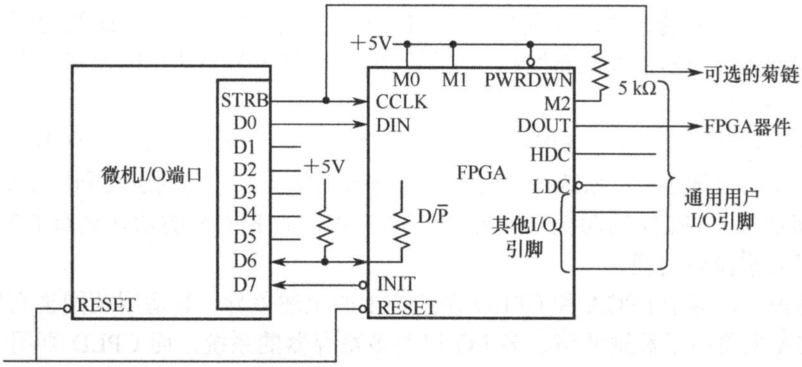

图 2.22 从动串行配置模式

最简单的接口。串行数据 DIN 和同步配置时钟 CCLK 可以同时由一个 PC 的 I/O 口提供，在时钟 CCLK 的控制下进行配置操作。在该模式下，FPGA 在 CCLK 的上升沿从 DIN 输入脚接收串行配置数据，装入它的配置后，在 CCLK 的下降沿由 DOUT 输出该数据。这种配置模式可把多个器件的 DIN 引脚和 DOUT 引脚串接起来，同时配置多个器件。如果将多个 FPGA 器件的 DIN 接在一起，那么把其中任何一个 FPGA 的 DOUT 反馈回 PC 的 I/O 口，就可实现相同配置数据的加载操作。

5. 菊花链配置模式

在数字系统的应用设计中，单个 FPGA 芯片不足以实现完整的系统功能时，可采用多个 FPGA 芯片。多个 FPGA 芯片可用菊花链模式配置。菊花链模式是一种多芯片的配置信号连接方式，任何模式配置的 LCA 都支持菊花链。以主动模式配置的 LCA 可作为数据源，并可控制从属器件。图 2.23 所示为一个主模式配置器件与两个从属配置器件。主模式器件读取外部存储器并开启其他器件的配置加载过程。在配置开始时，以一段起始码和一个长度码作为文件头的数据提供给所有的器件。长度码表示加载菊花链中各个器件所需的总周期数。

在加载长度码后，前面的器件加载它的配置数据时，会为后面的器件提供一个高电平 DOUT。当前面的器件加载完毕，而长度计数未达到预置数时，继续读存储器过程，数据经过前面的器件以串行方式从 DOUT 脚输出。同时，前面的器件同时产生 CCLK 以同步串行输出数据。若处于主动模式，前面的器件则以 EPROM 取地址速率的 8 倍产生内部 CCLK，如果处于外设配置模式，则由片选和写选通信号来产生 CCLK。

2.4 FPGA 与 CPLD 的比较

FPGA 和 CPLD 都是可编程逻辑器件，两者之间的差异如下。

（1）编程单元。查找表型 FPGA 的编程单元为 SRAM 结构，可以无限次编程，但它属于易失性元件，掉电后芯片内的信息会丢失；而 CPLD 则采用 EEPROM 编程单元，不仅可无限次编程，且掉电后片内的信息不会丢失。

（2）逻辑功能块。FPGA 的 CLB 阵列在结构形式上克服了 CPLD 中固定的“与-或”逻辑阵列结构的局限性，在组成一些复杂的、特殊的数字系统时显得更加灵活。同时，由于 FPGA 中触发器的数目多于 CPLD，故 FPGA 在实现时序电路时要强于 CPLD。

（3）内部连线结构。CPLD 的信号汇总于编程内连矩阵，然后分配到各个 CLB，因此信号通路固定，系统速度可以预测。而 FPGA 的内连线分布在 CLB 的周围，且编程的种类和编程点很多，因此布线相当灵活。但由于每个信号的传输途径各异，传输延迟时间是不确定的。

（4）芯片逻辑利用率。由于 FPGA 的 CLB 的规模小，可分为组合和时序两个独立电路，又有丰富的内部连线，系统综合时可进行充分的优化，芯片的逻辑利用率比 CPLD 要高。

（5）内部功耗。CPLD 的功耗一般为 0.5～2.5 W，而 FPGA 的功耗只有 0.25～5 mW，静态时几乎没有功耗。

（6）应用范围。鉴于 FPGA 和 CPLD 在结构上的上述差异，其适用范围也有所不同。一般 FPGA 主要用于数据通路、多 I/O 口及多寄存器的系统；而 CPLD 则用于高速总线接口、复杂状态机等对速度要求较高的系统。

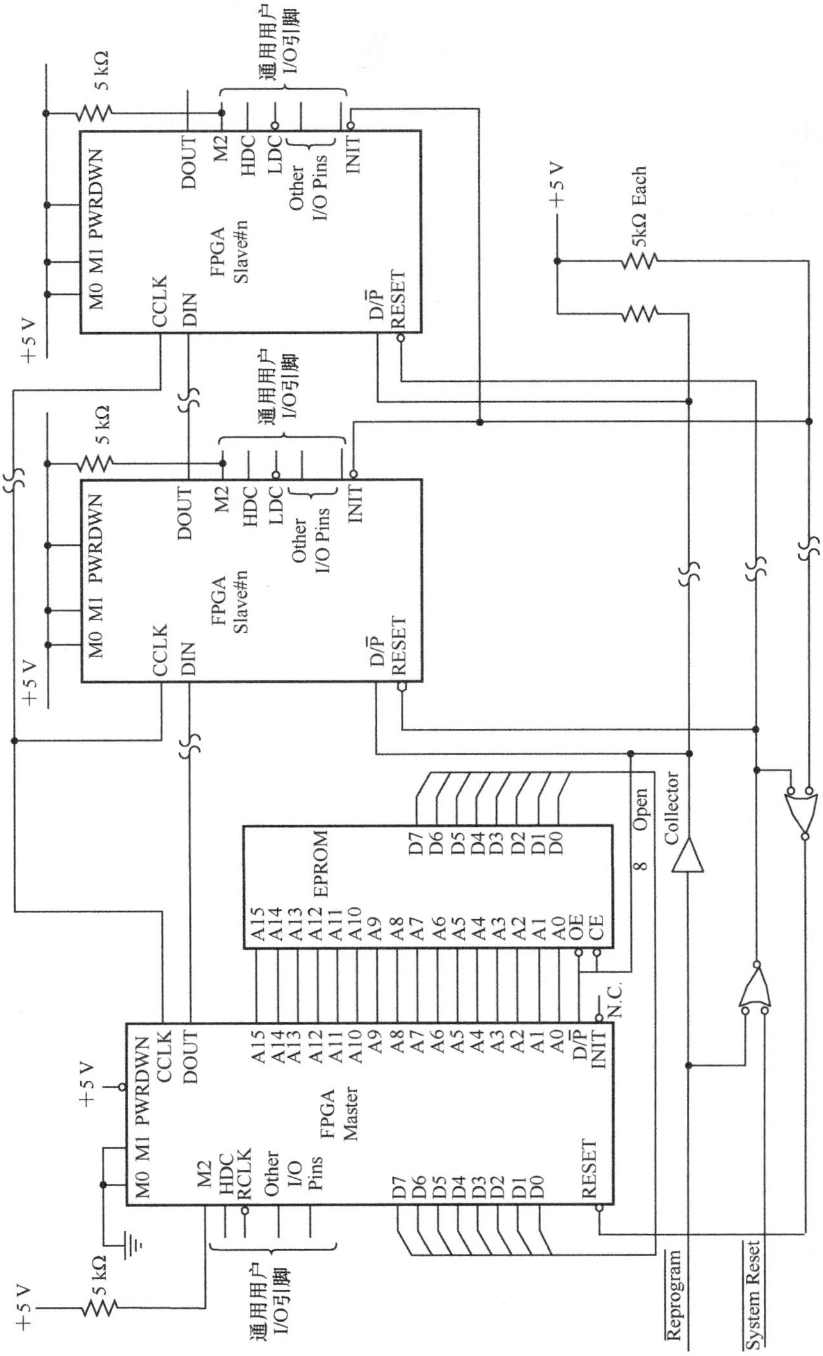

图 2.23　主并菊花链配置模式

（7）CPLD 的保密性好，FPGA 的保密性差。

（8）CPLD 的连续式布线结构决定了其时序延迟是均匀的和可预测的，而 FPGA 的分段式布线结构决定了其延迟的不可预测性。

习 题

2.1 例举 PLD 的分类方法。

2.2 FPGA 有几种配置方式？

2.3 FPGA 与 CPLD 比较，有哪些差异？

第 3 章　VHDL 编程基础

3.1　概述

3.1.1　常用硬件描述语言简介

常用硬件描述语言有 VHDL、Verilog 和 ABEL。VHDL 起源于美国国防部的 VHSIC，Verilog 起源于集成电路的设计，ABEL 则起源于可编程逻辑器件的设计。下面从使用方面将三者进行对比。

（1）逻辑描述层次。一般的硬件描述语言可以在三个层次上进行电路描述，其层次由高到低依次分为行为级、RTL 级和门电路级。VHDL 语言是一种高级描述语言，适用于行为级和 RTL 级的描述，最适于描述电路的行为；Verilog 语言和 ABEL 语言是一种较低级的描述语言，适用于 RTL 级和门电路级的描述，最适于描述门级电路。

（2）设计要求。使用 VHDL 进行电子系统设计时可以不必了解电路的结构细节，设计者所做的工作较少；使用 Verilog 和 ABEL 语言进行电子系统设计时，需了解电路的结构细节，设计者需做大量的工作。

（3）综合过程。任何一种语言源程序，最终都要转换成门电路级才能被布线器或适配器所接受。因此，VHDL 语言源程序的综合通常要经过行为级→RTL 级→门电路级的转化，VHDL 几乎不能直接控制门电路的生成。而 Verilog 语言和 ABEL 语言源程序的综合过程要稍简单一些，即经过 RTL 级→门电路级的转化，易于控制电路资源。

（4）对综合器的要求。VHDL 描述语言层次较高，不易控制底层电路，因而对综合器的性能要求较高；Verilog 和 ABEL 对综合器的性能要求较低。

（5）支持的 EDA 工具。支持 VHDL 和 Verilog 的 EDA 工具很多，但支持 ABEL 的综合器仅 Dataio 一家。

（6）国际化程度。VHDL 和 Verilog 已成为 IEEE 标准，而 ABEL 正朝国际化标准努力。

3.1.2　VHDL 的优点

VHDL 诞生于 1982 年，其英文全称为 Very-High-Speed Integrated Circuit Hardware Description Language。1987 年底，VHDL 被 IEEE 和美国国防部确认为标准硬件描述语言。自 IEEE 公布 VHDL 的标准版本（IEEE—1076）后，各 EDA 公司相继推出了自己的 VHDL 设计环境，或宣布自己的设计工具可以和 VHDL 接口。此后，VHDL 在电子设计领域得到了广泛的接受，并逐步取代了原有的非标准硬件描述语言。1993 年，IEEE 对 VHDL 进行了修订，从更高的抽象层次和系统描述能力上扩展了 VHDL 的内容，公布了新版本的 VHDL，即 IEEE 标准的 1076—1993 版本。今天，VHDL 和 Verilog 作为 IEEE 的工业标准硬件描述语言，又得到了众多 EDA 公司的支持，在电子工程领域，已成为事实上的通用硬件描述语言。

VHDL 主要用于描述数字系统的结构、行为、功能和接口。除了含有许多具有硬件特征的语句外，VHDL 的语言形式和描述风格与句法十分类似于普通的计算机高级语言。VHDL 的程序结构特点是将一项工程设计，或称设计实体（可以是一个元件、一个电路模块或一个系统）分成外部（或称可视部分，即端口）和内部（或称不可视部分，即设计实体的内部功能和算法完成部分）两部分。定义了设计实体的外部界面后，一旦其内部开发完成，其他的设计就可以直接调用这个实体。这种将设计实体分成内、外部分的概念是 VHDL 系统设计的基本特点。

VHDL 进行工程设计的优点是多方面的，具体如下。

（1）与其他的硬件描述语言相比，VHDL 具有更强的行为描述能力。强大的行为描述能力是避开具体的器件结构，从逻辑行为上描述和设计大规模电子系统的重要保证。就目前流行的 EDA 工具和 VHDL 综合器而言，将基于抽象的行为描述风格的 VHDL 程序综合成为具体的 FPGA 和 CPLD 等目标器件的网表文件已不成问题，只是在综合与优化效率上略有差异。

（2）VHDL 具有丰富的仿真语句和库函数。VHDL 可在任何大系统的设计早期，查验设计系统的功能可行性，并随时可对系统进行仿真模拟，以便设计者对整个工程的结构和功能可行性做出判断。

（3）VHDL 语句的行为描述能力和程序结构，决定了其具有支持大规模设计的分解和已有设计的再利用功能。高效、高速完成符合市场需求的大规模系统设计，必须有多人甚至多个开发小组共同并行工作才能实现。VHDL 中设计实体的概念、程序包的概念、设计库的概念，为设计的分解和并行工作提供了有力的支持。

（4）用 VHDL 完成一个确定的设计，可以利用 EDA 工具进行逻辑综合和优化，并自动把 VHDL 描述设计转变成门级网表（根据不同的实现芯片）。这种方式突破了门级设计的瓶颈，极大地减少了电路设计的时间和可能发生的错误，降低了开发成本。利用 EDA 工具的逻辑优化功能，可以自动地把综合后的设计变成更小、更高速的电路系统。反过来，设计者可很容易地从综合和优化的电路获得设计信息，返回去修改 VHDL 设计描述，使之更加完善。

（5）VHDL 对设计的描述具有相对独立性。设计者即使不懂硬件的结构，也不必管最终设计的目标器件是什么，也可独立地进行设计。正因为 VHDL 的硬件描述与具体的工艺技术和硬件结构无关，所以 VHDL 设计程序的硬件实现目标器件有广阔的选择范围，其中包括各种系列的 CPLD、FPGA 及各种门阵列器件。

（6）由于 VHDL 具有类属描述语句和子程序调用等功能，对于完成的设计，在不改变源程序的条件下，只需改变类属参量或函数，就能轻易地改变设计的规模和结构。

3.1.3 VHDL 程序设计约定

为了便于程序的阅读和调试，本书对 VHDL 程序设计特做如下约定。

（1）语句结构描述中，方括号“[ ]”内的内容为可选内容。

（2）对于 VHDL 的编译器和综合器来说，程序文字不区分大小写。本书一般使用大写。

（3）程序中的注释使用双横线“--”。在 VHDL 程序的任何一行中，双横线“--”后的文字都不参加编译和综合。

（4）为便于程序的阅读与调试，书写和输入程序时，使用层次缩进格式，同一层次的对齐，低层次的缩进两个字符。

（5）在 MAX+plus II 软件之中，要求源程序文件的名字与实体名必须一致。因此，为了使同一个 VHDL 源程序文件能适应各个 EDA 开发软件上的使用要求，建议各个源程序文件的命名均与其实体名一致。

3.2　VHDL 语言要素

VHDL 具有计算机编程语言的一般特性，其语言要素是编程语句的基本单元，是 VHDL 作为硬件描述语言的基本结构元素，反映了 VHDL 重要的语言特征。准确无误地理解和掌握 VHDL 语言要素的基本含义和用法，对于正确完成 VHDL 程序设计十分重要。

VHDL 的语言要素主要有数据对象（包括变量、信号和常量）、数据类型和各类操作数，以及运算操作符。

3.2.1　VHDL 文字规则

与其他计算机高级语言类似，VHDL 也有自己的文字规则，在编程时需要认真遵循。除了具有类似于计算机高级语言编程的一般文字规则外，VHDL 还包括特有的文字规则和表达方式。VHDL 文字主要包括数值和标识符。数值型文字所描述的值主要有数字型、字符串型、位串型。

1．数字型文字

数字型文字的值有多种表达方式，具体如下。

1）整数文字

整数文字都是十进制数。例如，

5，678，0，156E2（=15600），45_234_287（=45234287）

数字间的下画线仅是为了提高文字的可读性，相当于一个空间隔符，没有其他意义。

2）实数文字

实数文字也是十进制数，但须带有小数点。例如，

188.933，88_670_551.453_909（=88670551.453909）

3）以数制基数表示的文字

采用这种方式表示的数由 5 部分组成。第一部分，用十进制数标明数制进位的基数；第二部分，数制隔离符号“#”；第三部分，表达的文字；第四部分，指数隔离符号“#”；第五部分，用十进制数表示的指数部分，数为 0 时可以省去不写。

【例 3.1】

```
SIGNAL  d1, d2, d3, d4, d5: INTEGER  RANGE 0 TO 255;
d1 <= 10#170#;                    --十进制数表示,等于 170
d2 <= 16#FE#;                     --十六进制数表示,等于 254
d3 <= 2#1111_1110#;               --二进制数表示,等于 254
d4 <= 8#376#;                     --八进制数表示,等于 254
d5 <= 16#E#E1;                    --十六进制数表示,等于 224
```

4）物理量文字

VHDL 综合器不接受此类文字。例如，

60s（60 秒），100m（100 米），1KΩ（1 千欧姆），177A（177 安培）

2. 字符串型文字

字符是用单引号引起来的 ASCII 字符，可以是数值，也可以是符号或字母。例如，

'R'，'a'，'*'，'Z'，'U'

字符串是一维的字符数组，需放在双引号中。有两种类型的字符串：数位字符串和文字字符串。

1）文字字符串

文字字符串是用双引号引起来的一串文字。例如，

" ERROR "， " X "， " BB$CC "

2）数位字符串

数位字符串也称位矢量，是预定义的数据类型 BIT 的一维数组。数位字符串与文字字符串相似，但所代表的是二进制、八进制或十六进制的数组。它们所代表的位矢量的长度即为等值的二进制数的位数。字符串数值的数据类型是一维的枚举型数组。与文字字符串表示不同，数位字符串的表示首先要有计算基数，然后将该基数的值放在双引号中，基数符以 " B " 、" O " 和 " X " 表示，并放在字符串的前面。它们的含义如下：

- B：二进制基数符号，表示二进制位 0 或 1，在字符串中的每个位表示 1 比特。
- O：八进制基数符号，在字符串中的每个数代表一个八进制数，即代表一个 3 位的二进制数。
- X：十六进制基数符号，代表一个十六进制数，即代表一个 4 位的二进制数。

【例 3.2】

```
data1 <= B"1_1101_1110";     --二进制数组,位矢数组长度是 9
data2 <= O"15";                    --八进制数组,位矢数组长度是 6
data3 <= X"AD0";                   --十六进制数组,位矢数组长度是 12
data4 <= "1_1101_1110";            --表达错误,缺 B
data5 <= "AD0";                    --表达错误,缺 X
```

3. 标识符

标识符用来定义常数、变量、信号、端口、子程序或参数的名字。

VHDL 的基本标识符是以英文字母开头，不连续使用下画线“_”，不以下画线结尾的，由 26 个大小写英文字母、数字 0～9 及下画线组成的字符串。VHDL 93 标准还支持扩展标识符，但目前仍有许多 VHDL 工具不支持扩展标识符。标识符中的英文字母不区分大小写。VHDL 的保留字不能用做标识符使用。如 DECODER_1、FFT、Sig_N、NOT_ACK、State0、Idle 是合法标识符；而_DECODER_1、2FFT、SIG_#N、NOT-ACK、RYY_RST_、data_ _BUS、RETURN 则是非法标识符。

4. 下标名

下标名用于指示数组型变量或信号的某一元素，而下标段名则用于指示数组型变量或信号

的某一段元素。下标语句格式如下：

标识符(表达式)

标识符必须是数组型的变量或信号的名字，表达式所代表的值必须是数组下标范围中的一个值，这个值对应于数组中的一个元素。

如果这个表达式是一个可计算的值，则此操作数可很容易地进行综合。如果是不可计算的，则只能在特定的情况下综合，且耗费资源较大。

【例 3.3】

```
SIGNAL  a, b: BIT_VECTOR(0 TO 3);
SIGNAL  m: INTEGER RANGE 0 TO 3;
SIGNAL  y, z:BIT;
y <= a(m);                  --不可计算型下标表示
z <= b(3);                  --可计算型下标表示
```

5. 段名

段名即多个下标名的组合，段名对应于数组中某一段的元素。段名的表达形式是

标识符(表达式　方向　表达式)

这里的标识符必是数组类型的信号名或变量名，每个表达式的数值须在数组元素下标号的范围内，且必须是可计算的（立即数）。方向用 TO 或 DOWNTO 表示。TO 表示数组下标序列由低到高，如(2 TO 8)；DOWNTO 表示数组下标序列由高到低，如(8 DOWNTO 0)，所以段中两表达式值的方向必须与原数组一致。

例 3.4 中各信号分别以段的方式进行赋值，内部则按对应位的方式分别进行赋值。

【例 3.4】

```
SIGNAL  a, z : BIT_VECTOR (0 TO 7);
SIGNAL  b  : STD_LOGIC_VECTOR (4 DOWNTO 0);
SIGNAL  c  : STD_LOGIC_VECTOR (0 TO 4);
SIGNAL  e  : STD_LOGIC_VECTOR (0 TO 3);
SIGNAL  d  : STD_LOGIC;
…
z(0 TO 3) <= a(4 TO 7);        --赋值对应:z(0)<=a(4),z(1)<=a(5),…
z(4 TO 7) <= a(0 TO 3);
b(2) <= '1';
b(3 DOWNTO 0) <= "1010"; --b(3) <='1',b(2) <='0',...
c(0 TO 3) <= "0110";
c(2) <= d;
c <= b;                        -- c(0 TO 4)<=b(4 DOWNTO 0)
e <= c;                        --错误,双方位矢长度不等
e <= c (0 TO 3);
e <= c (1 TO 4);
```

3.2.2 VHDL 数据对象

在 VHDL 中，数据对象（Data Objects）类似于一种容器，它接受不同数据类型的赋值。

数据对象有三种，即常量（CONSTANT）、变量（VARIABLE）和信号（SIGNAL）。

前两种可以从传统的计算机高级语言中找到对应的数据类型，其语言行为与高级语言中的变量和常量十分相似。但信号这一数据对象比较特殊，它具有更多的硬件特征，是 VHDL 中最具特色的语言要素之一。

从硬件电路系统来看，变量和信号相当于组合电路系统中门与门间的连线及其连线上的信号值；常量相当于电路中的恒定电平，如 GND 或 VCC 接口。从行为仿真和 VHDL 语句功能上看，信号与变量具有比较明显的区别，其差异主要表现在接受和保持信号的方式及信息保持与传递的区域大小上。例如，信号可以设置传输延迟量，而变量则不能；变量只能作为局部的信息载体，如只能在所定义的进程中有效，而信号则可作为模块间的信息载体，如在结构体中各进程间传递信息。变量的设置有时只是一种过渡，最后的信息传输和界面间的通信都靠信号来完成。综合后的 VHDL 文件中，信号将对应更多的硬件结构。注意，对于信号和变量的认识，单从行为仿真和语法要求的角度去认识是不完整的。事实上，在许多情况下，综合后所对应的硬件电路结构中，信号和变量并没有什么区别，例如在满足一定条件的进程中，综合后它们都能引入寄存器。关键在于，它们都具有能够接受赋值这一重要的共性，而 VHDL 综合器并不理会它们在接受赋值时存在的延时特性（只有 VHDL 行为仿真器才会考虑这一特性差异）。

1. 常量

常数的定义和设置主要是为了使设计实体中的常数更容易阅读和修改。例如，将位矢的宽度定义为一个常量，只要修改这个常量就能很容易地改变宽度，从而改变硬件结构。

在程序中，常量是一个恒定不变的值，一旦做了数据类型和赋值定义后，在程序中不能再改变，因而具有全局性意义。

常量的定义形式如下：

CONSTANT 常量名: 数据类型:= 表达式;

【例 3.5】

```
CONSTANT FBUS: BIT_VECTOR := "01011";
CONSTANT VCC: REAL := 5.0;
CONSTANT DELY: TIME := 25 ns;
```

常量定义语句所允许的设计单元有实体、结构体、程序包、块、进程和子程序。在程序包中定义的常量可以暂不设具体数值，它可以在程序包体中设定。

2. 变量

在 VHDL 语法规则中，变量是一个局部量，只能在进程和子程序中使用。变量不能将信息带出对它做出定义的当前设计单元。变量的赋值是一种理想化的数据传输，是立即发生的，不存在任何延时的行为。

定义变量的语法格式如下：

VARIABLE 变量名: 数据类型 := 初始值;

【例 3.6】

```
VARIABLE  A: INTEGER;              --定义A为整型变量
VARIABLE  B, C: INTEGER := 2;      --定义B和C为整型变量,初始值为2
```

变量作为局部量，其适用范围仅限于定义了变量的进程或子程序中。仿真过程中唯一的例外是共享变量。变量的值将随变量赋值语句的运算而改变。变量定义语句中的初始值可以是一个与变量具有相同数据类型的常数值，也可以是一个全局静态表达式，这个表达式的数据类型必须与所赋值的变量一致。初始值不是必需的，综合过程中综合器将略去所有的初始值。

变量的赋值语句的语法格式如下：

目标变量名:= 表达式;

变量赋值符号是“:=”，变量数值的改变是通过变量赋值来实现的。赋值语句右方的表达式必须是一个与目标变量具有相同数据类型的数值，这个表达式可以是一个运算表达式，也可以是一个数值。通过赋值操作，新的变量值的获得是立刻发生的。变量赋值语句左边的目标变量可以是单值变量，也可以是一个变量的集合，即数组型变量。

【例 3.7】

```
VARIABLE  x, y : REAL;
VARIABLE  a, b : BIT_VECTOR(0 TO 7);
x := 100.0;                                 --实数赋值,x 是实数变量
y := 1.5+x;                                 --运算表达式赋值,y 也是实数变量
a :=b;
a := "10101010";                            --位矢量赋值,a 的数据类型是位矢量
a (3 TO 6) := ('1', '1', '0', '1');--段赋值,注意赋值格式
a (0 TO 5) := b (2 TO 7);
a (7) := '0';                               --位赋值
```

3．信号

信号是描述硬件系统的基本数据对象，它类似于连接线。信号可以作为设计实体中并行语句模块间的信息交流通道（交流来自顺序语句结构中的信息）。在 VHDL 中，信号及其相关的信号赋值语句、决断函数、延时语句等很好地描述了硬件系统的许多基本特征。如硬件系统运行的并行性、信号传输过程中的惯性延迟特性、多驱动源的总线行为等。

信号作为一种数值容器，不但可以容纳当前值，也可以保持历史值。这一属性与触发器的记忆功能有很好的对应关系，因此它又类似于 ABEL 语言中定义了“REG”的节点（NODE）的功能，只是不必注明信号上数据流动的方向。

信号的定义格式如下：

SIGNAL 信号名: 数据类型 :=初始值;

同样，信号初始值的设置不是必需的，而且初始值仅在 VHDL 的行为仿真中有效。与变量相比，信号的硬件特征更为明显，它具有全局性特征。例如，在程序包中定义的信号，对于所有调用此程序包的设计实体都是可见（可直接调用）的；在实体中定义的信号，在其对应的结构体中都是可见的。

事实上，除了没有方向说明以外，信号与实体的端口（Port）概念是一致的。对于端口来说，其区别只是输出端口不能读入数据，输入端口不能被赋值。信号可视为实体内部的端口。反之，实体的端口只是一种隐形的信号，端口的定义实质上做了隐式的信号定义，并附加了数据流动的方向。信号本身的定义是一种显式的定义。因此在实体中定义的端口，在其结构体中都可视为一个信号来加以使用，而不必另做定义。以下是信号的定义示例。

【例 3.8】

```
SIGNAL  temp: STD_LOGIC := '0';
SIGNAL  flaga, flagb: BIT;
SIGNAL  dara: STD_LOGIC_VECTOR(15 DOWNTO 0);
SIGNAL  a: INTEGER RANGE 0 TO 15;
```

此例中第一组定义了一个单值信号 temp，数据类型是标准逻辑位 STD_LOGIC，信号初始值为低电平；第二组定义了两个数据类型为位 BIT 的信号 flaga 和 flagb，第三组定义了一个位矢量信号或者说是总线信号，数据类型是 STD_LOGIC_VECTOR，共有 16 个信号元素；最后一组定义信号 a 的数据类型是整数，其变化范围是 0～15。

此外需要注意，信号的使用和定义范围是实体、结构体和程序包。在进程中不允许定义信号。信号可以有多个驱动源，或者说是赋值信号源，但必须将此信号的数据类型定义为决断性数据类型。

需要注意的是，在进程中，只能将信号列入敏感表，而不能将变量列入敏感表。可见进程只对信号敏感，而对变量不敏感，因为只有信号才能把进程外的信息带入进程内部。

信号定义了数据类型和表达方式后，在 VHDL 设计中就能对信号进行赋值。信号的赋值语句如下：

目标信号名 <= 表达式;

这里的表达式可以是一个运算表达式，也可以是数据对象（变量、信号或常量）。符号“<=”表示赋值操作，即将数据信息传入。数据信息的传入可以设置延时量，因此目标信号获得传入的数据并不是即时的。即使是零延时（不做任何显式的延时设置），也要经历一个特定的延时过程。因此，符号“<=”两边的数值并不总是一致的，这与实际器件的传播延迟特性十分接近，显然与变量的赋值过程有很大差别。

所以，赋值符号用“<=”而非“:=”。但须注意，信号的初始赋值符号仍是“:=”，因为仿真的时间坐标是从初始赋值开始的，在此之前无延时时间。以下是 3 个赋值语句示例。

【例 3.9】

```
x<=9;
y<=x;
z <= x  AFTER  5 ns;
```

第三句信号的赋值是在 5 ns 后将 x 赋予 z，关键词 AFTER 后是延迟时间值，在这一点上，与变量的赋值很不相同。尽管如前所述，综合器在综合过程中将略去所设的延时值，但即使没有利用 AFTER 关键词设置信号的赋值延时值，任何信号赋值也都是存在延时的。在综合后的功能仿真中，信号或变量间的延时被视为零延时的，但为了给信息传输的先后做出符合逻辑的排序，将自动设置一个小延时量，即所谓的 δ 延时量。δ 延时量在仿真中，是一个 VHDL 模拟器的最小分辨时间。

信号的赋值可以出现在一个进程中，也可以直接出现在结构体的并行语句结构中，但它们运行的含义是不一样的。前者属顺序信号赋值，这时的信号赋值操作要视进程是否已被启动，后者属并行信号赋值，其赋值操作是各自独立并行地发生的。

【例 3.10】

```
SIGNAL a, b, c, x, y, z: INTEGER;
PROCESS (a, b, c)
```

```
    BEGIN
      y<=a*b;
      z <= c-x;
      y<=b;
    END PROCESS;
```

该例的进程中，a、b、c 被列入进程敏感表，当进程运行后，信号赋值将自上而下顺序执行，但第一项赋值操作并不会发生，因为 y 的最后一项驱动源是 b，因此 y 被赋值 b。

结构体（包括块）中的并行信号赋值语句的运行是独立于结构体中的其他语句的，每当驱动源改变，都会引发并行赋值操作。以下是一个半加器结构体的逻辑描述。

【例 3.11】

```
    ARCHITECTURE funl OF adder_h IS
    BEGIN
       sum <= a XOR b;
       carry<=a AND b;
    END fun1;
```

在该例中，每当 a 或 b 的值发生改变，两个赋值语句将被同时启动，并将新值分别赋给 sum 和 carry。

3.2.3 VHDL 数据类型

VHDL 中的数据类型分成 4 大类。

（1）标量型（SCALAR TYPE）。属单元素的最基本的数据类型，通常用于描述一个单值数据对象，它包括实数类型、整数类型、枚举类型和时间类型。

（2）复合类型（COMPOSITE TYPE）。可以由细小的数据类型复合而成，如可由标量复合而成。复合类型主要有数组型（ARRAY）和记录型（RECORD）。

（3）存取类型（ACCESS TYPE）。为给定的数据类型的数据对象提供存取方式。

（4）文件类型（FILES TYPE）。用于提供多值存取类型。

这 4 大数据类型又可分成在现有程序包中可以随时获得的预定义数据类型和用户自定义数据类型两个类别。预定义的 VHDL 数据类型是 VHDL 最常用、最基本的数据类型。这些数据类型都已在 VHDL 的标准程序包 STANDARD 和 STD_LOGIC_1164 及其他的标准程序包中做了定义，并可在设计中随时调用。

1．VHDL 的预定义数据类型

1）布尔（BOOLEAN）数据类型

程序包 STANDARD 中定义布尔数据类型的源代码如下：

TYPE BOOLEAN IS(FALSE, TRUE);

布尔数据类型实际上是一个二值枚举型数据类型，其取值有 FALSE 和 TRUE 两种。

2）位（BIT）数据类型

位数据类型也属于枚举型，取值只能是 1 或 0。程序包 STANDARD 中定义的源代码如下：

TYPE BIT IS ('0', '1');

3）位矢量（BIT_VECTOR）数据类型

位矢量只是基于 BIT 数据类型的数组，程序包 STANDARD 中定义的源代码如下：

TYPE BIT _VECTOR IS ARRAY(NATURAL RANGE< >)OF BIT;

【例 3.12】

```
    SIGNAL  A:BIT_VECTOR(7 DOWNTO 0);
```

4）字符（CHARACTER）数据类型

字符类型通常用单引号引起来，如'A'。字符类型区分大小写，如'B'不同于'b'。字符类型已在 STANDARD 程序包中做了定义。

注意：在 VHDL 程序设计中，一般不区分标识符的大小写，但区分用了单引号的字符的大小写。

5）整数（INTEGER）数据类型

整数类型的数代表正整数、负整数和零。在 VHDL 中，整数的取值范围是-21 474 836 47～+21 474 836 47，即可用 32 位有符号的二进制数表示。VHDL 综合器要求用 RANGE 子句为所定义的数限定范围，然后根据所限定的范围来决定表示此信号或变量的二进制数的位数，因为 VHDL 综合器无法综合未限定的整数类型的信号或变量。

【例 3.13】

```
    SIGNAL  TYPE1: INTEGER  RANGE  0  TO 15;
```

规定整数 TYPE1 的取值范围是 0～15 共 16 个值，可用 4 位二进制数来表示，因此 TYPE1 将被综合成由 4 条信号线构成的信号。

6）自然数（NATURAL）和正整数（POSITIVE）数据类型

自然数是整数的一个子类型，是非负整数，即零和正整数；正整数也是整数的一个子类型，它包括整数中非零和非负的数值。它们在 STANDARD 程序包中定义的源代码如下：

SUBTYPE NATURAL IS INTEGER RANGE 0 TO INTEGER 'HIGH;

SUBTYPE POSITIVE IS INTEGER RANGE 1 TO INTEGER 'HIGH;

7）实数（REAL）数据类型

VHDL 的实数类型类似于数学上的实数，或称浮点数。实数的取值范围为-1.0E38～+1.0E38。通常情况下，实数类型仅能在 VHDL 仿真器中使用，VHDL 综合器不支持实数，因为实数类型的实现相当复杂，目前在电路规模上难以承受。

实数常量的书写方式举例如下：

65971.333333	--十进制浮点数
8#43.6#E+4	--八进制浮点数
43.6E-4	--十进制浮点数

8）字符串（STRING）数据类型

字符串数据类型是字符数据类型的一个非约束型数组，或称为字符串数组。字符串必须用双引号标明。

【例 3.14】

```
VARIABLE STRING_VAR:STRING(1 TO 7);
STRING_VAR:= "A B C D ";
```

9）时间（TIME）数据类型

VHDL 中唯一的预定义物理类型是时间。完整的时间类型包括整数和物理量单位两部分，整数和单位之间至少留一个空格，如 55 ms、20 ns。

10）错误等级（SEVERITY LEVEL）

在 VHDL 仿真器中，错误等级用来指示设计系统的工作状态，共有 4 种可能的状态值，即 NOTE（注意）、WARNING（警告）、ERROR（出错）和 FAILURE（失败）。在仿真过程中，可输出这 4 种值来提示被仿真系统当前的工作情况。其定义如下：

TYPE severity_level IS(note, warning, error, failure);

11）综合器不支持的数据类型

（1）物理类型：综合器不支持物理类型的数据，如具有量纲型的数据，包括时间类型。这些类型只能用于仿真过程。

（2）浮点型：如 REAL 型。

（3）Aceess 型：综合器不支持存取型结构，因为不存在这样对应的硬件结构。

（4）File 型：综合器不支持磁盘文件型，硬件对应的文件仅为 RAM 和 ROM。

2．IEEE 预定义标准逻辑位与矢量

在 IEEE 库的程序包 STD_LOGIC_1164 中，定义了两个非常重要的数据类型，即标准逻辑位 STD_LOGIC 和标准逻辑矢量 STD_LOGIC_VECTOR。

1）标准逻辑位（STD_LOGIC）数据类型

以下是定义在 IEEE 库程序包 STD_LOGIC_1164 中的数据类型。数据类型 STD_LOGIC 的定义如下所示：

TYPE STD_LOGIC IS ('U', 'X', '0', '1', 'Z', 'W', 'L', 'H', '-');

各值的含义是：'U'--未初始化的，'X'--强未知的，'0'--强 0，'1'--强 1，'Z'--高阻态，'W'--弱未知的，'L'--弱 0，'H'--弱 1，'-'--忽略。

在程序中使用此数据类型前，需加入下面的语句：

LIBRARY IEEE;

USE IEEE.STD_LOGIC_1164.ALL;

由定义可见，STD_LOGIC 是标准 BIT 数据类型的扩展，共定义了 9 种取值，这意味着对于定义为数据类型是标准逻辑位 STD_LOGIC 的数据对象，其可能的取值已非传统的 BIT 那样只有 0 和 1 两种取值，而是如上定义的那样有 9 种可能的取值。

由于标准逻辑位数据类型的多值性，在编程时应当特别注意。因为在条件语句中，如果未考虑到 STD_LOGIC 的所有可能的取值情况，综合器可能会插入不希望的锁存器。

在仿真和综合中，STD_LOGIC 的值非常重要，它可以使设计者精确地模拟一些未知的和高阻态的线路情况。对于综合器，高阻态和“–”忽略态可用于三态的描述。但就综合而言，STD_LOGIC 型数据能够在数字器件中实现的只有其中的 4 种值，即“–”、“0”、“1”和“Z”。

当然，这并不表明其余的 5 种值不存在。这 9 种值对于 VHDL 的行为仿真都有重要意义。

2）标准逻辑矢量（STD_LOGIC_VECTOR）数据类型

STD_LOGIC_VECTOR 类型定义如下：

TYPE STD_LOGIC_VECTOR IS ARRAY (NATURAL RANGE< >) OF STD_LOGIC;

显然，STD_LOGIC_VECTOR 是定义在 STD_LOGIC_1164 程序包中的标准一维数组，数组中的每个元素的数据类型都是以上定义的标准逻辑位 STD_LOGIC。

在使用中，向标准逻辑矢量 STD_LOGIC_VECTOR 数据类型的数据对象赋值的方式与普通一维数组 ARRAY 的赋值方式是一样的，即必须严格考虑位矢量的宽度。同位宽、同数据类型的矢量间才能进行赋值。例 3.15 描述的是 CPU 中数据总线上位矢量赋值的操作示意情况，注意例中信号的数据类型定义和赋值操作中信号的数组位宽。

【例 3.15】

```
TYPE t_data IS ARRAY(7 DOWNTO 0) OF STD_LOGIC;    --自定义数组类型
SIGNAL databus, memory:t_data;             --定义信号 databus, memory
CPU:PROCESS                                --CPU 工作进程开始
VARIABLE rega:t_data;                      --定义寄存器变量 rega
BEGIN
…
databus<=rega;                             --向 8 位数据总线赋值
END PROCESS CPU;                           --CPU 工作进程结束
MEM:PROCESS                                --RAM 工作进程开始
BEGIN
databus<=memory;
END PROCESS MEM;
…
```

描述总线信号，使用 STD_LOGIC_VECTOR 是最方便的，但要注意总线中的每个信号都必须定义为同一种数据类型 STD_LOGIC。

3. 其他预定义标准数据类型

VHDL 综合工具配带的扩展程序包中，定义了一些有用的类型。如 Synopsys 公司在 IEEE 库内加入的程序包 STD_LOGIC_ARITH 中定义了如下数据类型：

（1）无符号型（UNSIGNED）

（2）有符号型（SIGNED）

（3）小整型（SMALL_INT）

在程序包 STD_LOGIC_ARITH 中的类型定义如下：

TYPE UNSIGNED IS ARRAY (NATURAL range< >) OF STD_LOGIC;

TYPE SIGNED IS ARRAY (NATURAL range< >) OF STD_LOGIC;

SUBTYPE SMALL_INT IS INTEGER RANGE 0 TO 1;

如果将信号或变量定义为这几个数据类型，就可以使用本程序包中定义的运算符。在使用之前，要注意必须加入下面的语句：

LIBRARY IEEE;

USE IEEE.STD_ LOGIC _ARITH.ALL;

UNSIGNED 类型和 SIGNED 类型是用来设计可综合的数学运算程序的重要类型，UNSIGNED 用于无符号数的运算，SIGNED 用于有符号数的运算。在实际应用中，大多数运算都需要用到它们。

在 IEEE 程序包 NUMERIC_STD 和 NUMERIC_BIT 中，也定义了 UNSIGNED 型及 SIGNED 型，NUMERIC_STD 是针对于 STD_LOGIC 型定义的，而 NUMERIC_BIT 是针对于 BIT 型定义的。在程序包中还定义了相应的运算符重载函数。有些综合器未附带 STD_LOGIC_ARITH 程序包，此时只能使用 NUMERIC_STD 和 NUMERIC_BIT 程序包。

在 STANDARD 程序包中没有定义 STD_LOGIC_VECTOR 的运算符，而整数类型一般只在仿真时用来描述算法，或作为数组下标运算，因此 UNSIGNED 和 SIGNED 的使用率是很高的。

1）*无符号数据类型*（UNSIGNED TYPE）

UNSIGNED 数据类型代表一个无符号的数值，在综合器中，这个数值被解释为一个二进制数，这个二进制数的最左位是其最高位。例如，十进制数 8 可以做如下表示：

UNSIGNED'("1000")

如果要将一个变量或信号的数据类型定义为 UNSIGNED，则其位矢长度越长，所能代表的数值就越大。如一个 4 位变量的最大值为 15，一个 8 位变量的最大值为 255，0 是其最小值，不能用 UNSIGNED 定义负数。以下是两个无符号数据定义的示例。

【例 3.16】

```
VARIABLE var:UNSIGNED(0 TO 10);
SIGNAL sig:UNSIGNED(5 DOWNTO 0);
```

其中变量 var 有 11 位数值，最高位是 var(0)而非 var(10); 信号 sig 有 6 位数值，最高位是 sig(5)。

2）*有符号数据类型*（SIGNED TYPE)

SIGNED 数据类型表示一个有符号的数值，综合器将其解释为补码，此数的最高位是符号位。

【例 3.17】

```
SIGNED' ("0101")    --代表+5，5
SIGNED' ("1011")    --代表-5
```

3.2.4 用户自定义数据类型的方式

VHDL 允许用户自行定义新的数据类型，它们可以有多种，如枚举类型（ENUMERATION TYPE）、整数类型（INTEGER TYPE）、数组类型（ARRAY TYPE）、记录类型（RECORD TYPE）、时间类型（TIME TYPE）、实数类型（REAL TYPE）等。用户自定义数据类型是用类型定义语句 TYPE 和子类型定义语句 SUBTYPE 实现的。

1）*TYPE 语句的用法*

TYPE 语句语法结构如下：

TYPE *数据类型名* IS *数据类型定义* [OF *基本数据类型*];

利用 TYPE 语句进行数据类型自定义有两种不同的格式，但方式是相同的，其中，数据类型名由设计者自定，此名将作为数据类型定义之用，其方法与以上提到的预定义数据类型的用法一样；数据类型定义部分用来描述所定义的数据类型的表达方式和表达内容；关键词 OF 后的基本数据类型是指数据类型定义中所定义的元素的基本数据类型，一般都是取已有的预定义数据类型，如 BIT、STD_LOGIC 或 INTEGER 等。

【例 3.18】

```
--列出两种不同的定义方式：
TYPE ST1 IS ARRAY(0 TO 15) OF STD_LOGIC;
TYPE WEEK IS (SUN, MON, TUE, WED, THU, FRI, SAT);
```

第一句定义的数据类型 ST1 是一个具有 16 个元素的数组型数据类型，数组中的每个元素的数据类型都是 STD_LOGIC 型；第二句定义的数据类型是由一组文字表示的，而其中的每个文字都代表一个具体的数值。

2）SUBTYPE 语句的用法

子类型 SUBTYPE 只是由 TYPE 所定义的原数据类型的一个子集，它满足原数据类型的所有约束条件，原数据类型称为基本数据类型。

子类型 SUBTYPE 的语句格式如下：

SUBTYPE 子类型名 IS 基本数据类型 RANGE 约束范围；

子类型的定义只在基本数据类型上做一些约束，并没有定义新的数据类型，这是与 TYPE 最大的不同之处。子类型定义中的基本数据类型必须在前面已有过 TYPE 定义的类型，包括已在 VHDL 预定义程序包中用 TYPE 定义过的类型。

【例 3.19】

```
SUBTYPE DIGITS IS INTEGER RANGE 0 TO 9;
```

例中，INTEGER 是标准程序包中已定义过的数据类型，子类型 DIGITS 只把 INTEGER 约束到只含 10 个值的数据类型。

3.2.5 枚举类型

VHDL 中的枚举数据类型是一种特殊的数据类型，它们是用文字符号来表示一组实际的二进制数。例如，状态机的每个状态在实际电路中是以一组触发器的当前二进制数位的组合来表示的，但设计者在状态机的设计中，为了更利于阅读、编译和 VHDL 综合器的优化，往往将表征每一状态的二进制数组用文字符号来代表，即状态符号化。

【例 3.20】

```
TYPE M_STATE IS(STATE1, STATE2, STATE3, STATE4, STATE5);
SIGNAL CURRENT_STATE, NEXT_STATE:M_STATE;
```

其中，信号 CURRENT_STATE 和 NEXT_STATE 的数据类型定义为 M_STATE，它们的取值范围是可枚举的，即从 STATE1～STATE5 共 5 种，而这些状态代表 5 组唯一的二进制数值。

3.2.6 整数类型和实数类型

整数和实数的数据类型在标准的程序包中已做了定义。在实际应用中，特别是在综合中，由于这两种非枚举型的数据类型的取值定义范围太大，综合器无法进行综合。因此，定义为整数或实数的数据对象的具体数据类型必须由用户根据实际的需要重新定义，并限定其取值范围，以便能为综合器所接受，从而提高芯片资源的利用率。

实用中，VHDL 仿真器通常将整数或实数类型作为有符号数处理，VHDL 综合器对整数或实数的编码方法如下：

（1）对用户已定义的数据类型和子类型中的负数，编码为二进制补码。

（2）对用户已定义的数据类型和子类型中的正数，编码为二进制原码。

编码的位数，即综合后信号线的数目，只取决于用户定义的数值的最大值。在综合中，以浮点数表示的实数将首先转换成相应数值大小的整数。因此在使用整数时，VHDL 综合器要求使用数值限定关键词 RANGE 来对整数的使用范围做明确的限制，如例 3.21 所示。

【例 3.21】

```
TYPE percent IS RANGE -100 TO 100;
```

这是一隐含的整数类型，仿真中用 8 位位矢量表示，其中 1 位符号位，7 位数据位。

例 3.22 给出了对整数类型进行综合的方式。

【例 3.22】

```
数据类型定义                               综合结果
TYPE numl IS range 0 to 100;              --7 位二进制原码
TYPE num2 IS range 10 to 100;             --7 位二进制原码
TYPE num3 IS range -100 to 100;           --8 位二进制补码
SUBTYPE num4 IS num3 RANGE 0 to 6;        --3 位二进制原码
```

3.2.7　数组类型

数组类型属复合类型，是将一组具有相同数据类型的元素集合在一起，作为一个数据对象来处理的数据类型。数组可以是一维（每个元素只有一个下标）数组或多维数组（每个元素有多个下标）。VHDL 仿真器支持多维数组，但 VHDL 综合器只支持一维数组。

VHDL 允许定义两种不同类型的数组，即限定性数组和非限定性数组。它们的区别是，限定性数组下标的取值范围在数组定义时就已确定，而非限定性数组下标的取值范围需留待随后根据具体数据对象再定。

限定性数组定义语句格式如下：

TYPE 数组名 IS ARRAY (数组范围) OF 数据类型;

其中，数组名是新定义的限定性数组类型的名称，可以是任何标识符，其类型与数组元素相同；数组范围明确指出数组元素的定义数量和排序方式，以整数来表示其数组的下标；数据类型即数组各元素的数据类型。

【例 3.23】

```
TYPE STB IS ARRAY(7 DOWNTO 0) OF STD_LOGIC;
```

这个数组类型的名称是 STB，它有 8 个元素，其下标排序是 7, 6, 5, 4, 3, 2, 1, 0，各元素的排序是 STB(7), STB(6), …, STB(1), STB(0)。

非限制性数组的定义语句格式如下：

TYPE 数组名 IS ARRAY (数组下标名 RANGE< >) OF 数据类型;

其中数组名是定义的非限制性数组类型的取名，数组下标名是以整数类型设定的一个数组下标名称，其中符号“< >”是下标范围待定符号，用到该数组类型时，再填入具体的数值范围。注意符号“<>”间不能有空格，例如“< >”的书写方式是错误的。数据类型是数组中每个元素的数据类型。

【例 3.24】

```
TYPE BIT_VECTOR IS ARRAY(NATURAL RANGE<>) OF BIT;
VARIABLE VA:BIT_VECTOR(1 TO 6);
```

3.2.8 记录类型

记录类型与数组类型都属数组，由相同数据类型的对象元素构成的数组称为数组类型的对象，由不同数据类型的对象元素构成的数组称为记录类型的对象。记录是一种异构复合类型，也就是说，记录中的元素可以是不同的类型。构成记录类型的各种不同的数据类型可以是任何一种已定义过的数据类型，也包括数组类型和已定义的记录类型。显然，具有记录类型的数据对象的数值是一个复合值，这些复合值是由这个记录类型的元素决定的。

定义记录类型的语句格式如下：

```
TYPE 记录类型名 IS RECORD
    元素名:元素数据类型;
    元素名:元素数据类型;
    …
END RECORD[记录类型名];
```

记录类型定义示例如例 3.25 所示。

【例 3.25】

```
TYPE GlitchDataType IS RECORD     --将 GlitchDataType 定义为四元素记录
                                  --类型
    SchedTime    : TIME;          --将元素 SchedTime 定义为时间类型
    GlitchTime   : TIME;          --将元素 GlitchTime 定义为时间类型
    SchedValue   : STD_LOGIC;     --将元素 SchedValue 定义为标准位类型
    CurrentValue : STD_LOGIC;     --将元素 CurrentValue 定义为标准位类型
END RECORD;
```

对记录类型的数据对象赋值的方式可以是整体赋值，或对其中的单个元素进行赋值。在使用整体赋值方式时，可以有位置关联或名字关联两种表达方式。如果使用位置关联，则默认为元素赋值的顺序与记录类型声明时的顺序相同。若使用 OTHERS 选项，则至少应有一个元素被赋值，若有两个或更多的元素由 OTHERS 选项来赋值，则这些元素必须具有相同的类型。此外，若有两个或两个以上的元素具有相同的子类型，就可以以记录类型的方式放在一起定义。

3.3 VHDL 操作符

与传统的程序设计语言一样，VHDL 的各种表达式中的基本元素也是由不同的运算符相连而成的。这里所说的基本元素称为操作数（Operands），运算符称为操作符（Operators）。操作数和操作符相结合就成了描述 VHDL 算术或逻辑运算的表达式。其中操作数是各种运算的对象，而操作符规定运算的方式。

1．操作符种类及对应的操作数类型

在 VHDL 中，有 4 类操作符，即逻辑操作符（Logical Operator）、关系操作符（Relational Operator）、算术操作符（Arithmetic Operator）和符号操作符（Sign Operator），此外还有重载操作符（Overloading Operator）。前三类操作符是完成逻辑和算术运算的最基本的操作符的单元，重载操作符是对基本操作符做了重新定义的函数型操作符。各种操作符所要求的操作数的类型详见表 3.1，操作符之间的优先级别见表 3.2。

表 3.1 VHDL 操作符列表

类 型	操作符	功 能	操作数数据类型
算术操作符	+	加	整数
	－	减	整数
	&	并置	一维数组
	*	乘	整数和实数（包括浮点数）
	/	除	整数和实数（包括浮点数）
	MOD	取模	整数
	REM	取余	整数
	SLL	逻辑左移	BIT 或布尔型一维数组
	SRL	逻辑右移	BIT 或布尔型一维数组
	SLA	算术左移	BIT 或布尔型一维数组
	SRA	算术右移	BIT 或布尔型一维数组
	ROL	逻辑循环左移	BIT 或布尔型一维数组
	ROR	逻辑循环右移	BIT 或布尔型一维数组
	**	乘方	整数
	ABS	取绝对值	整数
关系操作符	=	等于	任何数据类型
	/=	不等于	任何数据类型
	<	小于	枚举与整数类型，及对应的一维数组
	>	大于	枚举与整数类型，及对应的一维数组
	<=	小于等于	枚举与整数类型，及对应的一维数组
	>=	大于等于	枚举与整数类型，及对应的一维数组
逻辑操作符	AND	与	BIT，BOOLEAN，STD_LOGIC
	OR	或	BIT，BOOLEAN，STD_LOGIC
	NAND	与非	BIT，BOOLEAN，STD_LOGIC
	NOR	或非	BIT，BOOLEAN，STD_LOGIC
	XOR	异或	BIT，BOOLEAN，STD_LOGIC
	XNOR	异或非	BIT，BOOLEAN，STD_LOGIC
	NOT	非	BIT，BOOLEAN，STD_LOGIC
符号操作符	+	正	整数
	－	负	整数

表 3.2 VHDL 操作符优先级

运 算 符	优 先 级
NOT， ABS， **	最高优先级
*， /， MOD， REM	↑
+（正号）， －（负号）	
+， －， &	
SLL， SLA， SRL， SRA， ROL， ROR	
=， /=， <， <=， >， >=	
AND， OR， NAND， NOR， XOR， XNOR	最低优先级

2．各种操作符的使用说明

（1）严格遵循在基本操作符间操作数是同数据类型的规则；严格遵循操作数的数据类型必

须与操作符所要求的数据类型完全一致的规则。

（2）注意操作符之间的优先级别。当一个表达式中有两个以上的操作符时，可使用括号将这些运算分组。

（3）VHDL 共有 7 种基本逻辑操作符，对数组型（如 STD_LOGIC_VECTOR）数据对象的相互作用是按位进行的。一般情况下，经综合器综合后，逻辑操作符将直接生成门电路。信号或变量在这些操作符的直接作用下，可构成组合电路。

（4）关系操作符的作用是将相同数据类型的数据对象进行数值比较（=、/=）或关系排序判断（<、<=、>、>=），并将结果以布尔类型（BOOLEAN）的数据表示出来，即 TRUE 或 FALSE 两种。对于数组或记录类型的操作数，VHDL 编译器将逐位比较对应位置各位数值的大小来进行比较或关系排序。

就综合而言，简单的比较运算（=和/=）在实现硬件结构时，比排序操作符构成的电路芯片资源利用率要高。

（5）在表 3.2 中所列的 17 种算术操作符可以分为求和操作符、求积操作符、符号操作符、混合操作符、移位操作符等 5 类操作符。

- 求和操作符包括加减操作符和并置操作符。加减操作符的运算规则与常规的加减法是一致的，VHDL 规定它们的操作数的数据类型是整数。对于位宽大于 4 的加法器和减法器，VHDL 综合器将调用库元件进行综合。

  在综合后，由加减运算符（+、-）产生的组合逻辑门所耗费的硬件资源的规模都比较大，但当加减运算符中的一个操作数或两个操作数都为整型常数时，只需很少的电路资源。

  并置运算符（&）的操作数的数据类型是一维数组，可以利用并置符将普通操作数或数组组合起来形成各种新的数组。例如"VH"&"DL"的结果为"VHDL"，'0'&'1'的结果为"01"，连接操作常用于字符串。但在实际运算过程中，要注意并置操作前后的数组长度应一致。
- 求积操作符包括*（乘）、/（除）、MOD（取模）和 REM（取余）4 种操作符。VHDL 规定，乘与除的数据类型是整数和实数（包括浮点数）。在一定条件下，还可对物理类型的数据对象进行运算操作。

  但需注意的是，虽然在一定条件下，乘法和除法运算是可综合的，但从优化综合、节省芯片资源的角度出发，最好不要轻易使用乘除操作符。对于乘除运算可以用其他变通的方法来实现。

  操作符 MOD 和 REM 的本质与除法操作符是一样的，因此，可综合的取模和取余的操作数必须是以 2 为底数的幂。MOD 和 REM 的操作数数据类型只能是整数，运算操作结果也是整数。
- 符号操作符“+”和“-”的操作数只有一个，操作数的数据类型是整数，操作符“+”对操作数不做任何改变，操作符“-”作用于操作数后的返回值是对原操作数取负，在实际使用中，取负操作数需加括号，如 Z:=X*(-Y)。
- 混合操作符包括乘方“**”操作符和取绝对值“ABS”操作符两种。VHDL 规定，它们的操作数的数据类型一般为整数类型。乘方（**）运算的左边可以是整数或浮点数，但右边必须为整数，而且只有在左边为浮点时，其右边才可以为负数。一般地，VHDL 综合器要求乘方操作符作用的操作数的底数必须是 2。
- 6 种移位操作符号 SLL、SRL、SLA、SRA、ROL 和 ROR 都是 VHDL 93 标准新增

的运算符，而在 1987 标准中没有。VHDL 93 标准规定移位操作符作用的操作数的数据类型应是一维数组，并要求数组中的元素必须是 BIT 或 BOOLEAN 的数据类型，移位的位数则是整数。在 EDA 工具所附的程序包中重载了移位操作符以支持 STD_LOGIC_VECTOR 及 INTEGER 等类型。移位操作符左边可以是支持的类型，右边必定是 INTEGER 型。如果操作符右边是 INTEGER 型常数，移位操作符实现起来比较节省硬件资源。

其中 SLL 是将位矢向左移，右边跟进的位补零；SRL 的功能恰好与 SLL 相反；ROL 和 ROR 的移位方式稍有不同，它们移出的位将用于依次填补移空的位，执行的是自循环式移位方式；SLA 和 SRA 是算术移位操作符，其移空位用最初的首位来填补。

移位操作符的语句格式如下：

标识符　　移位操作符　移位位数;

操作符可用来产生电路。就提高综合效率而言，使用常量值或简单的一位数据类型能够生成较紧凑的电路，而表达式复杂的数据类型（如数组）将相应地生成更多的电路。如果组合表达式的一个操作数为常数，就能减少生成的电路；如果两个操作数都是常数，在编译期间，相应的逻辑被压缩掉，或被忽略掉，而生成了零个门。在任何可能的情况下，使用常数意味着设计描述将不会包含不必要的函数，并将被快速地综合，产生一个更有效的电路实现方案。

3．重载操作符

为了方便各种不同数据类型间的运算，VHDL 允许用户对原有的基本操作符重新定义，赋予新的含义和功能，从而建立一种新的操作符，这就是重载操作符，定义这种操作符的函数称为重载函数。事实上，在程序包 STD_LOGIC_UNSIGNED 中已定义了多种可供不同数据类型间操作的算符重载函数。

Synopsys 的程序包 STD_LOGIC_ARITH、STD_LOGIC_UNSIGNED 和 STD_LOGIC_SIGNED 中已为许多类型的运算重载了算术运算符和关系运算符，因此只要引用这些程序包，SINGNED、UNSIGNED、STD_LOGIC 和 INTEGER 之间即可混合运算；INTEGER、STD_LOGIC 和 STD_LOGIC_VECTOR 之间也可混合运算。

习　题

3.1　常用硬件描述语言 VHDL、Verilog 和 ABEL 的区别是什么？

3.2　VHDL 语言中数据对象有几种？各种数据对象的作用范围如何？

3.3　什么叫标识符？VHDL 的基本标识符是怎样规定的？

3.4　信号和变量在描述和使用时有哪些主要区别？

3.5　VHDL 语言中的标准数据类型有哪几类？用户可以自己定义的数据类型有哪几类？简单介绍各数据类型。

3.6　BIT 数据类型和 STD_LOGIC 数据类型有什么区别？

3.7　用户怎样自定义数据类型？试举例说明。

3.8　VHDL 语言有哪几类操作符？在一个表达式中有多种操作符时，应按怎样的准则进行运算？下列三个表达式是否等效：① A<=NOT B AND C OR D；② A<=(NOT B AND C) OR D；③ A<=NOT B AND(C OR D)。

3.9　什么叫重载操作符？使用重载操作符有什么好处？怎样使用重载操作符？含有重载操作符的运算怎样确定运算结果？

3.10　写出 TYPE 与 SUBTYPE 的区别？

第4章 VHDL程序结构

在 VHDL 程序中，实体和结构体这两个基本结构是必需的，它们可以构成最简单的 VHDL 程序。实体是设计实体的组成部分，它包含了对设计实体输入和输出的定义与说明，而设计实体包含了实体和结构体在 VHDL 程序中的两个最基本的部分。通常，最简单的 VHDL 程序结构中还应包括另一重要的部分，即库和程序包。一个实用的 VHDL 程序可以由一个或多个实体构成，可以将一个设计实体作为一个完整的系统直接利用，也可以将其作为其他设计实体的一个低层次的结构，即元件来例化（元件调用和连接），即用实体来说明一个具体的器件。配置结构的设置，常用于行为仿真中，如用于对特定结构体的选择控制。VHDL 程序结构的一个显著特点是，任何一个完整的设计实体都可分成内外两个部分，外面的部分称为可视部分，它由实体名和端口组成；里面的部分称为不可视部分，由实际的功能描述组成。一旦对已完成的设计实体定义了其可视界面，其他的设计实体就可以将其作为已开发好的成果直接调用，这正是一种基于自顶向下的多层次的系统设计概念的实现途径。

4.1 实体

实体作为一个设计实体的组成部分，其功能是对这个设计实体与外部电路进行接口描述。实体是设计实体的表层设计单元，实体说明部分规定了设计单元的输入/输出接口信号或引脚，它是设计实体对外的一个通信界面。就一个设计实体而言，外界所看到的仅仅是其界面上的各种接口。设计实体可以拥有一个或多个结构体，用于描述此设计实体的逻辑结构和逻辑功能。对于外界来说，这一部分是不可见的。不同逻辑功能的设计实体可以拥有相同的实体描述，这是因为实体类似于原理图中的一个部件符号，而其具体的逻辑功能是由设计实体中结构体的描述确定的。实体是 VHDL 的基本设计单元，它可以对一个门电路、一个芯片、一块电路板乃至整个系统进行接口描述。

1. 实体语句的语法结构

```
ENTITY  实体名  IS
        [GENERIC(类属表);]
        [PORT(端口表);]
END  实体名;
```

实体说明单元必须按照这一结构来编写，实体应以语句“ENTITY 实体名 IS”开始，以语句“END 实体名;”结束，其中的实体名可以由设计者自己添加。中间方括号内的语句描述，在特定情况下并非是必需的。例如，构建一个 VHDL 仿真测试基准时，可以省去方括号中的语句。对于 VHDL 的编译器和综合器来说，程序文字的不区分大小写。

2. 实体名

一个设计实体无论多大和多复杂，在实体中定义的实体名即为这个设计实体的名称。在例化（已有元件的调用和连接）中，即可以用此名对相应的设计实体进行调用。

注意：实体名必须与 VHDL 的源文件名一致。

3．GENERIC 类属说明语句

1）GENERIC 类属说明语句

类属（GENERIC）参量是一种端口界面常数，常以一种说明的形式放在实体或块结构体前的说明部分。

类属为所说明的环境提供了一种静态信息通道。

类属与常数不同，常数只能从设计实体的内部得到赋值，且不能再改变，而类属的值可以由设计实体外部提供。

2）类属说明的一般书写格式如下：

GENERIC([常数名:数据类型[:=设定值]
　　　　{;常数名:数据类型[:=设定值]}]);

类属参量以关键词 GENERIC 引导一个类属参量表，在表中提供时间参数或总线宽度等静态信息。类属表说明用于设计实体和其外部环境通信的参数与传递信息。类属在所定义的环境中的地位与常数相似，但却能从环境（如设计实体）外部动态地接受赋值，其行为又类似于端口（PORT）。

在一个实体中定义的、来自外部赋入类属的值，可以在实体内部或与之相应的结构体中读到。对于同一个设计实体，可以通过 GENERIC 参数类属的说明，为它创建多个行为不同的逻辑结构。比较常见的情况是利用类属来动态规定一个实体的端口的大小或设计实体的物理特性，或结构体中的总线宽度，或设计实体中底层中同种元件的例化数量等。

一般在结构体中，类属的应用与常数是一样的。例如，当用实体例化一个设计实体的器件时，可以用类属表中的参数项定制这个器件，如可以将一个实体的传输延迟、上升和下降延时等参数加到类属参数表中，然后根据这些参数进行定制，这对于系统仿真控制是十分方便的。其中的常数名是由设计者确定的类属常数名，数据类型通常取 INTEGER 或 TIME 等，设定值即为常数名所代表的数值。但需注意，VHDL 综合器仅支持数据类型为整数的类属值。

【例 4.1】

```
--应用类属语句的程序
ENTITY  mcu1  IS
        GENERIC(addrwidth : INTEGER :=16);
        PORT(add_bus : OUT STD_LOGIC_VECTOR(addrwidth-1 DOWNTO
        0));
…
```

GENERIC 语句对实体 mcu1 中 addrwidth 作为地址总线端口相当于

PORT(add_bus : OUT　STD_LOGIC_VECTOR(15　DOWNTO　0));

由此可见，对类属值 addrwidth 的改变，将对结构体中所有相关总线的定义同时做改变。

4．PORT 端口说明

PORT 说明语句是对一个设计实体界面的说明及对设计实体与外部电路的接口通道的说明，其中包括对每一接口的输入/输出模式和数据类型的定义。

在实体说明的前面，可以有库的说明，即由关键词“LIBRARY”和“USE”引导一些对库和程序包使用的说明语句，其中的一些内容可以为实体端口数据类型的定义所用。

实体端口说明的一般书写格式如下：

PORT(端口名:端口模式　数据类型;
　　{端口名:端口模式　数据类型});

其中的端口名是设计者为实体的每个对外通道所取的名字，端口模式是指这些通道上的数据流动方式。如输入或输出等。数据类型是指端口上流动的数据的表达式或取值类型，这是因为 VHDL 是一种强类型语言，即对语句中的所有端口信号、内部信号和操作数的数据类型有严格的规定，只有相同数据类型的端口信号和操作数才能相互作用。

一个实体通常有一个或多个端口，端口类似于原理图部件符号上的引脚；实体与外界交流的信息必须通过端口通道流入或流出。例 4.2 是一个 2 输入与非门的实体描述示例，图 4.1 是它对应的原理图。

【例 4.2】

```
--写出一个实体的例子
LIBRARY  IEEE;
USE  IEEE.STD_LOGIC_1164.ALL;
ENTITY   nand2   IS
       PORT (a:  IN  STD_LOGIC;
              b:  IN  STD_LOGIC;
              c:  OUT  STD_LOGIC);
END  nand2;
```

图 4.1 中的 nand2 可视为一个设计实体，其外部接口界面由输入/输出信号端口 a、b 和 c 构成，内部逻辑功能是一个与非门。在电路图上，端口对应于器件符号的外部引脚。端口名作为外部引脚的名称，端口模式用来定义外部引脚的信号流向，IEEE-l076 标准程序包中定义了如下的常用端口模式。

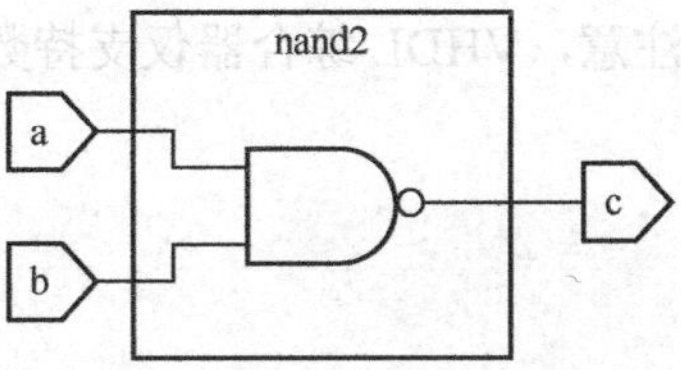

图 4.1　nand 对应的原理图符号

- IN 模式：IN 定义的通道确定为输入端口，并规定为单向只读模式，可以通过此端口将变量信息或信号信息读入设计实体中。
- OUT 模式：OUT 定义的通道确定为输出端口，并规定为单向输出模式，可以通过此端口将信号输出设计实体，或者说可以将设计实体中的信号向此端口赋值。
- INOUT 模式：INOUT 定义的通道确定为输入/输出双向端口，从端口的内部看，可以对此端口进行赋值，也可以通过此端口读入外部的数据信息；而从端口的外部看，信号既可以从此端口流出，也可以向此端口输入信号。INOUT 模式包含了 IN、OUT 和

BUFFER 三种模式，因此可替代其中任何一种模式，但为了明确程序中各端口的实际任务，一般不做这种替代。

- BUFFER 模式：BUFFER 定义的通道确定为具有数据读入功能的输出端口，它与双向端口的区别在于，只能接受一个驱动源。BUFFER 模式本质上仍是 OUT 模式，只是在内部结构中具有将输出外部端口的信号回读的功能，也就是说允许内部回读输出的信号，即允许反馈。例如，计数器的设计，可将计数器输出时的计数信号回读，以作为下一计数值的初值。与 INOUT 模式相比，显然，BUFFER 的区别在于回读（输入）的信号不是由外部输入的，而是由内部产生的，向外输出的信号，有时往往在时序上有所差异。

【例 4.3】

```
--定义一个 BUFFER 类型的信号
SIGNAL  a:   BUFFER   STD_LOGIC_VECTOR(5  DOWNTO  0);
a<=a+1;
```

综上所述，在实际的数字集成电路中，IN 相当于只可输入的引脚，OUT 相当于只可输出的引脚，BUFFER 相当于带输出缓冲器并可以回读的引脚，而 INOUT 相当于双向引脚，是普通输出端口（OUT）加入三态输出缓冲器和输入缓冲器构成的。表 4.1 列出了端口的功能。

表 4.1　端口模式说明

端口模式	端口模式说明（以设计实体为主体）
IN	输入，只读模式，将变量或信号信息通过该端口读入
OUT	输出，单向赋值模式，将信号通过该端口输出
BUFFER	具有读功能的输出模式，可以读或写，只能有一个驱动源
INOUT	双向，可以通过该端口读入或写出信息

4.2　结构体

结构体是实体所定义的设计实体中的一个组成部分。结构体描述设计实体的内部结构和外部设计实体端口间的逻辑关系。结构体由以下部分组成：

（1）对数据类型、常数、信号、子程序和元件等元素的说明部分。

（2）描述实体逻辑行为，以各种不同的描述风格表达的功能描述语句，它们包括各种形式的顺序描述语句和并行描述语句。

（3）以元件例化语句为特征的外部元件（设计实体）端口间的连接方式。

结构体将具体实现一个实体。每个实体可以有多个结构体，每个结构体对应着实体不同的结构和算法实现方案，其间的各个结构体的地位是同等的，它们完整地实现了实体的行为。但同一结构体不能为不同的实体所拥有。结构体不能单独存在，它必须有一个界面说明，即一个实体。对于具有多个结构体的实体，必须用配置语句指明用于综合的结构体和用于仿真的结构体。即在综合后的可映射于硬件电路的设计实体中，一个实体只能对应一个结构体。在电路中，如果实体代表一个器件符号，则结构体描述了该符号的内部行为。当把这个符号例化成一个实际的器件安装到电路上时，则需要配置语句为这个例化的器件指定一个结构体（即指定一种实现方案），或由编译器自动选一个结构体。

1．结构体的语法格式

结构体的语句格式如下：

ARCHITECTURE 结构体名 OF 实体名 IS
    [说明语句]
    BEGIN
    [功能描述语句]
END 结构体名;

在书写格式上，实体名必须是所在设计实体的名字，而结构体名可以由设计者自己选择，但当一个实体具有多个结构体时，结构体的取名不可相重。结构体的说明语句部分必须放在关键词“ARCHITECTURE”和“BEGIN”之间，结构体须以“END 结构体名;”作为结束句。

2．结构体中的说明语句

结构体中的说明语句，是对结构体的功能描述语句中将要用到的信号、数据类型、常数、元件、函数和过程等的说明。需要注意的是，在一个结构体中说明和定义的数据类型、常数、元件、函数和过程只能用于这个结构体中。如果希望这些定义也能用于其他的实体或结构体中，那么需要将其作为程序包来处理。

3．功能描述语句

结构体中包含的5类功能描述语句如下：

（1）块语句，是由一系列并行执行语句构成的组合体，其功能是将结构体中的并行语组成一个或多个子模块。

（2）进程语句，定义顺序语句模块。

（3）信号赋值语句，将设计实体内的处理结果向定义的信号或界面端口进行赋值。

（4）子程序调用语句，用以调用过程或函数，并将获得的结果赋值给信号。

（5）元件例化语句，对其他的设计实体做元件调用说明，并将此元件的端口与其他元件、信号或高层次实体的界面端口进行连接。

例4.4所示是一个流水灯结构体的例子。

【例4.4】

```
ARCHITECTURE  DACC  OF  LSHD  IS
SIGNAL Q: INTEGER  RANGE  7  DOWNTO  0;
BEGIN
PROCESS(CLK)
BEGIN
IF(CLK'EVENT  AND  CLK='1')  THEN
    Q <= Q + 1;
END IF;
END PROCESS;
PROCESS(Q)
BEGIN
CASE  Q  IS
    WHEN 0=>SHCH<="00000001";
```

```
        WHEN 1=>SHCH<="00000010";
        WHEN 2=>SHCH<="00000100";
        WHEN 3=>SHCH<="00001000";
        WHEN 4=>SHCH<="00010000";
        WHEN 5=>SHCH<="00100000";
        WHEN 6=>SHCH<="01000000";
        WHEN 7=>SHCH<="10000000";
        WHEN OTHERS =>NULL;
    END CASE;
    END PROCESS;
    END DACC;
```

4.3　块语句结构

块（BLOCK）是 VHDL 中具有的一种划分机制，BLOCK 语句应用只是一种将结构体中的并行描述语句进行组合的方法，其主要目的是改善并行语句及其结构的可读性，或利用 BLOCK 的保护表达式关闭某些信号。

实际上，结构体本身就等价于一个 BLOCK，其区别只是 BLOCK 涉及多个实体和结构体，且综合后硬件结构的逻辑层次有所增加。

1．BLOCK 语法格式

```
块标号：BLOCK[(块保护表)]
        接口说明
        类属说明
        BEGIN
        并行语句
        END  BLOCK 块标号;
```

(1)接口说明部分有点类似于实体的定义部分，它可包含由关键词 PORT、GENERIC、PORT MAP 和 GENERIC MAP 引导的接口说明等语句，对 BLOCK 的接口设置及与外界信号的连接状况加以说明。

(2) 块的类属说明部分和接口说明部分的适用范围仅限于当前 BLOCK。所以，所有这些在 BLOCK 内部的说明对于这个块的外部来说，是完全不透明的，即不能适用于外部环境，或由外部环境所调用，但对于嵌套于更内层的块却是透明的，即可将信息向内部传递。块的说明部分可以定义的项目主要有：USE 语句、子程序、数据类型、子类型、常数、信号和元件。

【例 4.5】

```
--BLOCK 语句的一个实例
...
ENTITY  gat  IS
GENERIC(l_time:TIME;
        s_time:TIME);                                --类属说明
```

```
PORT (b1, b2, b3:INOUT  BIT);                 --结构体全局端口定义
END gat;
ARCHITECTURE  func  OF  gat  IS
SIGNAL a1:BIT;                               --结构体全局信号 a1 定义
BEGIN
BLK1:BLOCK                                   --块定义，块标号名是 BLK1
GENERIC(gb1, gb2:Time);                      --定义块中的局部类属参量
GENERIC  MAP(gb1 => l_time, gb2 => s_time);    --局部端口参量设定
PORT(pb1:IN BIT;
    pb2:INOUT BIT);                          --块结构中局部端口定义
PORT  MAP(pb1 => b1, pb2 => a1);             --块结构端口连接说明
CONSTANT  delay:Time:=1 ms;                  --局部常数定义
SIGNAL  s1:BIT;                              --局部信号定义
BEGIN
s1 <= pb1 AFTER delay;
pb2 <= b1 AFTER gb2;
END BLOCK BLK1;
END func;
```

2．BLOCK 的应用

BLOCK 的应用可使结构体层次鲜明，结构明确。利用 BLOCK 语句可将结构体中的并行语句划分为多个并列方式的 BLOCK，每个 BLOCK 都像一个独立的设计实体，具有自己的类属参数说明和界面端口，以及与外部环境的接口描述。

3．BLOCK 语句在综合中的地位

与大部分的 VHDL 语句不同，BLOCK 语句的应用，包括其中的类属说明和端口定义，都不会影响对原结构体的逻辑功能的仿真结果。

4.4 进程

进程（PROCESS）概念产生于软件语言，但在 VHDL 中，PROCESS 结构则是最具特色的语句，其运行方式与软件语言中的 PROCESS 也完全不同。

PROCESS 语句结构包含了一个代表着设计实体中部分逻辑行为的、独立的顺序语句描述的进程。与并行语句的同时执行方式不同，顺序语句可以根据设计者的要求，利用顺序可控的语句，完成逐条执行的功能。语句运行的顺序是与程序语句书写的顺序一致的。一个结构体中可以有多个并行运行的进程结构，而每个进程的内部结构却是由一系列顺序语句来构成的。

需要注意的是，在 VHDL 中，所谓顺序，仅指语句执行上的顺序性，但这并不意味着 PROCESS 语句结构所对应的硬件逻辑行为也具有相同的顺序性。PROCESS 结构中的顺序语句及其所谓的顺序执行过程，只是相对于计算机中的软件行为仿真的模拟过程而言的，这个过程与硬件结构中实现的对应逻辑行为是不相同的。PROCESS 结构中既可以有时序逻辑的描述，也可以有组合逻辑的描述，它们都可以用顺序语句来表达。然而，硬件中的组合逻辑具有最典型的并行逻辑功能，而硬件中的时序逻辑也并非都以顺序方式工作。

1．PROCESS 语法格式

```
[进程标号:] PROCESS[(敏感信号参数表)] [IS]
        [进程说明部分]
        BEGIN
顺序描述语句
        END PROCESS[进程标号];
```

每个 PROCESS 语句结构可以赋予一个进程标号，但这个标号不是必需的。进程说明部分定义该进程所需的局部数据环境。顺序描述语句部分是一段顺序执行的语句，描述该进程的行为。PROCESS 中规定了每个进程语句在其某个敏感信号（由敏感信号参量表列出）的值改变时，都必须立即完成某一功能行为，这个行为由进程语句中的顺序语句定义，行为的结果可以赋给信号，并通过信号被其他的 PROCESS 或 BLOCK 读取或赋值。当进程中定义的任一敏感信号发生更新时，由顺序语句定义的行为就要重复执行一次，当进程中最后一个语句执行完成后，执行过程将返回到进程的第一个语句，以等待下一次敏感信号变化。如此循环往复，以至无限。但当遇到 WAIT 语句时，执行过程将有条件地终止，即所谓的挂起。

一个结构体中可含有多个 PROCESS 结构，每个 PROCESS 结构对其敏感信号参数表中定义的任一敏感参量变化，每个进程可以在任何时刻被激活或称为启动。而所有被激活的进程都是并行运行的。

PROCESS 语句必须以“END PROCESS[进程标号];”结尾，对于目前常用的综合器来说，其中进程标号不是必需的，敏感信号参数表旁的[IS]也不是必需的。

2．PROCESS 组成

PROCESS 语句结构由三部分组成，即进程说明部分、顺序描述语句部分和敏感信号参数表。

（1）进程说明部分主要定义一些局部量，可以包括数据类型、常数、变量、属性、子程序等。但需注意，在进程说明部分中不允许定义信号和共享变量。

（2）顺序描述语句部分可分为赋值语句、进程启动语句、子程序调用语句、顺序描述语句和进程跳出语句等。

- 信号赋值语句：在进程中将计算或处理的结果向信号（SIGNAL）赋值。
- 变量赋值语句：在进程中以变量（VARIABLE）的形式存储计算的中间值。
- 进程启动语句：当 PROCESS 的敏感信号参数表中没有列出任何敏感量时，进程的启动只能通过进程启动语句 WAIT 语句，这时可利 WAIT 语句监视信号的变化情况，以便决定是否启动进程。WAIT 语句可视为一种隐式的敏感信号表。
- 子程序调用语句：对已定义的过程和函数进行调用，并参与计算。
- 顺序描述语句：包括 IF 语句、CASE 语句、LOOP 语句和 NULL 语句等。
- 进程跳出语句：包括 NEXT 语句和 EXIT 语句。

（3）敏感信号参数表需列出用于启动本进程可读入的信号名（有 WAIT 语句时例外）。

例 4.6 是一个含有进程的结构体，进程标号 p1（进程标号不是必需的），进程的敏感信号参数表中未列出敏感信号，所以进程的启动需要靠 WAIT 语句；在此，信号 clock 即为该进程的敏感信号。每当出现一个时钟脉冲 clock，即进入 WAIT 语句以下的顺序语句执行进程中，且当 driver 为高电平时进入 CASE 语句结构。

【例 4.6】

```
ARCHITECURE  s_mode  OF  stat  IS
BEGIN
pl:PROCESS
    BEGIN
      WAIT UNTIL clock;                         --等待 clock 激活进程
      IF driver = '1'  THEN
          CASE output  IS
             WHEN s1 =>   output <=  s2;
             WHEN s2 =>   output <=  s3;
             WHEN s3 =>  output <=  s4;
             WHEN s4 =>  output <=  sl;
          END CASE;
    END IF;
 END PROCESS pl;
 END  s_mode;
```

3．进程要点

VHDL 程序与普通软件语言构成的程序有很大的不同，普通软件语言中的语句的执行方式和功能实现十分具体与直观，编程中几乎可以立即做出判断。但 VHDL 程序，特别是进程结构，设计者应从三方面去判断它的功能和执行情况：

（1）基于 CPU 的纯软件的行为仿真运行方式。

（2）基于 VHDL 综合器的综合结果所能实现的运行方式。

（3）基于最终实现的硬件电路的运行方式。

与其他语句相比，进程语句结构具有更多的特点。对进程的认识和进行进程设计需要注意以下几方面的问题：

（1）同一结构体中的任一进程是一个独立的无限循环程序结构，但进程中却不必放置诸如软件语言中的返回语句，它的返回是自动的。进程只有两种运行状态，即执行状态和等待状态。进程是否进入执行状态，取决于是否满足特定的条件，如敏感变量是否发生变化。如果满足条件，即进入执行状态，当遇到 END PROCESS 语句后即停止执行，自动返回到起始语句 PROCESS，进入等待状态。

（2）必须注意，PROCESS 中的顺序语句的执行方式，与通常软件语言中的语句的顺序执行方式有很大的不同。软件语言中每条语句的执行是按 CPU 的机器周期的节拍顺序执行的，每条语句的执行时间与 CPU 的工作方式、工作晶振的频率、机器周期及指令周期的长短有密切的关系；但在 PROCESS 中，一个执行状态的运行周期，即从 PROCESS 的启动执行到遇到 END PROCESS 为止所花的时间，与任何外部因素都无关（从综合结果来看），甚至与 PROCESS 语法结构中的顺序语句的多少都没有关系，其执行时间从行为仿真的角度看只有 VHDL 模拟器的最小分辨时间，即一个 δ 时间；但从综合和硬件运行的角度看，其执行时间是 0，这与信号的传输延时无关，与被执行的语句的实现时间也无关。即在同一 PROCESS 中，10 条语句和 1000 条语句的执行时间是一样的。

（3）虽然同一结构体中的不同进程是并行运行的，但同一进程中的逻辑描述语句则是顺序运行的，因而在进程中只能设置顺序语句。

（4）进程的激活必须由敏感信号表中定义的任一敏感信号的变化来启动，否则必须有一个显式的 WAIT 语句来激励。也就是说，进程既可以通过敏感信号的变化来启动，也可以由满足条件的 WAIT 语句而激活；反之，在遇到不满足条件的 WAIT 语句后，进程将被挂起。因此，进程中必须定义显式或隐式的敏感信号。如果一个进程对一个信号集合总是敏感的，那么我们可以使用敏感信号表来指定进程的敏感信号。但是，在一个使用了敏感信号表的进程中不能含有任何等待语句。

（5）结构体中多个进程之所以能并行同步运行，一个很重要的原因是进程之间的通信是通过传递信号和共享变量值来实现的。所以相对于结构体来说，信号具有全局特性，它是进程间进行并行联系的重要途径。因此，在任一进程的进程说明部分不允许定义信号和共享变量。

（6）进程是 VHDL 重要的建模工具。与 BLOCK 语句不同的一个重要方面是，进程结构不但为综合器所支持，而且进程的建模方式将直接影响仿真和综合结果。

（7）进程有组合进程和时序进程两种类型，组合进程只产生组合电路，时序进程产生时序和相配合的组合电路，这两种类型的进程设计必须密切注意 VHDL 语句应用的特殊方面，在多进程的状态机的设计中，各进程有明确分工。设计中，需要特别注意的是，组合进程中所有输入信号，包括赋值符号右边的所有信号和条件表达式中的所有信号，都必须包含于此进程的敏感信号表中，否则，当没有包括在敏感信号表中的信号发生变化时，进程中的输出信号将不能按照组合逻辑的要求得到即时的新信号，VHDL 综合器将会给出错误判断，即误判为设计者有存储数据的意图，即判断为时序电路。这时综合器将会为对应的输出信号引入一个保存原值的锁存器，这样就打破了设计组合进程的初衷。在实际电路中，这类“组合进程”的运行速度、逻辑资源效率和工作可靠性都将受到不良影响。

时序进程必须是列入敏感信号表中某一时钟信号的同步逻辑，或同一时钟信号使结构体中的多个时序进程构成同步逻辑。当然，一个时序进程也可利用另一进程（组合或时序进程）中产生的信号作为自己的时钟信号。

【例 4.7】

```
--十进制计数器（完整程序），用 VHDL 语言设计一个模为 10 的计数器，要求该计数器
--有使能端和清零端
LIBRARY  IEEE;
USE  IEEE.STD_LOGIC_1164.ALL;
USE  IEEE.STD_LOGIC_UNSIGNED.ALL;
ENTITY CNT10 IS
PORT(CLK, RST, EN:IN STD_LOGIC;
     CQ:OUT  STD_LOGIC_VECTOR(3  DOWNTO  0);
     COUT:OUT  STD_LOGIC);
END CNT10;
ARCHITECTURE  behave OF CNT10 IS
BEGIN
```

```
    PROCESS(CLK, RST, EN)
    VARIABLE  CQI:STD_LOGIC_VECTOR(3 DOWNTO 0);
    BEGIN
    IF  RST= '1'  THEN   CQI:= (OTHERS =>'0'); --计数器复位
        ELSIF  CLK'EVENT AND CLK='1'  THEN       --检测时钟上升沿
        IF EN = '1'  THEN                        --检测是否允许计数
    IF CQI < "1001" THEN   CQI := CQI + 1;       --允许计数
    ELSE   CQI:= (OTHERS =>'0');                 --大于9，计数值清零
    END IF;
    END IF;
    END IF;
       IF CQI = "1001" THEN COUT <= '1';         --计数大于9，输出进位信号
       ELSE   COUT <= '0';
       END IF;
       CQ <= CQI;                                --将计数值向端口输出
    END PROCESS;
    END behave;
```

RST为复位端，EN为计数器使能端，CLK为计数器脉冲输入端，COUT为进位输出，CQ为计数输出端。十进制计数器仿真波形图如图4.2所示。

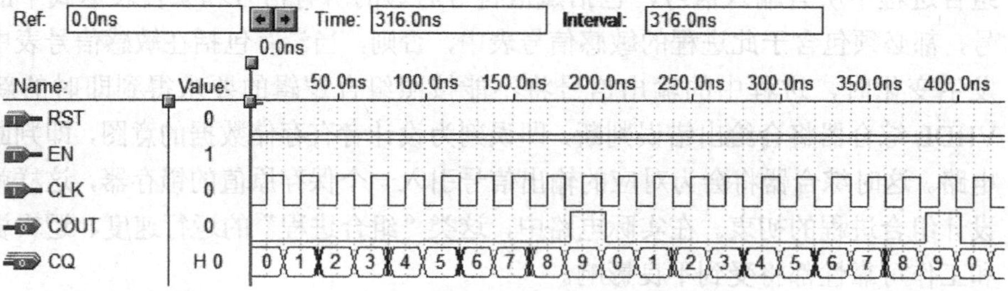

图4.2 十进制计数器仿真波形图

4.5 子程序

子程序是一个VHDL程序模块，这个模块利用顺序语句来定义和完成算法，因此只能使用顺序语句，这一点与进程相似。所不同的是，子程序不能像进程那样可以从本结构体的并行语句或进程结构中直接读取信号值或向信号赋值。子程序的使用方式只能通过子程序调用及与子程序的界面端口进行通信。子程序可在VHDL程序的三个不同位置进行定义，即在程序包、结构体和进程中定义。

在使用中必须注意，综合后的子程序将映射于目标芯片中的一个相应的电路模块，且每次调用都将在硬件结构中产生具有相同结构的不同模块，这一点与在普通的软件中调用子程序有很大的不同。因此，在面向VHDL的应用中，要密切关注和严格控制子程序的调用次数，每调用一次子程序都意味着增加了一个硬件电路模块。

子程序可以在VHDL程序的3个不同位置进行定义，即在程序包、结构体和进程中定义。但由于只有在程序包中定义的子程序可被几个不同的设计所调用，所以一般应该将子程序放在

程序包中。

VHDL 子程序具有可重载性，即允许有许多重名的子程序，但这些子程序的参数类型及返回值数据类型是不同的。子程序的可重载性是一非常有用的特性。

子程序有两种类型，即过程和函数。

过程的调用可通过其界面提供多个返回值，或不提供任何值；而函数只能返回一个值。在函数入口中，所有参数都是输入参数，而过程有输入参数、输出参数和双向参数。过程一般视为一种语句结构，常在结构体或进程中以分散的形式存在，而函数通常是表达式的一部分，常在赋值语句或表达式中使用。过程可以单独存在，其行为类似于进程，而函数通常作为语句的一部分被调用。

4.5.1 函数（FUNCTION）

在 VHDL 中有多种函数形式，如用于不同目的的用户自定义函数和库中现有的具有专用功能的预定义函数。例如，转换函数和决断函数。转换函数用于从一种数据类型到另一种数据类型的转换，如在元件例化语句中利用转换函数可允许不同数据类型的信号和端口间进行映射；决断函数用于在多驱动信号时解决信号竞争问题。

1．函数的语言表达格式

```
FUNCTION 函数名(参数表) RETURN  数据类型;            --函数首
FUNCTION 函数名(参数表) RETURN  数据类型 IS          --函数体
    [说明部分]
    BEGIN
    顺序语句;
END FUNCTION  函数名;
```

一般地，函数定义应由两部分组成，即函数首和函数体，在进程或结构体中不必定义函数首，而在程序包中必须定义函数首。

2．函数首

函数首是由函数名、参数表和返回值的数据类型三部分组成的，如果将所定义的函数组织成程序包入库，定义函数首是必需的，这时的函数首就相当于一个入库货物名称与货物位置表，入库的是函数体。函数首的名称即为函数的名称，需放在关键词 FUNCTION 之后，此名称可以是普通的标识符，也可以是运算符，运算符必须加上双引号，这就是所谓的运算符重载。运算符重载就是对 VHDL 中现有的运算符进行重新定义，以获得新的功能。新功能的定义是靠函数体来完成的，函数的参数表是用来定义输出值的，所以不必显式表示参数的方向，函数参量可以是信号或常数，参数名需在关键词 CONSTANT 或 SIGNAL 之后。如果没有特别说明，则参数默认为常数。如果要将一个已编制好的函数并入程序包，函数首必须放在程序包的说明部分，而函数体需放在程序包的包体内。如果只是在一个结构体中定义并调用函数，则仅需函数体即可。由此可见，函数首的作用只是作为程序包的有关此函数的一个接口界面。

3．函数体

函数体包括对数据类型、常数、变量等的局部说明，以及用以完成规定算法或转换的顺序语句，并以关键词 END FUNCTION 和函数名结尾。一旦函数被调用，就将执行这部分语句。

函数名可以是普通的标识符，也可以是运算符，运算符必须加上双引号，这就是所谓的运算符重载。

【例 4.8】

```
LIBRARY  IEEE;
USE  IEEE.STD_LOGIC_1164.ALL;
PACKAGE  packexp  IS                               --定义程序包
FUNCTION  max(a, b:IN STD_LOGIC_VECTOR)            --定义函数首
RETURN STD_LOGIC_VECTOR;
FUNCTION  func1  (a, b, c:REAL)                    --定义函数首
RETURN REAL;
FUNCTION  "*"  (a, b:INTEGER)                      --定义函数首
RETURN INTEGER;
FUNCTION  as2  (SIGNAL  in1, in2: REAL)            --定义函数首
RETURN REAL;
END packexp;
PACKAGE  BODY  packexp  IS
FUNCTION  max(a, b:IN STD_LOGIC_VECTOR)            --定义函数体
RETURN STD_LOGIC_VECTOR IS
BEGIN
IF a > b THEN
  RETURN  a;
ELSE
  RETURN  b;
END IF;
END FUNCTION max;                                  --结束 FUNCTION 语句
END packexp;                                       --结束 PACKAGE BODY 语句
LIBRARY  IEEE;                                     --函数应用实例
USE  IEEE.STD_LOGIC_1164.ALL;
USE  WORK.packexp.ALL;
ENTITY  axamp  IS
PORT(dat1, dat2:IN  STD_LOGIC_VECTOR(3  DOWNTO  0);
     dat3, dat4:IN  STD_LOGIC_VECTOR(3  DOWNTO  0);
     out1, out2:OUT  STD_LOGIC_VECTOR(3  DOWNTO  0));
END axamp;
ARCHITECTURE  behave OF axamp IS
BEGIN
 out1 <= max(dat1, dat2);                          --用在赋值语句中的并行函数调用语句
PROCESS(dat3, dat4)
BEGIN
 out2 <= max(dat3, dat4);                          --顺序函数调用语句
END PROCESS;
END behave;
```

例 4.8 中有 4 个不同的函数首，它们都放在程序包 packexp 的说明部分。第一个函数中的

参量 a、b 的数据类型是标准矢量类型，返回值是 a、b 中的最大值，其数据类型也是标准位矢量类型。第二个函数中的参量 a、b、c 的数据类型都是实数类型，返回值也是实数类型。第三个函数定义了一种乘法算符，即通过用此函数定义的运算符“*”可以进行两个整数间的乘法，且返回值也是整数。最后一个函数将输入量定义为信号，书写格式是在函数名后的括号中先写上参量目标类型 SIGNAL，以表示 in1 和 in2 是两个信号，最后写上两个信号的数据类型是实数类型 REAL，返回值也是实数类型。

函数体包含一个对数据类型、常数、变量等的局部说明，以及用以完成规定算法或转换的顺序语句部分。一旦函数被调用，就将执行这部分语句。

4.5.2 重载函数

VHDL 允许以相同的函数名定义函数，即重载函数。但这时要求函数中定义的操作数具有不同的数据类型，以便调用时用以分辨不同功能的同名函数。在具有不同数据类型操作数构成的同名函数中，以运算符重载式函数最为常用。

【例 4.9】

```
LIBRARY IEEE;
USE IEEE.STD_LOGIC_1164.ALL;
PACKAGE packexp IS                                 --定义程序包
FUNCTION max(a, b : IN STD_LOGIC_VECTOR)           --定义函数首
  RETURN STD_LOGIC_VECTOR;
FUNCTION max(a, b : IN BIT_VECTOR)
     RETURN BIT_VECTOR;
FUNCTION max(a, b : IN INTEGER)
     RETURN INTEGER;
END packexp;

PACKAGE BODY packexp IS
FUNCTION max(a, b : IN STD_LOGIC_VECTOR)           --定义函数体
 RETURN STD_LOGIC_VECTOR IS
BEGIN
 IF a > b THEN
   RETURN a;
 ELSE
   RETURN b;
END IF;
END FUNCTION max;                                  --结束 FUNCTION 语句
FUNCTION max(a, b: IN INTEGER)                     --定义函数体
   RETURN INTEGER IS
BEGIN
   IF a > b THEN
     RETURN a;
   ELSE
     RETURN b;
```

```
        END IF;
    END FUNCTION max;                              --结束FUNCTION语句
    FUNCTION max(a, b : IN BIT_VECTOR)             --定义函数体
       RETURN BIT_VECTOR IS
    BEGIN
        IF a > b THEN
           RETURN a;
        ELSE
           RETUEN b;
          END IF;
        END FUNCTION max;                          --结束FUNCTION语句
    END packexp;                                   --结束PACKAGE BODY语句
    --以下是调用重载函数max的程序
    LIBRARY IEEE;
    USE IEEE.STD_LOGIC_1164.ALL;
    USE WORK.packexp.ALL;
    ENTITY axamp IS
       PORT(a1, b1: IN STD_LOGIC_VECTOR(3 DOWNTO 0);
            a2, b2: IN BIT_VECTOR(4 DOWNTO 0);
            a3, b3: IN INTEGER RANGE 0 TO 15;
            c1 : OUT STD_LOGIC_VECTOR(3 DOWNTO 0);
            c2 : OUT BIT_VECTOR(4 DOWNTO 0);
            c3 : OUT INTEGER RANGE 0 TO 15);
    END axamp;
    ARCHITECTURE behave OF axamp IS
    BEGIN
       c1 <= max(a1, b1);     --对函数max(a, b : IN STD_LOGIC_VECTOR)的
                              --调用
       c2 <= max(a2, b2);     --对函数max(a, b : IN BIT_VECTOR)的调用
       c3 <= max(a3, b3);     --对函数max(a, b : IN INTEGER)的调用
    END behave;
```

VHDL语言不允许不同数据类型的操作数间进行直接操作或运算。为此，在具有不同数据类型操作数构成的同名函数中，可定义以运算符重载式的重载函数，这种函数为不同数据类型间的运算带来了极大的方便。

4.5.3 过程（PROCEDURE）

在VHDL中，子程序的另外一种形式是过程（PROCEDURE）。

1．过程语法格式

```
PROCEDURE  过程名(参数表);           --过程首
PROCEDURE  过程名(参数表)  IS        --过程体
[说明部分]
BEGIN
```

顺序语句

END PROCEDURE 过程名;

与函数一样，过程也由过程首和过程体构成，过程首不是必需的，过程体可以独立存在和使用。也就是说，在进程或结构体中不必定义过程首，而在程序包中必须为每个过程体定义过程首。

2．过程首

过程首由过程名和参数表组成。参数表用于对常数、变量和信号三类数据对象目标做出说明，并用关键词 IN、OUT 和 INOUT 定义这些参数的工作模式，即信息的流向。如果没有指定模式，则默认为 IN。

例 4.10 给出了三个过程首的定义。

【例 4.10】

```
PROCEDURE  pro1  (VARIABLE  a, b:INOUT  REAL);
PROCEDURE  pro2  (CONSTANT  a1:IN  INTEGER;
VARIABLE  b1:OUT  INTEGER);
PROCEDURE  pro3  (SIGNAL  sig:INOUT  BIT);
```

过程 pro1 定义了两个实数双向变量 a 和 b。过程 pro2 定义了两个参量：第一个是常数，其数据类型为整数，流向模式是 IN；第二个参量是变量，信号模式和数据类型分别是 OUT 和整数。过程 pro3 中只定义了一个信号参量，即 sig，其流向模式是双向 INOUT，数据类型是 BIT。一般地，可在参量表中定义三种流向模式，即 IN、OUT 和 INOUT。若只定义了 IN 模式而未定义目标参量类型，则默认为常量；若只定义了 INOUT 或 OUT，则默认目标参量类型是变量。

3．过程体

过程体是由顺序语句组成的，调用过程即启动了对过程体的顺序语句的执行。过程体中的说明部分只是局部的，其中的各种定义只适用于过程体内部。过程体的顺序语句部分可以包含任何顺序执行的语句，包括 WAIT 语句。但是，如果一个过程是在进程中调用的，且这个进程已列出了敏感参量表，则不能在此过程中使用 WAIT 语句。

在不同的调用环境中，可以有两种不同的语句方式对过程进行调用，即顺序语句方式和并行语句方式。对于前者，在一般的顺序语句自然执行过程中，一个过程被执行，属于顺序语句方式，因为这时它只相当于一条顺序语句的执行；对于后者，一个过程相当于一个小的进程，当这个过程处于并行语句环境中时，其过程体中定义的任一 IN 或 INOUT 的目标参量（即数据对象：变量、信号、常数）发生改变时，将启动过程的调用，这时的调用属于并行语句方式。以下是两个过程体的使用示例。

【例 4.11】

```
PROCEDURE  prg1(VARIABLE value:INOUT BIT_VECTOR(0 TO 3))  IS
BEGIN
CASE value IS
     WHEN "0000" => value: ="0101";
     WHEN "0101" => value: ="0000";
     WHEN OTHERS => value: ="1111";
```

```
    END CASE;
    END PROCEDURE prg1;
```

【例 4.12】

```
    PROCEDURE  comp (a:IN  REAL;
                    m:IN INTEGER;
                    v1, v2:OUT  REAL)  IS
    VARIABLE  cnt:INTEGER;
    BEGIN
    v1 := 1.6 * a;                            --赋初始值
    v2 := 1.0;                                --赋初始值
    Q1:FOR  cnt  IN  1  TO  m  LOOP
          v2:= v2 * v1;
          EXIT  Q1  WHEN  v2 > v1;
       END LOOP Q1;
    ASSERT  (v2 < v1)
    REPORT  "OUT OF RANGE"                    --输出错误报告
      SEVERITY  ERROR;
    END PROCEDURE  comp;
```

在以上过程 comp 的参量表中，定义了 a 为输入模式，数据类型为实数；m 为输入模式，数据类型为整数。这两个参量都未显式定义它们的目标参量类型，显然它们的默认类型都是常数。由于 v1、v2 定义为输出模式的实数，因此默认为变量。在过程 comp 的 LOOP 语句中，对 v2 进行循环计算直到 v2 大于 v1，EXIT 语句中断运算，并由 REPORT 语句给出错误报告。

4.5.4 重载过程

两个或两个以上有相同过程名和不同参数数量及数据类型的过程，称为重载过程。重载过程也靠参量类型来辨别究竟调用哪个过程。

【例 4.13】

```
    PROCEDURE calcu(v1, v2:IN REAL;
          SIGNAL outl:INOUT INTEGER);
    PROCEDURE calcu(v1, v2:IN INTEGER;
          SIGNAL outl:INOUT REAL);
    …
    calcu(20.15, 1.42, signl);         --调用第一个重载过程 calcu
    calcu(23, 320, sign2);             --调用第二个重载过程 calcu
```

此例中定义了两个重载过程，它们的过程名、参量数目及各参量的模式是相同的，但参量的数据类型不同。第一个过程中定义的两个输入参量 v1 和 v2 为实数型常数，outl 为 INOUT 模式的整数信号；而第二个过程中 v1、v2 为整数常数，outl 为实数信号。

4.6 库

利用 VHDL 进行工程设计时，为了提高设计效率，并使得设计遵循某些统一的语言标准或数据格式，有必要将一些有用的信息汇集在一个或几个库中以供调用。这些信息可以是预先定义好的数据类型、子程序等设计单元的集合体（程序包），或预先设计好的各种设计实体（元件库程序包）。因此，可以把库视为一种用来存储预先完成的程序包和数据集合体的仓库。

VHDL 语言的库分为两类：一类是设计库，如在具体设计项目中设定的目录所对应的 WORK 库；另一类是资源库，资源库是常规元件和标准模块存放的库。

1. 库的种类

VHDL 程序设计中常用的库有 IEEE 库、STD 库、WORK 库和 VITAL 库。

1）IEEE 库

IEEE 库是 VHDL 设计中最为常用的库，它包含有 IEEE 标准程序包和其他一些支持工业标准的程序包。一般基于 FPGA/CPLD 的开发，IEEE 库中的 4 个程序包 STD_LOGIC_1164、STD_LOGIC_ARITH、STD_LOGIC_SIGNED 和 STD_LOGIC_UNSIGNED 就已够用。

2）STD 库

VHDL 语言标准定义了两个标准的程序包，即 STANDARD 和 TEXTIO 程序包（文件输入/输出程序包），由于 STD 符合 VHDL 标准，在应用中不必如 IEEE 库那样显式表达出来。例如，在程序中，以下库的使用语句是不必要的：

```
LIBRARY   STD;
```

3）WORK 库

WORK 库是用户的 VHDL 设计的现行工作库，用于存放用户设计和定义的一些设计单元和程序包，因而是用户自己的仓库。用户设计项目的成品、半成品模块，以及先期已设计好的元件放在其中。WORK 库自动满足 VHDL 标准，在实际调用中，也不必以显式方式说明。

4）VITAL 库

使用 VITAL 库，可以提高 VHDL 门级时序模拟的精度，因而只在 VHDL 仿真器中使用。由于各 FPGA/CPLD 生产厂商的适配器工具都能为各自芯片生成带时序信息的 VHDL 门级网表，用 VHDL 仿真器仿真该网表可以得到精确的时序仿真结果，因此 FPGA/CPLD 设计开发过程中，一般并不需要 VITAL 库中的程序包。

2. 库的用法

在 VHDL 语言中，库的说明语句总放在实体单元前面，因此设计实体内的语句就可使用库中的数据和文件。库语句一般必须与 USE 语句同用，库语句的关键词是 LIBRARY，指明所使用的库名；USE 语句指明库中的程序包。

USE 语句的使用有两种常用格式：

```
USE   库名.程序包名.项目名;
USE   库名.程序包名.ALL;
```

第一个语句的作用是向本设计的实体开放指定库中的特定程序包内所选择的项目。

第二个语句的作用是向本设计的实体开放指定库中的特定程序包内的所有内容。

合法 USE 语句的使用方法是，将 USE 语句说明中所要开放的设计实体对象紧跟在 USE 语句后，如 USE IEEE.STD_LOGIC_1164. ALL；表明打开 IEEE 库中的 STD_LOGIC_1164 程序包，并使程序可任意使用程序包中的公共资源，这里用到了关键词“ALL”，代表程序包中的所有资源。

```
LIBRARY  IEEE;
USE  IEEE.STD_LOGIC_1164.STD_ULOGIC;
USE  IEEE.STD_LOGIC_1164.RISING_EDGE;
```

上例中向当前设计文件实体开放了 STD_LOGIC_1164 程序包中的 RISING_EDGE 函数，但由于此函数需要用到数据类型 STD_ULOGIC，所以在上一条 USE 语句中开放了同一程序包中的这一数据类型。

4.7 VHDL 程序包

已在设计实体中定义的数据类型、子程序或数据对象对于其他设计实体是不可用的或不可见的。为了使已定义的常数、数据类型、元件调用说明以及子程序能被其他设计实体方便地访问和共享，可以将它们收集在一个 VHDL 程序包中。多个程序包可以并入一个 VHDL 库中，使之适用于更一般的访问和调用范围。程序包主要由如下 4 种基本结构组成，一个程序包中至少应包含以下结构中的一种。

（1）常数说明。如定义系统数据总线通道的宽度。

（2）VHDL 数据类型说明。主要用于整个设计中的通用数据类型，例如通用的地址总线数据类型定义等。

（3）元件定义。元件定义主要规定 VHDL 设计中参与文件例化的文件接口界面。

（4）子程序。并入程序包的子程序有利于在设计中的任一处方便地调用。

通常程序包中的内容应具有更大的适用面和良好的独立性，以供各种不同设计需求调用，如 STD_LOGIC_1164 程序包定义的数据类型 STD_LOGIC 和 STD_LOGIC_VECTOR。一旦定义了一个程序包，各种独立的设计就能方便地调用。

1．定义程序包的语法结构

```
PACKAGE  程序包名  IS                              --程序包首
      程序包首说明部分
END  程序包名;
PACKAGE BODY  程序包名  IS                         --程序包体
      程序包体说明部分以及包体内容
END  程序包名;
```

程序包的结构由程序包的说明部分即程序包首和程序包的内容部分即程序包体两部分组成。一个完整的程序包中，程序包首名与程序包体名是同一个名字。

2．程序包首

程序包首的说明部分可收集多个不同 VHDL 设计所需的公共信息，其中包括数据类型说明、信号说明、子程序说明及元件说明等。所有这些信息虽然也可在每个设计实体中逐一单独地定义和说明，但如果将这些具有一般性的常用说明定义放在程序包中供随时调用，显然可以提高设计的效率和程序的可读性。

程序包结构中，程序包体并非是必需的，程序包首可以独立定义和使用。

3. 程序包体

程序包体用于定义程序包首中已定义的子程序的子程序体。程序包体说明部分的组成可以是 USE 语句（允许对其他程序包的调用）、子程序定义、子程序体、数据类型说明、子类型说明和常数说明等。对于没有子程序说明的程序包体可以省去。

程序包常用来封装属于多个设计单元分享的信息，程序包定义的信号、变量不能在设计实体之间共享。

常用的预定义程序包有 4 种。

（1）STD_LOGIC_1164 程序包。

（2）STD_LOGIC_ARITH 程序包。

（3）STD_LOGIC_UNSIGNED 和 STD_LOGIC_SIGNED 程序包。

（4）STANDARD 和 TEXTIO 程序包。

程序包的定义及其应用如例 4.14 所示。

【例 4.14】

```
PACKAGE pacl IS                                  --程序包首开始
TYPE byte IS RANGE 0 TO 255;                     --定义数据类型 byte
SUBTYPE nibble IS byte RANGE 0 TO 15;            --定义子类型 nibble
CONSTANT byte_ff:byte:=255;                      --定义常数 byte_ff
SIGNAL  addend:nibble;                           --定义信号 addend
COMPONENT byte_adder                             --定义元件
PORT(a, b:IN  byte;
     c:OUT  byte;
     overflow:OUT  BOOLEAN);
END COMPONENT;
FUNCTION my_function(a:IN  byte) Return byte;    --定义函数
END pacl;                                        --程序包首结束
```

上例是一个程序包首，程序包名是 pac1，其中定义了一个新的数据类型 byte 和一个子类型 nibble；接着定义了一个数据类型为 byte 的常数 byte_ff 和一个数据类型为 nibble 的信号 addend，还定义了一个元件和函数。由于元件和函数必须有具体的内容，所以将这些内容安排在程序包体中。要使用这个程序包中的所有定义，可用 USE 语句按如下方式获得访问此程序包的方法：

```
LIBRARY WORK;
USE WORK.pac1.ALL;
ENTITY  …
ARCHITECTURE  …
…
```

由于 WORK 库是默认打开的，所以可省去 LIBRARY WORK 语句，只需加入相应的 USE 语句即可。

4.8 配置

配置可以把特定的结构件关联到一个确定的实体。配置语句就是用来为较大的系统设计提供管理和工程组织的。通常在大而复杂的 VHDL 工程设计中，配置语句可以为实体指定或配置一个结构体；例如，可以利用配置使仿真器为同一实体配置不同的结构体，以使设计者比较不同结构体的仿真差别，或者为例化的各元件实体配置指定的结构体，从而形成一个所希望的例化元件层次构成的设计实体。

配置也是 VHDL 设计实体中的一个基本单元，在综合或仿真中，可以利用配置语句为确定整个设计提供许多有用信息。例如，对以元件例化的层次方式构成的 VHDL 的设计实体，可把配置语句的设置视为一个元件，以配置语句指定顶层设计中的每个元件与特定结构体相衔接或赋予特定属性。配置语句还能用于对元件的端口连接进行重新安排等。

VHDL 综合器允许将配置规定到一个设计实体中的最高层设计单元，但只支持对最顶层的实体进行配置。

配置语句的语法格式如下：

```
CONFIGURATION  配置名 OF  实体名 IS
    配置说明
END 配置名;
```

配置主要为顶层设计实体指定结构体，或为参与例化的元件实体指定所希望的结构体，以层次方式来对元件例化做结构配置。如前所述，每个实体可拥有多个不同的结构体，而每个结构体的地位是相同的，在这种情况下，可以利用配置说明为这个实体指定一个结构体。例 4.15 是一个配置的简单应用，即在一个描述与非门的设计实体中，有两个以不同逻辑描述方式构成的结构体，用配置语句来为特定的结构体需求做配置指定。

【例 4.15】

```
LIBRARY IEEE;
USE IEEE.STD_LOGIC_1164.ALL;
ENTITY  YF IS
   PORT(A:IN STD_LOGIC;
        B:IN STD_LOGIC;
        C:OUT STD_LOGIC);
END YF;
ARCHITECTURE ART1 OF YF IS
BEGIN
     C<=NOT  (A AND B);
END ART1;

ARCHITECTURE ART2 OF YF IS
BEGIN
  C<= '1'  WHEN (A='0') AND(B='0')  ELSE
       '1'  WHEN (A='0') AND(B='1')  ELSE
```

```
        '1'  WHEN (A='1') AND(B='0')  ELSE
        '0'  WHEN (A='1') AND(B='1')  ELSE
        '0';
    END ART2;

    CONFIGURATION SECOND OF YF IS
      FOR ART2
      END FOR;
    END SECOND;

    CONFIGURATION FIRST OF YF IS
      FOR ART1
      END FOR;
    END FIRST;
```

在例 4.15 中，若指定配置名为 SECOND，则实体 YF 配置的结构体为 ART2，若指定配置名为 FIRST，则实体 YF 配置的结构体为 ART1。这两种结构的描述方式是不同的，但具有相同的逻辑功能。

习 题

4.1 VHDL 程序设计中，必不可少的是哪两部分？

4.2 什么叫进程语句？你是如何理解进程语句的并行性和顺序性的双重特性的？

4.3 进程之间的通信是通过什么方式来实现的？

4.4 什么叫子程序？过程语句用于什么场合？其所带参数是怎样定义的？函数语句用于什么场合？其所带参数是怎样定义的？

4.5 VHDL 语言中常见的库有哪几种？

4.6 一个包集合由哪两大部分组成？包集合体通常包含哪些内容？

4.7 子程序调用与元件例化有何区别？函数与过程在具体使用上有何不同？

4.8 是否有这样的可能，PROCESS 的运行状态已结束，即已从运行状态进入等待状态，而 PROCESS 中的某条赋值语句尚未完成赋值操作？为什么？从行为仿真和电路实现两方面来谈。

4.9 类属参数与常数有何区别？

4.10 什么是重载函数？

4.11 写出 8 位锁存器（如 74LS373）的实体，输入为 D、CLOCK 和 OE，输出为 Q。

4.12 画出与下例实体描述对应的原理图符号：

（1）

```
    ENTITY buf3s IS                        --三态缓冲器
       PORT(Input:IN STD_LOGIC;            --输入端
    Enable:IN STD_LOGIC;                   --使能端
    Output:OUT STD_LOGIC);                 --输出端
    END buf3s;
```

(2)

```
ENTITY mux21 IS                          --2 选 1 多路选择器
   PORT(In0,                             --数据输入 0
In,                                      --数据输入 1
Sel: IN STD_LOGIC;                       --选择信号输入
Output:OUT STD_LOGIC);                   --输出
END mux21
```

4.13 端口模式有哪几种？各是什么？有什么特点？

4.14 VHDL 语言之中，子程序包括哪些？

第5章 VHDL顺序语句

顺序语句和并行语句是 VHDL 程序设计中的两大基本描述语句系列。在逻辑系统的设计中，这些语句从多个侧面完整地描述了数字系统的硬件结构和基本逻辑功能，其中包括通信的方式、信号的赋值、多层次的元件例化及系统行为等。

顺序语句是相对于并行语句而言的。顺序语句的特点是，每条顺序语句的执行（指仿真执行）顺序与它们的书写顺序基本一致。顺序语句只能出现在进程和子程序中，子程序包括函数和过程。

VHDL 中的顺序语句与传统软件编程语言中的语句的执行方式十分相似。所谓顺序，主要指的是语句的执行顺序，或者说，在行为仿真中语句的执行次序。但应注意的是，这里的顺序是从仿真软件的运行或顺应 VHDL 语法的编程逻辑思路而言的，其相应的硬件逻辑工作方式未必如此。

在 VHDL 中，一个进程是由一系列顺序语句构成的，而进程本身属并行语句，也就是说，在同一个设计实体中，所有的进程是并行执行的。然而，任一给定的时刻内，在每个进程内，只能执行一条顺序语句（基于行为仿真）。一个进程与其设计实体的其他部分进行数据交换的方式只能通过信号或端口。如果要在进程中完成某些特定的算法和逻辑操作，也可通过依次调用子程序来实现，但子程序本身并无顺序和并行语句之分。利用顺序语句可以描述逻辑系统中的组合逻辑、时序逻辑或它们的综合体。

VHDL 有 6 类基本顺序语句：赋值语句，转向控制语句，等待语句，子程序调用语句，返回语句，空操作语句。

5.1 赋值语句

赋值语句的功能就是将一个值或一个表达式的运算结果传递给某一数据对象，如信号或变量，或由此组成的数组。

1. 信号和变量赋值

赋值语句有两种，即信号赋值语句和变量赋值语句。每种赋值语句都由 3 个基本部分组成，即赋值目标、赋值符号和赋值源。赋值目标是所赋值的受体，其基本元素只能是信号或变量，但表现形式可以有多种，如文字、标识符、数组等。赋值符号只有两种，即信号赋值符号“<=”和变量赋值符号“:=”。赋值源是赋值的主体，它可以是一个数值，也可以是一个逻辑或运算表达式。VHDL 规定，赋值目标与赋值源的数据类型必须严格一致。

变量赋值与信号赋值的区别在于，变量具有局部特征，其有效性只局限于所定义的一个进程中，或一个子程序中，它是一个局部的、暂时性数据对象（在某些情况下），对其赋值是立即发生的（假设进程已启动），即是一种时间延迟为零的赋值行为。信号则不同，信号具有全局性特征，它不但可以作为一个设计实体内部各单元之间数据传送的载体，而且可通过信号与其他的实体进行通信（端口本质上也是一种信号），信号的赋值并不是立即发生的，它发生在一个进程结束时，赋值过程总有某种延时，它反映了硬件系统的重要特性，综合后可以找到与信号对应的硬件结构，如一根传输导线、一个输入/输出端口或一个 D 触发器等。

但是，必须注意的是，千万不要从以上对信号和变量的描述中得出结论：变量赋值只是一种纯软件效应，不可能产生与之对应的硬件结构。事实上，变量赋值的特性是 VHDL 语法的要求，是行为仿真流程的规定。实际情况是，在某些条件下，变量赋值行为与信号赋值行为所产生的硬件结果是相同的，如都可以向系统引入寄存器。

变量赋值语句和信号赋值语句的语法格式如下：

变量赋值目标 := 赋值源;

信号赋值目标 <= 赋值源;

在信号赋值中，需要注意的是，在同一进程中，同一信号赋值目标有多个赋值源时，信号赋值目标获得的是最后一个赋值源的赋值，其前面相同的赋值目标不做任何变化。

【例 5.1】

```
SIGNAL  S1, S2:STD_LOGIC;
SIGNAL  SVEC:STD_LOGIC_VECTOR(0 TO 7);
...
PROCESS(S1, S2)
VARIABLE  V1, V2:STD_LOGIC;
BEGIN
    V1  := '1';     --立即将 V1 置位为 1
    V2  := '1';     --立即将 V2 置位为 1
    S1  <= '1';     --S1 被赋值为 1
    S2  <= '1';     --由于在本进程中，这里的 S2 不是最后一个赋值语句，故不做
                    --赋值操作
    SVEC(0)  <= V1;--将 V1 在上面的赋值 1，赋给 SVEC(0)
    SVEC(1)  <= V2;--将 V2 在上面的赋值 1，赋给 SVEC(1)
    SVEC(2)  <= S1;--将 S1 在上面的赋值 1，赋给 SVEC(2)
    SVEC(3)  <= S2;--将最下面的赋予 S2 的值'0'，赋给 SVEC(3)
    V1 := '0';      --将 V1 置入新值 0
    V2 := '0';      --将 V2 置入新值 0
    S2 <= '0';      --由于这是 S2 最后一次赋值，赋值有效
                    --此'0'将上面准备赋入的'1'覆盖掉
    SVEC(4)  <= V1;--将 V1 在上面的赋值 0，赋给 SVEC(4)
    SVEC(5)  <= V2;--将 V2 在上面的赋值 0，赋给 SVEC(5)
    SVEC(6)  <= S1;--将 S1 在上面的赋值 1，赋给 SVEC(6)
    SVEC(7)  <= S2;--将 S2 在上面的赋值 0，赋给 SVEC(7)
END  PROCESS;
```

2. 赋值目标

赋值语句中的赋值目标有 4 种类型。

1）标识符赋值目标及数组单元素赋值目标

标识符赋值目标是以简单的标识符作为被赋值的信号或变量名。

数组单元素赋值目标的表达形式如下：

数组类信号或变量名(下标名)

2）段下标元素赋值目标及集合块赋值目标

段下标元素赋值目标可用以下方式表示：

数组类信号或变量名(下标 1 TO/DOWNTO 下标 2)

括号中的两个下标必须用具体数值表示，并且其数值范围必须在所定义的数组下标范围内，两个下标的排序方向要符合方向关键词 TO 或 DOWNTO，具体用法如例 5.2 所示。

【例 5.2】

```
VARIABLE  A, B:STD_LOGIC_VECTOR (1 TO 4);
A (1 TO 2) := "10";           --等效于 A(1):= '1', A(2):= '0'
A (4 DOWNTO 1) := "1011";
```

集合块赋值目标，是以一个集合的方式来赋值的。对目标中的每个元素进行赋值的方式有两种，即位置关联赋值方式和名字关联赋值方式，具体用法如例 5.3 所示。

【例 5.3】

```
SIGNAL  A, B, C, D :STD_LOGIC;
SIGNAL  S:STD_LOGIC_VECTOR(1 TO 4);
...
VARIABLE  E, F:STD_LOGIC;
VARIABLE  G:STD_LOGIC_VECTOR(1 TO 2);
VARIABLE  H:STD_LOGIC_VECTOR(1 TO 4);
S <= ('0', '1', '0', '0');
(A, B, C, D) <= S;                        --位置关联方式赋值
...                                       --其他语句
(3=> E, 4=>F, 2 =>G(1), 1=>G(2)):= H;     --名字关联方式赋值
```

示例中的信号赋值语句属位置关联赋值方式，其赋值结果等效于

A <= '0'; B <= '1'; C <= '0'; D <= '0';

示例中的变量赋值语句属名字关联赋值方式，赋值结果等效于

G(2) := H(1); G(1) := H(2); E := H(3); F := H(4);

5.2 转向控制语句

转向控制语句通过条件控制开关决定是否执行一条或几条语句，或重复执行一条或几条语句，或跳过一条或几条语句。转向控制语句共有 5 种：IF 语句、CASE 语句、LOOP 语句、NEXT 语句和 EXIT 语句。

1. IF 语句

IF 语句是一种条件语句，它根据语句中所设置的一种或多种条件，有选择地执行指定的顺序语句，其语句结构如下。

（1）IF 语句的第一种结构

IF 条件句 THEN

顺序语句

END IF;

（2）IF 语句的第二种结构

IF　条件句　THEN

顺序语句 1

ELSE

顺序语句 2

END IF;

（3）IF 语句的第三种结构

IF　条件句 1　THEN

顺序语句 1

ELSIF　条件句 2　THEN

顺序语句 2

ELSIF　条件句 3　THEN

顺序语句 3

…

ELSE

顺序语句 n;

END IF;

【例 5.4】

```
K1:IF (A>B) THEN
     OUTPUT<= '1';
END IF K1;
```

其中，K1 是条件句名称，可有可无。若条件句(A>B)检测结果为 TRUE，则向信号 OUTPUT 赋值 1，否则此信号维持原值。

例 5.5 利用 IF 语句中的各条语句向上相与这一功能，十分简洁地描述完成一个 8 线-3 线优先编码器的设计，表 5.1 是此编码器的真值表。

【例 5.5】

```
LIBRARY IEEE;
USE IEEE.STD_LOGIC_1164.ALL;
ENTITY CODER IS
       PORT (SR:IN STD_LOGIC_VECTOR(0 TO 7);
             SC:OUT STD_LOGIC_VECTOR(0 TO 2));
END CODER;
ARCHITECTURE ART OF CODER IS
BEGIN
PROCESS(SR)
BEGIN
  IF(SR(7)= '0') THEN
   SC <="000";                --(SR(7)= '0')
```

```
   ELSIF(SR(6)= '0') THEN
     SC <="100";                  --(SR(7)= '1') AND (SR(6)= '0')
 ELSIF(SR(5)= '0') THEN
     SC <="010";              --(SR(7)='1')AND(SR(6)='1')AND(SR(5)='0')
 ELSIF(SR(4)= '0') THEN
     SC <="110";
 ELSIF(SR(3)='0') THEN
     SC <="001";
 ELSIF(SR(2)= '0') THEN
     SC <="101";
   ELSIF(SR(1)= '0') THEN
     SC <="011";
   ELSIF(SR(0)= '0') THEN
     SC <="111";
   ELSE
     NULL;
   END IF;
   END  PROCESS;
 END ART;
```

表 5.1　8 线-3 线优先编码器真值表

输　入								输　出		
SR0	SR1	SR2	SR3	SR4	SR5	SR6	SR7	SC0	SC1	SC2
×	×	×	×	×	×	×	0	0	0	0
×	×	×	×	×	×	0	1	1	0	0
×	×	×	×	×	0	1	1	0	1	0
×	×	×	×	0	1	1	1	1	1	0
×	×	×	0	1	1	1	1	0	0	1
×	×	0	1	1	1	1	1	1	0	1
×	0	1	1	1	1	1	1	0	1	1
0	1	1	1	1	1	1	1	1	1	1

注：表中的“×”为任意。

在图 5.1 所示的 8 线-3 线优先编码器仿真波形图中，将 SR(0 TO 7)的值设置为“11101111”，SC(0 TO 2)输出值为“001”。

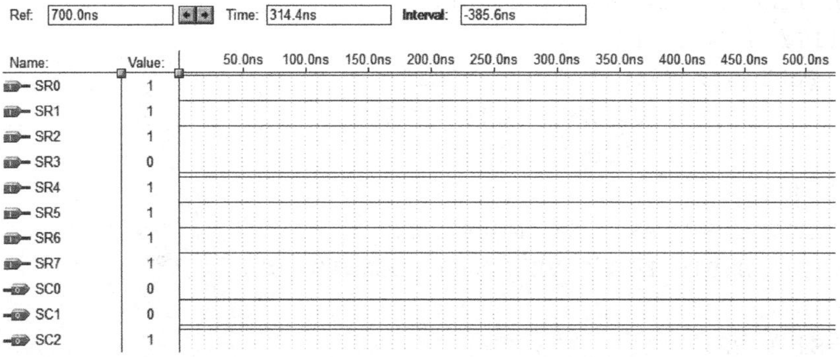

图 5.1　8 线-3 线优先编码器仿真波形图

2. CASE语句

CASE语句根据满足的条件直接选择多项顺序语句中的一项执行。

CASE语句的结构如下：

```
CASE  表达式  IS
      WHEN    选择值  =>顺序语句;
      WHEN    选择值  =>顺序语句;
      [WHEN   OTHERS  =>顺序语句;]
      …
END  CASE;
```

选择值可以有4种不同的表达方式：

① 单个普通数值，如4。

② 数值选择范围，如(2 TO 4)，表示取值2、3或4。

③ 并列数值，如3 | 5，表示取值为3或5。

④ 混合方式，以上三种方式的混合。

使用CASE语句需注意以下几点：

（1）条件句中的选择值必须在表达式的取值范围内。

（2）除非所有条件句中的选择值能完整覆盖CASE语句中表达式的取值，否则最末一个条件句中的选择必须用OTHERS表示。它代表已给的所有条件句中未能列出的其他可能的取值，这样可以避免综合器插入不必要的寄存器。这一点对于定义为STD_LOGIC和STD_LOGIC_VECTOR数据类型的值尤为重要，因为这些数据对象的取值除1和0外，还可能有其他的取值，如高阻态Z、不定态X等。

（3）CASE语句中每一条件句的选择只能出现一次，不能有相同选择值的条件语句出现。

（4）CASE语句执行中必须选中且只能选中所列条件语句中的一条。这表明CASE语句中至少要包含一个条件语句。

【例5.6】

```
--用CASE语句描述4选1多路选择器
LIBRARY IEEE;
USE IEEE.STD_LOGIC_1164.ALL;
ENTITY MUX41  IS
   PORT(S1, S2: IN   STD_LOGIC;
        A, B, C, D:IN  STD_LOGIC;
        Z:OUT  STD_LOGIC);
END MUX41;
ARCHITECTURE  ART  OF  MUX41  IS
SIGNAL  S:STD_LOGIC_VECTOR(1  DOWNTO  0);
BEGIN
S<=S1 & S2;
PROCESS(S1, S2, A, B, C, D)
BEGIN
   CASE  S  IS
```

```
            WHEN  "00"=>Z<=A;
            WHEN  "01"=>Z<=B;
            WHEN  "10"=>Z<=C;
            WHEN  "11"=>Z<=D;
            WHEN  OTHERS  =>Z<='X';
        END  CASE;
    END PROCESS;
    END  ART;
```

用 CASE 语句描述的 4 选 1 多路选择器仿真波形图如图 5.2 所示，在图 5.2 中，将 S1 和 S2 的值分别设置为 0；将 A、B、C、D 的值分别设置为 1、0、0、0；程序运行之后是 Z 输出 A 的值，即 Z 的值为 1。

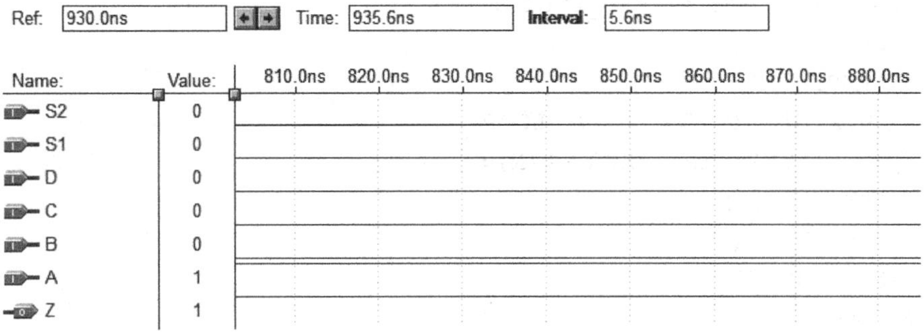

图 5.2　4 选 1 多路选择器仿真波形图

3．LOOP 语句

LOOP 语句就是循环语句，它可以使所包含的一组顺序语句循环执行，执行次数可由设定的循环参数决定，循环的方式由 NEXT 和 EXIT 语句控制。

其语句格式如下：

[LOOP　标号:] [重复模式] LOOP
　　　顺序语句
END LOOP　[LOOP 标号];

重复模式有两种，即 WHILE 和 FOR 循环语句，格式如下：

[LOOP 标号:] FOR　循环变量　IN　循环变量取值范围　LOOP　--重复次数已知
[LOOP 标号:]WHILE　循环控制条件 LOOP　　--重复次数未知

【例 5.7】

```
--简单 LOOP 语句的使用
…
L2:LOOP
   A:=A+1;
   EXIT L2 WHEN  A>10;         --当 A 大于 10 时跳出循环
END  LOOP  L2;
…
```

【例 5.8】

```
--FOR_LOOP 语句的使用(8 位奇偶校验逻辑电路的 VHDL 程序)
LIBRARY  IEEE;
USE  IEEE.STD_LOGIC_1164.ALL;
ENTITY  P_CHECK  IS
   PORT (A:IN  STD_LOGIC_VECTOR(7  DOWNTO  0);
          Y:OUT  STD_LOGIC);
END  P_CHECK;
ARCHITECTURE  ART  OF  P_CHECK  IS
BEGIN
  PROCESS(A)
  VARIABLE  TMP:  STD_LOGIC;
  BEGIN
    TMP:='0';
    FOR  N  IN  0  TO  7  LOOP
          TMP:=TMP  XOR  A(N);
    END  LOOP;
    Y<=TMP;
  END  PROCESS;
END ART;
```

奇偶校验电路仿真波形图见图 5.3 和图 5.4。在图 5.3 中，输入 A 设置为“00000011”，输出 Y 是 0；在图 5.4 中，输入 A 设置为“00000001”，输出 Y 是 1。

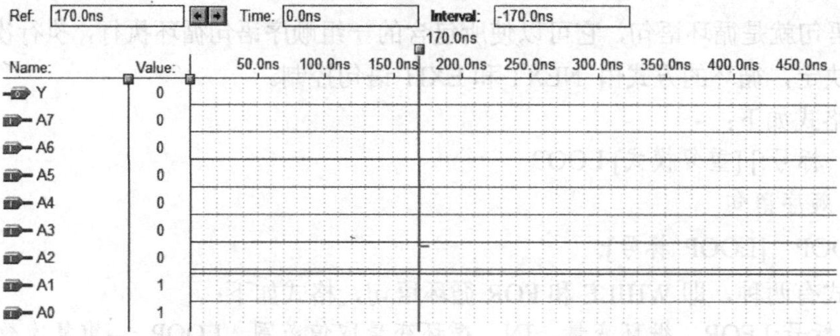

图 5.3　奇偶校验电路仿真波形图（A 设置为“00000011”）

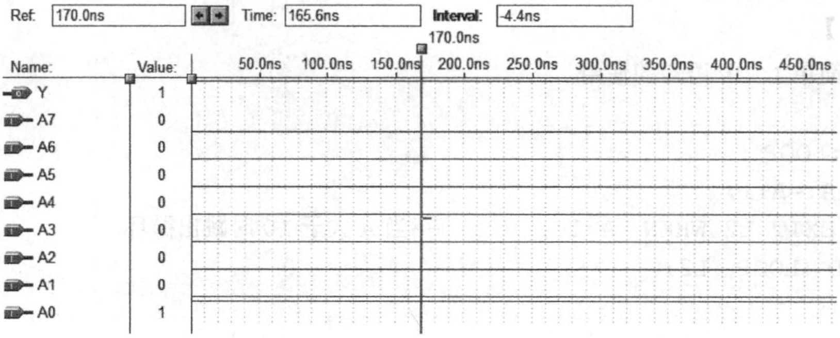

图 5.4　奇偶校验电路仿真波形图（A 设置为“00000001”）

4. NEXT 语句

NEXT 语句主要用在 LOOP 语句执行中有条件的或无条件的转向控制。其语句格式有以下三种：

```
NEXT;                              --第一种语句格式
NEXT LOOP 标号;                    --第二种语句格式
NEXT LOOP 标号 WHEN 条件表达式;    --第三种语句格式
```

对于第一种语句格式，当 LOOP 内的顺序语句执行到 NEXT 语句时，即刻无条件终止当前的循环，跳回到本次循环 LOOP 语句处，开始下一次循环。

对于第二种语句格式，即在 NEXT 旁加“LOOP 标号”后的语句功能，与未加 LOOP 标号的功能是基本相同的，只是当有多重 LOOP 语句嵌套时，前者可以转跳到指定标号的 LOOP 语句处，重新开始执行循环操作。

第三种语句格式中，分句“WHEN 条件表达式”是执行 NEXT 语句的条件，如果条件表达式的值为 TRUE，则执行 NEXT 语句，进入转跳操作，否则继续向下执行。仅在有单层 LOOP 循环语句时，关键词 NEXT 与 WHEN 之间的“LOOP 标号”才可省去。

【例 5.9】

```
…
L1:FOR  CNT_VALUE  IN  1  TO  8  LOOP
S1:A(CNT_VALUE):= '0';
   NEXT  WHEN  (B=C);
S2:A(CNT_VALUE+8):= '0';
END  LOOP  L1;
```

例 5.9 中，当程序执行到 NEXT 语句时，如果条件判断式 B=C 的结果为 TRUE，执行 NEXT 语句，并返回到 L1，使 CNT_VALUE 加 1 后执行 S1 开始的赋值语句，否则将执行 S2 开始的赋值语句。

【例 5.10】

```
…
L_X: FOR  CNT_VALUE   IN  1  TO  8  LOOP
  S1:A(CNT_VALUE):= '0';
      K:=0;
  L_Y:LOOP
  S2:B(K):= '0';
      NEXT  L_X  WHEN  (E>F);
  S3:B(K +8):= '0';
      K:=K+1;
  NEXT  LOOP  L_Y;
NEXT  LOOP  L_X;
…
```

若 E>F 为 TRUE，执行语句 NEXT L_X，跳转到 L_X，使 CNT_VALUE 加 1，从 S1 处开始执行语句；若为 FALSE，则执行 S3 后使 K 加 1。

5. EXIT 语句

EXIT 语句与 NEXT 语句具有十分相似的语句格式和转移功能，它们都是 LOOP 语句的内部循环控制语句，其语句格式如下：

EXIT; --第一种语句格式

EXIT LOOP 标号; --第二种语句格式

EXIT LOOP 标号 WHEN 条件表达式; --第三种语句格式

这里，每种语句格式与 NEXT 语句的格式和操作功能非常相似，唯一的区别是 NEXT 语句转跳的方向是 LOOP 标号指定的 LOOP 语句处，没有 LOOP 标号时，转跳到当前 LOOP 语句的循环起始点，而 EXIT 语句的转跳方向是 LOOP 标号指定的 LOOP 循环语句的结束处，即完全跳出指定的循环，并开始执行此循环体之后的语句。也就是说，NEXT 语句跳向 LOOP 语句的起始点，而 EXIT 语句则跳向 LOOP 语句的终点。只要清晰地把握了这一点，就不会混淆这两种语句的用法。

下例是一个两元素位矢量值的比较程序。在程序中，发现比较值 A 和 B 不同时，由 EXIT 语句跳出循环比较程序，并报告比较结果。

【例 5.11】

```
SIGNAL A, B:STD_LOGIC_VECTOR(1 DOWNTO 0);
SIGNAL A_LESS_THEN_B:BOOLEAN;
…
A_LESS_THEN_B<=FALSE;                    --设初始值
FOR I IN 1 DOWNTO 0  LOOP
  IF (A(I)= '1'AND B(I)= '0') THEN
     A_LESS_THEN_B<=FALSE;
     EXIT;
  ELSIF (A(I)= '0'AND B(I)= '1') THEN
     A_LESS_THEN_B<=TRUE;               --A<B
     EXIT;
  ELSE
     NULL;
  END IF;
END LOOP;                                --当 I=1 时返回 LOOP 语句继续比较
```

NULL 为空操作语句，是为了满足 ELSE 的转换。此程序先比较 A 和 B 的高位，高位是 1 者为大，输出判断结果 TRUE 或 FALSE 后中断比较程序；高位相等时，继续比较低位，这里假设 A 不等于 B。

5.3 WAIT 语句

在进程中（包括过程中），执行到 WAIT（等待）语句时，运行程序将被挂起（Suspension），直到满足此语句设置的结束挂起条件后，才重新开始执行进程或过程中的程序。对于不同的结束挂起条件的设置，WAIT 语句有以下 4 种不同的语句格式：

WAIT; --第一种语句格式

WAIT ON 信号表;　　　　　　--第二种语句格式
WAIT UNTIL 条件表达式;　　　--第三种语句格式
WAIT FOR 时间表达式;　　　　--第四种语句格式，超时等待语句

【例 5.12】

```
    WAIT  ON  S1, S2;
```

表示当 S1 或 S2 中任一信号发生改变时，就恢复执行 WAIT 语句之后的语句。

WAIT UNTIL 条件表达式，称为条件等待语句，该语句将把进程挂起，直到条件表达式中所含信号发生了改变，且条件表达式为真时，进程才能脱离挂起状态，恢复执行 WAIT 语句之后的语句。

例 5.13 (a)和(b)中的两种表达方式是等效的。

【例 5.13】

```
(a) WAIT_UNTIL 结构
    …
WAIT  UNTIL  ENABLE  ='1';
    …
```

```
(b) WAIT_ON 结构
LOOP
   WAIT  ON  ENABLE;
   EXIT  WHEN  ENABLE ='1';
END  LOOP;
```

在例 5.13 中，结束挂起的条件是 ENABLE ='1'，可知 ENABLE 一定是由 0 变化来的，所以上例中结束挂起的条件是出现一个上跳信号沿。

一般来说，只有 WAIT_UNTIL 格式的等待语句可被综合器接受（其余语句格式只能在 VHDL 仿真器中使用）。WAIT_UNTIL 语句有以下三种表达方式：

WAIT UNTIL　信号=Value;

WAIT UNTIL　信号'EVENT AND 信号=Value;

WAIT UNTIL　NOT 信号'STABLE AND 信号=Value;

若设 clock 为时钟信号输入端，则以下 4 条 WAIT 语句所设的进程启动条件都是时钟上跳沿，所以它们对应的硬件结构是一样的：

WAIT UNTIL clock ='1';

WAIT UNTIL rising_edge(clock);

WAIT UNTIL NOT clock'STABLE AND clock ='1';

WAIT UNTIL clock ='1' AND clock'EVENT;

第四种等待语句格式称为超时等待语句，在此语句中定义了一个时间段，从执行 WAIT 语句开始，在此时间段内，进程处于挂起状态，当超出这一时间段后，进程自动恢复执行。

5.4　NULL 语句

空操作语句的语句格式如下：

NULL;

空操作语句不完成任何操作，它唯一的功能就是使逻辑运行流程进入下一步语句的执行。NULL 常用于 CASE 语句中，为满足所有可能的条件，利用 NULL 来表示所有不用条件下的操

作行为。在例 5.14 的 CASE 语句中，NULL 用于排除一些不用的条件。

【例 5.14】

```
CASE  Opcode  IS
      WHEN  "001" =>  tmp := rega AND regb;
      WHEN  "101" =>  tmp := rega OR regb;
      WHEN  "110" =>  tmp := NOT rega;
      WHEN  OTHERS  =>  NULL;
END CASE;
```

此例类似于一个 CPU 内部的指令译码器功能，"001"，"101"和"110"分别代表指令操作码。对于它们所对应寄存器中的操作数的操作算法，CPU 只对这 3 种指令码做出反应，而在出现其他码时，不做任何操作。

5.5 子程序调用语句

在进程中允许对子程序进行调用。子程序包括过程和函数，可以在 VHDL 的结构体或程序包中的任何位置对子程序进行调用。

从硬件角度讲，一个子程序的调用类似于一个元件模块的例化，也就是说，VHDL 综合器为子程序的每次调用都生成一个电路逻辑块。所不同的是，元件的例化将产生一个新的设计层次，而子程序调用只对应于当前层次的一部分。

如前所述，子程序的结构像程序包一样，也有子程序的说明部分（子程序首）和实际定义部分（子程序体）。子程序分成子程序首和子程序体的好处是，在一个大系统的开发过程中，子程序的界面，即子程序首是在公共程序包中定义的。这样一来，一部分开发者可以开发子程序体，另一部分开发者可以使用对应的公共子程序，即可对程序包中的子程序做修改，而不会影响对程序包说明部分的使用（当然不是指同时）。这是因为，对子程序体的修改，并不会改变子程序首的各种界面参数和出入口方式的定义，子程序体的改变也不会改变调用子程序的源程序的结构。

1. 过程调用

过程调用就是执行一个给定名字和参数的过程。调用过程的语句格式如下：

过程名[([形参名=>]实参表达式
　　{, 形参名=>]实参表达式})];

其中，括号中的实参表达式称为实参，它可以是一个具体的数值，也可以是一个标识符，是当前调用程序中过程形参的接受体。在此调用格式中，形参名即为当前欲调用的过程中已说明的参数名，即与实参表达式相联系的形参名。被调用中的形参名与调用语句中的实参表达式的对应关系，有位置关联法和名字关联法两种，位置关联可以省去形参名。

一个过程的调用将分别完成以下 3 个步骤：

（1）首先将 IN 和 INOUT 模式的实参值赋给欲调用过程中与它们对应的形参。

（2）然后执行这个过程。

（3）最后将过程中 IN 和 INOUT 模式的形参值赋还给对应的实参。

实际上，一个过程对应的硬件结构中，其标识形参的输入/输出是与其内部逻辑相连的。例 5.15 是一个完整的设计，可直接进行综合。它在自定义的程序包中定义了一个数据类型的子类型，即对整数类型进行了约束，在进程中定义了一个名为 swap 的局部过程（未放在程序包中的过程），这个过程的功能是对一个数组中的两个元素进行比较，如果发现这两个元素的排序不符合要求，就进行交换，使得左边的元素值总是大于右边的元素值，连续调用 3 次 swap 后，就能将一个三元素的数组元素从左至右按序排列好，最大值在左边。

【例 5.15】

```
PACKAGE data_types IS                                   --定义程序包
SUBTYPE data_element IS INTEGER RANGE 0 TO 3;           --定义数据类型
TYPE data_array IS ARRAY (1 TO 3) OF data_element;
END data_types;

USE WORK.data_types. ALL;
                          --打开以上建立在当前工作库的程序包 data_types
ENTITY sort IS
    PORT (in_array:IN data_array;
           out_array:OUT data_array);
END sort;
ARCHITECTURE exmp OF sort IS
BEGIN
PROCESS (in_array)          --进程开始，设 in_array 为敏感信号
   PROCEDURE swap(data : INOUT data_array;
                          --swap 的形参名为 data、low、high
                  low, high : IN INTEGER) IS
   VARIABLE temp : data_element;
BEGIN
      IF (data(low) > data(high)) THEN
           temp:= data(low);
           data(low):= data(high);
           data (high):= temp;
      END IF;
   END PROCEDURE swap;                  --过程 swap 定义结束
 VARIABLE my_array : data_array;        --在本进程中定义变量 my_array
 BEGIN                                  --进程开始
      my_array := in_array;             --将输入值读入变量
      swap (my_array, 1, 2); --my_array、1、2 是对应于 data、low、high
                             --的实参
      swap (my_array, 2, 3); --位置关联法调用，第 2、第 3 元素交换
      swap (my_array, 1, 2); --位置关联法调用，第 1、第 2 元素再次交换
      out_array <= my_array;
END PROCESS;
END exmp;
```

2. 函数调用

函数调用与过程调用十分相似，不同之处是，调用函数将返还一个指定数据类型的值，函数的参量只能是输入值。

5.6 返回语句

返回语句有两种格式：

RETURN; --第一种语句格式

RETURN 表达式; --第二种语句格式

第一种语句格式只能用于过程，它只是结束过程，并不返回任何值；第二种语句格式只能用于函数，并且必须返回一个值。返回语句只能用于子程序体中。执行返回语句将结束子程序的执行，无条件地转跳至子程序的结束处 END。用于函数的语句中的表达式提供函数返回值。每个函数必须至少包含一个返回语句，并可拥有多个返回语句，但是在函数调用时，只有其中一个返回语句可以将值带出。

例 5.16 是一过程定义程序，它将完成一个 RS 触发器的功能。注意其中的时间延迟语句和 REPORT 语句是不可综合的。

【例 5.16】

```
PROCEDURE rs (SIGNAL s, r:IN STD_LOGIC;
              SIGNAL q, nq:INOUT STD_LOGIC) IS
BEGIN
  IF (s ='1' AND r ='1') THEN
    REPORT "Forbidden state : s and r are equal to '1'";
    RETURN;
  ELSE
    q <= s AND nq AFTER 5 ns;
    nq <= s AND q AFTER 5 ns;
  END IF;
END PROCEDURE rs;
```

当信号 s 和 r 同时为 1 时，在 IF 语句中的 RETURN 语句将中断过程。

5.7 其他语句和说明

5.7.1 属性（ATTRIBUTE）描述与定义语句

VHDL 中预定义属性描述语句有许多实际的应用，可用于对信号或其他项目的多种属性检测或统计。VHDL 中可以具有属性的项目如下：

（1）类型、子类型。

（2）过程、函数。

（3）信号、变量、常量。

（4）实体、结构体、配置、程序包。

（5）元件。

（6）语句标号。

属性是以上各类项目的特性，某一项目的特定属性或特征通常可用一个值或一个表达式来表示，通过 VHDL 的预定义属性描述语句就可以加以访问。

属性的值与数据对象（信号、变量和常量）的值完全不同，在任一给定时刻，一个数据对象只能具有一个值，但却可以具有多个属性。VHDL 还允许设计者自己定义属性（即用户定义的属性）。

表 5.2 是常用的预定义属性。其中综合器支持的属性有 LEFT、RIGHT、HIGH、LOW、RANGE、REVERS_RANGE、LENGTH、EVENT 和 STABLE。

表 5.2 预定义属性函数功能表

属性名	功能与含义	适用范围
LEFT[(n)]	返回类型或子类型的左边界，用于数组时，n 表示二维数组行序号	类型、子类型
RIGHT[(n)]	返回类型或子类型的右边界，用于数组时，n 表示二维数组行序号	类型、子类型
HIGH[(n)]	返回类型或子类型的上限值，用于数组时，n 表示二维数组行序号	类型、子类型
LOW[(n)]	返回类型或子类型的下限值，用于数组时，n 表示二维数组行序号	类型、子类型
LENGTH[(n)]	返回数组范围的总长度（范围个数），用于数组时，n 表示一维数组行序号	数组
STRUCTURE[(n)]	若块或结构体只含有元件具体装配语句或被动进程，属性 STURCTURE 返回 TRUE	块、构造
BEHAVIOR	若由块标志指定块或由构造名指定结构体，又不含有元件具体装配语句，则 BEHAVIOR 返回 TRUE	块、构造
POS(value)	参数 value 的位置序号	枚举类型
VAL(value)	参数 value 的位置值	枚举类型
SUCC(value)	比 value 的位置序号大的一个相邻位置值	枚举类型
PRED(value)	比 value 的位置序号小的一个相邻位置值	枚举类型
LEFTOF(value)	在 value 左边位置的相邻值	枚举类型
RIGHTOF(value)	在 value 右边位置的相邻值	枚举类型
EVENT	若当前 δ 期间发生了事件，则返回 TRUE，否则返回 FALSE	信号
ACTIVE	若当前 δ 期间信号有效，则返回 TRUE，否则返回 FALSE	信号
LAST_EVENT	从信号最近一次的发生事件至今所经历的时间	信号
LAST_VALUE	最近一次事件发生之前信号的值	信号
LAST_ACTIVE	返回自信号前面一次事件处理至今所经历的时间	信号
DELAYED[(time)]	建立和参考信号同类型的信号，该信号紧跟着参考信号之后，并有一个可选的时间表达式指定延迟时间	信号
STABLE[(time)]	每当在可选的时间表达式指定的时间内信号无事件时，该属性建立一个值为 TRUE 的布尔型信号	信号
QUIET[(time)]	每当参考信号在可选的时间内无事项处理时，该属性建立一个值为 TRUE 的布尔型信号	信号
TRANSACTION	在此信号上有事件发生，或每个事项处理中，其值翻转时，该属性建立一个 BIT 型的信号（每次信号有效时，重复返回 0 和 1 的值）	信号
RANGE[(n)]	返回按指定排序范围，参数 n 指定二维数组的第 n 行	数组
REVERSE_RANGE[(n)]	返回按指定逆序范围，参数 n 指定二维数组的第 n 行	数组

预定义属性描述语句实际上是一个内部预定义函数，其语句格式如下：

属性测试项目名'属性标识符

1. 信号类属性

信号类属性中，最常用的当属 EVENT。例如，短语“clock'EVENT”就是对以 clock 为标识符的信号，在当前一个极小的时间段 δ 内发生事件的情况进行检测。所谓发生事件，就是电平发生变化，即从一种电平方式转变到另一种电平方式。如果在此时间段内，clock 由 0 变成 1，或由 1 变成 0，都认为发生了事件，于是这句测试事件发生与否的表达式将向测试语句（如 IF

语句）返回一个 BOOLEAN 值 TRUE，否则为 FALSE。

若将以上短语“clock'EVENT”改成语句

clock'EVENT AND clock='1'

则表示对 clock 信号上升沿的测试。即一旦测试到 clock 有一个上升沿时，该表达式将返回一个布尔值 TRUE。当然，这种测试是在过去的一个极小时间段 δ 内进行的，之后又测得 clock 为 1，从而满足该语句所列条件“clock='1'”，因而也返回 TRUE，两个“TRUE”相与后仍为 TRUE。由此便可以从当前的“clock='1'”推断，在此前的 δ 时间段内，clock 必为 0。因此，以上的表达式可以用来对信号 clock 的上升沿进行检测。例 5.17 是此表达式的实际应用。

【例 5.17】

```
PROCESS (clock)
 IF (clock'EVENT AND clock ='1') THEN
     Q <= DATA;
 END IF;
END PROCESS;
```

例 5.17 的进程是对上升沿边沿触发器的 VHDL 描述。进程中 IF 语句内的条件表达式对该触发器时钟输入端的信号的上升沿进行测试，上升沿一旦到来，表达式在返回 TRUE 后，立即执行赋值语句 Q<=DATA，并保持此值于 Q 端，直至下次时钟上升沿的到来。同理，以下表达式表示对信号 clock 的下降沿进行测试：

clock'EVENT AND clock ='0'

属性 STABLE 的测试功能与 EVENT 的相反，即若信号在 δ 时间段内无事件发生，则返回 TRUE 值。以下两语句的功能相同：

NOT (clock'STABLE AND clock ='1')

clock'EVENT AND clock ='1'

注意，语句“NOT(clock'STABLE AND clock ='1')”的表达方式是不可综合的。因为对于 VHDL 综合器来说，括号中的语句已等效于一条时钟信号边沿测试专用语句，它已不是普通的操作数，所以不能以操作数方式来对待。

另外还应注意，对于普通的 BIT 数据类型的 clock，它只有 1 和 0 两种取值，因而语句 clock'EVENT AND clock ='1'的表述作为对信号上升沿到来与否的测试是正确的。

但如果 clock 的数据类型已定义为 STD_LOGIC，则其可能的值有 9 种。这样一来，就不能从 clock='1'为 TRUE 来简单地推断 δ 时刻前 clock 一定是 0。因此，对于这种数据类型的时钟信号边沿检测，可用以下表达式来完成：

RISING_EDGE(clock)

RISING_EDGE()是 VHDL 在 IEEE 库中标准程序包内的预定义函数，这条语句只能用于标准位数据类型的信号，其用法如下：

IF RISING_EDGE(clock) THEN

或

WAIT UNTIL RISING_EDGE(clock)

在实际使用中，'EVENT 比'STABLE 更常用。对于目前常用的 VHDL 综合器来说，EVENT 只能用于 IF 和 WAIT 语句中。

2．数值区间属性

数据区间类属性有'RANGE[(n)]和'REVERSE_RANGE[(n)]，这类属性函数主要对属性项目取值区间进行测试，返回的内容不是一个具体值，而是一个区间，其含义如表 5.2 所示。对于同一属性项目，'RANGE 和'REVERSE_RANGE 返回的区间次序相反，前者与原项目次序相同，后者相反，见例 5.18。

【例 5.18】

```
…
SIGNAL  RANGE1: STD_LOGIC_VECTOR(0  TO  7);
…
FOR  I  IN  RANGE1'RANGE  LOOP
…
```

本例中的 FOR_LOOP 语句与语句“FOR I IN 0 TO 7 LOOP”的功能相同，这说明 RANGE1'RANGE 返回的区间即为位矢量 RANGE1 定义的元素范围。若用'REVERSE_RANGE，则返回的区间正好相反，是(7 DOWNTO 0)。

3．数值类属性

在 VHDL 中的数值类属性测试函数主要有'LEFT、'RIGHT、'HIGH 和'LOW，它们的功能如表 5.2 所示。这些属性函数主要用于对属性测试目标的一些数值特性进行测试。

【例 5.19】

```
…
PROCESS (clock, a, b);
TYPE obj IS ARRAY (0 TO 15) OF BIT;
VARIABLE e1, e2, e3, e4 : INTEGER RANGE 0 TO 15;
BEGIN
   e1 <= obj'RIGHT;
   e2 <= obj'LEFT;
   e3 <= obj'HIGH;
   e4 <= obj'LOW;
```

信号 e1、e2、e3 和 e4 获得的赋值分别为 15、0、15 和 0。

4．数组属性'LENGTH

此函数的用法同前，只对数组的宽度或元素的个数进行测定。

【例 5.20】

```
…
TYPE arryl ARRAY (0 TO 7) OF BIT;
VARIABLE wth1: INTEGER  RANGE 0 TO 15;
Wthl:= arryl 'LENGTH;                    -- Wthl = 8
```

5．用户定义属性

属性与属性值的定义格式如下：

ATTRIBUTE 属性名:数据类型;

ATTRIBUTE 属性名 OF 对象名:对象类型 IS 值;

VHDL 综合器和仿真器通常使用自定义的属性实现一些特殊的功能。由综合器和仿真器支持的一些特殊属性一般都包含在 EDA 工具厂商的程序包中，例如 Synplify 综合器支持的特殊属性都在 synplify.attributes 程序包中，使用前加入以下语句即可：

LIBRARY synplify;

USE synplify.attributes.all;

又如在 DATA I/O 公司的 VHDL 综合器中，可用属性 pinnum 为端口锁定芯片引脚。

【例 5.21】

```
LIBRARY IEEE;
USE IEEE.STD_LOGIC_1164.ALL;
ENTITY Cntbuf IS
   PORT(DIR: IN STD_LOGIC;
        CLK, CLR, OE:IN STD_LOGIC;
        A, B:INOUT STD_LOGIC_VECTOR(0 TO 1);
        Q:INOUT STD_LOGIC_VECTOR(3 DOWNTO 0));
   ATTRIBUTE PINNUM:STRING;
   ATTRIBUTE PINNUM OF CLK:signal is "1";
   ATTRIBUTE PINNUM OF CLR:signal is "2";
   ATTRIBUTE PINNUM OF DIR:signal is "3";
   ATTRIBUTE PINNUM OF OE:signal is "11";
   ATTRIBUTE PINNUM OF A:signal is "13, 12";
   ATTRIBUTE PINNUM OF B:signal is "19, 18";
   ATTRIBUTE PINNUM OF Q:signal is "17, 16, 15, 14";
END Cntbuf;
```

Synopsys FPGA Express 中也在 synopsys.attributes 程序包定义了一些属性，用以辅助综合器完成一些特殊功能。

定义一些 VHDL 综合器和仿真器所不支持的属性，通常是没有意义的。

5.7.2 文本文件操作

文件操作的概念来自于计算机编程语言。这里所谓的文件操作只能用于 VHDL 仿真器中，因为在 IC 中，并不存在磁盘和文件，所以 VHDL 综合器忽略程序中所有与文件操作有关的部分。

在完成较大 VHDL 程序的仿真时，由于输入信号很多，输入数据复杂，这时可以采用文件操作的方式设置输入信号，将仿真时输入信号所需的数据用文本编辑器编辑到一个磁盘文件中，然后在 VHDL 程序的仿真驱动信号生成模块中，调用 STD.TEXTIO 程序包中的子程序，读取文件中的数据，经过处理后或直接驱动输入信号端。

仿真的结果或中间数据也可用 STD.TEXTIO 程序包中提供的子程序保存在文本文件中，这对复杂 VHDL 设计的仿真尤为重要。

VHDL 仿真器 ModelSim 支持许多文件操作子程序，附带的 STD.TEXTIO 程序包源程序是很好的参考文件。

文本文件操作用到的一些预定义数据类型及常量定义如下：

```
type LINE is access string;
type TEXT is file of string;
type SIDE is (right, left);
subtype WIDTH is natural;
file input : TEXT open read_mode is "STD_INPUT";
file output : TEXT open write_mode is "STD_OUTPUT";
```

STD.TEXTIO 程序包中主要有 4 个过程用于文件操作，即 READ、READLINE、WRITE 和 WRITELINE。因为这些子程序都被多次重载以适应各种情况，实用中请参考 VHDL 仿真器给出的 STD.TEXTIO 源程序，以便获取更详细的信息。

习　题

5.1　阅读下面的程序，程序执行完之后，S1、S2、V1、V2、SVEC 的值各是多少？

```
SIGNAL   S1, S2:STD_LOGIC;
SIGNAL   SVEC   :STD_LOGIC_VECTOR(0 TO 7);
...
PROCESS(S1, S2)
VARIABLE   V1, V2:STD_LOGIC;
BEGIN
    V1 := '0';
    V2 := '1';
    S1 <= '0';
    S2 <= '1';
    SVEC(0) <= V1;
    SVEC(1) <= V2;
    SVEC(2) <= S1;
    SVEC(3) <= S2;
    V1 := '1';
    V2 := '0';
    S2 <= '0';
    SVEC(4) <= V1;
    SVEC(5) <= V2;
    SVEC(6) <= S1;
    SVEC(7) <= S2;
END   PROCESS;
```

5.2　VHDL 程序设计中的基本语句系列有哪几种？它们的特点如何？它们各使用在什么场所？

5.3　VHDL 中顺序语句包括哪些？

5.4　段下标元素和集合块元素是怎样赋值的？试举例说明。

5.5 转向控制语句有哪几种？它们各用在什么场所？它们使用时特别需要注意什么？

5.6 在 CASE 语句中，什么情况下可以不要 WHEN OTHERS 语句？什么情况下一定要 WHEN OTHERS 语句？

5.7 FOR-LOOP 语句用于什么场合？循环变量怎样取值？是否需要事先在程序中定义？

5.8 分别用 IF 语句、CASE 语句设计一个四-十六译码器。

5.9 WAIT 语句有哪几种书写格式？

5.10 VHDL 的预定义属性的作用是什么？哪些项目可以具有属性？常用的预定义属性有哪几类？

5.11 试用'EVENT 属性描述一种用时钟 CLK 上升沿触发的 D 触发器，以及一种用时钟 CLK 下降沿触发的 JK 触发器。

5.12 写出 NEXT 与 EXIT 语句的区别。

5.13 若在进程之中加入 WAIT 语句，应注意哪几方面的问题？

第 6 章 VHDL 并行语句

在 VHDL 中，并行语句具有多种语句格式，各种并行语句在结构体中的执行是同步进行的，或者说是并行运行的，其执行方式与书写的顺序无关。在执行中，并行语句之间可以有信息往来，也可以是互为独立、互不相关、异步运行的（如多时钟情况）。每一并行语句内部的语句运行方式可以有两种不同的方式，即并行执行方式（如块语句）和顺序执行方式（如进程语句）。

结构体中的并行语句主要有 7 种：

（1）并行信号赋值语句。

（2）进程语句。

（3）块语句。

（4）条件信号赋值语句。

（5）元件例化语句。

（6）生成语句。

（7）并行过程调用语句。

6.1 进程语句

前面已对进程语句及其应用做了比较详尽的说明，在此仅从其整体上来考虑进程语句的功能行为。必须明确认识，进程语句是 VHDL 程序中使用最频繁和最能体现 VHDL 语言特点的一种语句，原因是其并行和顺序行为的双重性，以及其行为描述风格的特殊性。在前面已多次提到，进程语句虽然是由顺序语句组成的，但其本身却是并行语句，进程语句与结构体中的其余部分进行信息交流是靠信号完成的。进程语句中有一个敏感信号表，这是进程赖以启动的敏感表。对于表中列出的任何信号的改变，都将启动进程，执行进程内相应的顺序语句。事实上，对于某些 VHDL 综合器（许多综合器并非如此），综合后，对应进程的硬件系统对进程中的所有输入信号都是敏感的，不论在源程序的进程中是否把所有信号都列入敏感表中，这是实际与理论的差异性。为了使 VHDL 的软件仿真与综合后的硬件仿真对应起来，以及适应一般的综合器，应当将进程中的所有输入信号都列入敏感表中。

不难发现，在对应的硬件系统中，一个进程和一个并行赋值语句确实有十分相似的对应关系。并行赋值语句相当于一个将所有输入信号隐性地列入结构体监测范围的（即敏感表的）进程语句。

综合后的进程语句所对应的硬件逻辑模块，其工作方式可以是组合逻辑方式的，也可以是时序逻辑方式的。例如在一个进程中，一般的 IF 语句，若不放时钟检测语句，综合出的多为组合逻辑电路（一定条件下）；若出现 WAIT 语句，在一定条件下，综合器将引入时序元件，如触发器。

例 6.1 有一个产生组合电路的进程，它描述了一个十进制加法器，对于每 4 位输入 inl(3

DOWNTO 0)，该进程对其做加 1 操作，并将结果由 outl(3 DOWNTO 0)输出，由于是加 1 组合电路，故无记忆功能。

【例 6.1】

```
LIBRARY IEEE;
USE IEEE.STD_LOGIC_1164.ALL;
USE IEEE.STD_LOGIC_UNSIGNED.ALL;
ENTITY cntl0 IS
    PORT  (clr:IN STD_LOGIC;
           inl:IN STD_LOGIC_VECTOR(3 DOWNTO 0);
           outl:OUT STD_LOGIC_VECTOR(3 DOWNTO 0));
END cntl0;
ARCHITECTURE actv OF cntl0 IS
BEGIN
PROCESS (inl, clr)
   BEGIN
     IF (clr='1' OR inl="1001") THEN
         outl<="0000";
     ELSE
         outl<=inl+1;
     END IF;
END PROCESS;
END actv;
```

例 6.1 的仿真波形如图 6.1 所示，从中可以看出，这个加法器只能对输入值做加 1 操作，却不能将加 1 后的值保存起来。要使加法器有累加作用，必须引入时序元件来存储相加后的结果。

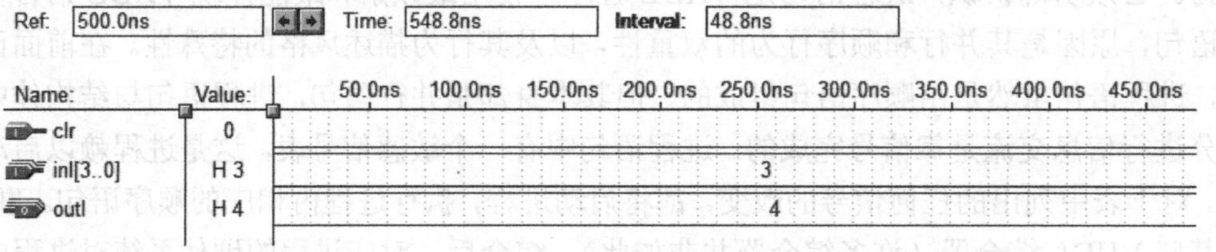

图 6.1 例 6.1 的仿真波形图

例 6.2 描述的是一个典型的十进制时序逻辑加法计数器。例 6.1 与例 6.2 的区别是后者增加了锁存器，用于加 1 之后的存储。

【例 6.2】

```
LIBRARY IEEE;
USE IEEE.STD_LOGIC_1164.ALL;
USE IEEE.STD_LOGIC_UNSIGNED.ALL;
ENTITY cntl0 IS
    PORT  (clr:IN STD_LOGIC;
           clk:IN STD_LOGIC;
           cnt:BUFFER STD_LOGIC_VECTOR(3 DOWNTO 0));
```

```
    END cnt10;
    ARCHITECTURE art OF cnt10 IS
    BEGIN
    PROCESS
       BEGIN
         WAIT UNTIL clk'EVENT AND clk='1';
         IF(clr='1' OR cnt=9) THEN
           cnt<=(OTHERS=>'0');
         ELSE
           cnt<= cnt+1;
         END IF;
    END PROCESS;
    END art;
```

例 6.2 的仿真波形如图 6.2 所示。

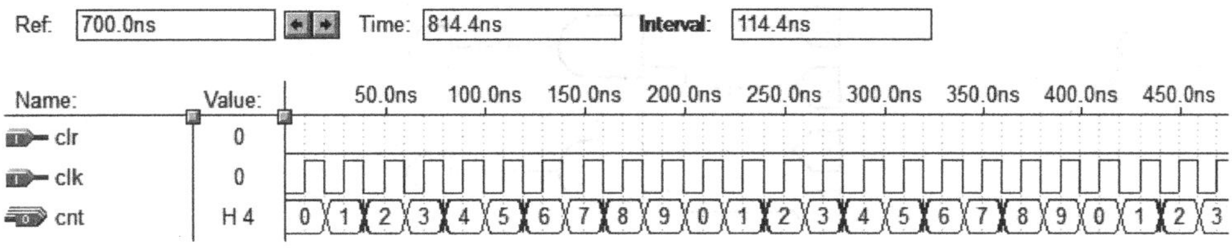

图 6.2　例 6.2 的仿真波形图

6.2　块语句

块语句的并行工作方式更为明显。块语句本身是并行语句结构，而且其内部也都是由并行语句构成的（包括进程）。与其他的并行语句相比，块语句本身并没有独特的功能，它只是一种并行语句的组合方式，利用它可以将程序编排得更加清晰、更有层次。因此，对于一组并行语句，是否将它们纳入块语句中，都不会影响原来的电路功能。

块语句的用法已在前面讲过，在块的使用中需特别注意的是，块中定义的所有数据类型、数据对象（信号、变量、常量）、子程序等都是局部的；对于多层嵌套的块结构，这些局部定义量只适用于当前块，以及嵌套于本层块的所有层次的内部块，而对此块的外部来说是不可见的。也就是说，在多层嵌套的块结构中，内层块的所有定义值对外层块都是不可见的，而对其内层块都是可见的。因此，如果在内层的块结构中定义了一个与外层块同名的数据对象，那么内层的数据对象将与外层的同名数据对象互不干扰。

例 6.3 是一个含有三重嵌套块的程序，由此能清晰地了解上述关于块中数据对象的可视性规则。

【例 6.3】

```
    …
    b1 : BLOCK                          --定义块 b1
           SIGNAL s : BIT;              --在 b1 块中定义 s
           BEGIN
```

```
            s<=a AND b;            --向 b1 中的 s 赋值
    b2 : BLOCK                     --定义块 b2，套于 b1 块中
          SIGNAL s : BIT;          --定义 b2 块中的信号 s
          BEGIN
            s<= c AND d;           --向 b2 中的 s 赋值
    b3 : BLOCK
          BEGIN
            z<= s;                 --此 s 来自 b2 块
        END BLOCK b3;
        END BLOCK b2;
            y<= s;                 --此 s 来自 b1 块
        END BLOCK b1;
```

该例的目的是对嵌套块的语法现象做一些说明，它实际描述的是图 6.3 所示的两个相互独立的 2 输入与门。

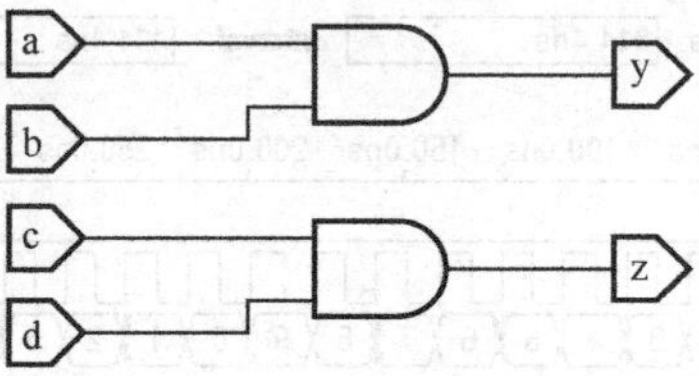

图 6.3 两个 2 输入与门

6.3 并行信号赋值语句

并行信号赋值语句有三种形式：

（1）简单信号赋值语句。

（2）条件信号赋值语句。

（3）选择信号赋值语句。

这三种信号赋值语句的共同点是，赋值目标必须都是信号，所有赋值语句与其他并行语句一样，在结构体内的执行是同时发生的，与它们的书写顺序和是否在块语句中没有关系。前面已经提到，每一信号赋值语句都相当于一条缩写的进程语句，而这条语句的所有输入（或读入）信号都被隐性地列入此缩写进程的敏感信号表中。这意味着，在每条并行信号赋值语句中所有的输入、读出和双向信号量都在所在结构体的严密监测中，任何信号的变化都将启动相关并行语句的赋值操作，而这种启动完全是独立于其他语句的，它们都可以直接出现在结构体中。

6.3.1 简单信号赋值语句

简单信号赋值语句格式如下：

赋值目标 <= 表达式;

式中赋值目标的数据对象必须是信号。以下结构体中的 5 条信号赋值语句的执行是并行发生的。

【例 6.4】

```
…
ARCHITECTURE curt OF bc1 IS
SIGNAL s1, e, f, g, h : STD_LOGIC;
BEGIN
     output1 <= a AND b;
     output2 <= c + d;
     g <= e OR f;
     h <= e XOR f;
     s1 <= g;
END curt;
```

6.3.2 条件信号赋值语句

条件信号赋值语句格式如下：

```
赋值目标 <= 表达式 WHEN 赋值条件 ELSE
          表达式 WHEN 赋值条件 ELSE
              …
          表达式;
```

结构体中的条件信号赋值语句的功能与进程中的 IF 语句相同，在执行条件信号语句时，每一赋值条件是按书写的先后关系逐项测定的，一旦发现（赋值条件为 TRUE），立即将表达式的值赋给赋值目标。从这个意义上讲，条件赋值语句与 IF 语句具有十分相似的顺序性（注意，条件赋值语句中的 ELSE 不可省），这意味着，条件信号赋值语句将第一个满足关键词 WHEN 后的赋值条件所对应的表达式中的值，赋给赋值目标信号。这里的赋值条件的数据类型是布尔量，当它为真时表示满足赋值条件，最后一项表达式可以不跟条件子句，用于表示以上各条件都不满足时，将此表达式赋予赋值目标信号。由此可知，条件信号赋值语句允许有重叠现象，这与 CASE 语句有很大的不同。

【例 6.5】

```
ENTITY  mux  IS
       PORT (a, b, c:IN BIT;
     p1, p2:IN BIT;
     z:OUT  BIT);
END mux;
ARCHITECTURE  behave OF mux IS
BEGIN
    z <= a WHEN p1 = '1' ELSE
         b WHEN p2 = '1' ELSE
         c;
END behave;
```

应注意，由于条件测试的顺序性，第一子句具有最高赋值优先级，第二句其次，第三句最后。也就是说，如果 p1 和 p2 同时为 1，z 获得的赋值是 a。

6.3.3 选择信号赋值语句

选择信号赋值语句的语法格式如下：

```
WITH 选择表达式 SELECT
        赋值目标信号 <= 表达式 WHEN 选择值,
                       表达式 WHEN 选择值,
                       …
                       表达式 WHEN 选择值;
```

选择信号赋值语句本身不能在进程中使用，但其功能却与进程中的 CASE 语句的功能相似。选择信号语句中也有敏感量，即关键词 WITH 旁的选择表达式。每当选择表达式的值发生变化时，就将启动此语句对各语句的选择值进行测试对比，发现有满足条件的语句时，就将此子句表达式中的值赋给赋值目标信号。与 CASE 语句类似，选择赋值语句对子句条件选择值的测试具有同期性，而不像以上的条件信号赋值语句那样是按照子句的书写顺序从上至下逐条测试的。因此，选择赋值语句不允许有条件重叠的现象，也不允许存在条件涵盖不全的情况。

例 6.6 是一个列出选择条件为不同取值范围的 4 选 1 多路选择器，不满足条件时，输出呈高阻态。

【例 6.6】

```
…
WITH  selt  SELECT
muxout <= a WHEN  0|1,              --0 或 1
          b WHEN  2 TO 5,           --2 或 3，或 4 或 5
          c WHEN  6,
          d WHEN  7,
         'Z' WHEN OTHERS;
…
```

6.4 并行过程调用语句

并行过程调用语句可以作为一个并行语句直接出现在结构体中或块语句中。并行过程调用语句的功能等效于包含了同一个过程调用语句的进程。并行过程调用语句的语句调用格式，与前面介绍的顺序过程调用语句的相同，即

过程名(关联参量名);

例 6.7 是个说明性的例子。在这个例子中，首先定义了一个完成半加器功能的过程，此后在一条并行语句中调用了这个过程，而在接下来的一个进程中也调用了同一过程。事实上，这两条语句是并行语句，且完成的功能是一样的。

【例 6.7】

```
…
PROCEDURE adder (SIGNAL a, b : IN STD_LOGIC;       --过程名为 adder
                 SIGNAL sum : OUT STD_LOGIC);
```

```
    …
    adder(a1, b1, sum1); --并行过程调用
    …
                         --在此，a1、b1、sum1 是分别对应于 a、b、sum 的关联
                         --参量名
    PROCESS (c1, c2);    --进程语句执行
    BEGIN
    adder (c1, c2, s1);  --顺序过程调用，在此 c1、c2、s1 即为分别对
    END PROCESS;         --应于 a、b、sum 的关联参量名
```

并行过程的调用，常用于获得被调用过程的多个并行工作的复制电路。例如，要同时检测出一系列有不同位宽的位矢信号，每一位矢信号中的位只能有一个位是 1，而其余的位都是 0，否则报告出错。完成这一功能的一种办法是，先设计一个具有这种对位矢信号检测功能的过程，然后对不同位宽的信号并行调用这一过程。

6.5 元件例化语句

元件例化就是引入一种连接关系，将预先设计好的设计实体定义为一个元件，然后利用特定的语句将此元件与当前的设计实体中的指定端口相连接，从而为当前设计实体引入一个新的低一级的设计层次。这里，当前设计实体相当于一个较大的电路系统，所定义的例化元件相当于一个要插在这个电路系统板上的芯片，而当前设计实体中指定的端口则相当于这块电路板上准备接受此芯片的一个插座。元件例化是使 VHDL 设计实体构成自上而下层次化设计的一种重要途径。

在一个结构体中调用子程序，包括并行过程的调用，非常类似于元件例化，因为通过调用，为当前系统增加了一个类似于元件的功能模块。但这种调用是在同一层次内进行的，并没有因此而增加新的电路层次，这类似于在原电路系统增加了一个电容或一个电阻。

元件例化是可以多层次的，在一个设计实体中被调用安插的元件本身也可以是一个低层次的当前设计实体，因而可以调用其他的元件，以便构成更低层次的电路模块。因此，元件例化就意味着在当前结构体内定义了一个新的设计层次，这个设计层次的总称叫元件，但它可以以不同的形式出现。如上所说，这个元件可以是已设计好的一个 VHDL 设计实体，可以是来自 FPGA 元件库中的元件，它们可能是以其他硬件描述语言如 Verilog 设计的实体；元件还可以是软的 IP 核，或是 FPGA 中的嵌入式硬 IP 核。

元件例化语句由两部分组成，前一部分是将一个现有的设计实体定义为一个元件，第二部分则是此元件与当前设计实体中的连接说明，它们的完整的语句格式如下：

```
COMPONENT 元件名                                --元件定义语句
    GENERIC(类属表);
    PORT (端口名表);
END COMPONENT[元件名];

例化名：元件名 PORT MAP([端口名=>]连接端口名, ...);    --元件例化语句
```

说明：

（1）第一部分语句是元件定义语句，相当于对一个现有的设计实体进行封装，使其只留出对外的接口界面。

（2）元件例化的第二部分语句即为元件例化语句。

（3）元件例化语句中所定义的元件的端口名与当前系统的连接端口名的接口表达有两种方式：

一种是名字关联方式。在这种关联方式下，例化元件的端口名和关联（连接）符号“=>”两者都是必须存在的，这时端口名与连接端口名是相对应的，在PORT MAP句中的位置可以是任意的。

另一种是位置关联方式。若使用这种方式，端口名和关联连接符号都可省去，在PORT MAP子句中，只要列出当前系统中的连接端口名即可，但要求连接端口名的排列方式与所需例化的元件端口定义中的端口名一一对应。

例6.8是一个元件例化的例子，它首先完成一个2输入与非门的设计，然后利用元件例化产生如图6.4所示的由3个相同的与非门连接而成的电路，图中虚线内是电路的内部结构。

【例6.8】

```
--与非门的描述
LIBRARY  IEEE;
USE  IEEE.STD_LOGIC_1164.ALL;
ENTITY  nd2  IS
PORT(a, b:IN STD_LOGIC;
     c:OUT STD_LOGIC);
END nd2;
ARCHITECTURE behave OF nd2 IS
BEGIN
   c<=a NAND b;
END behave;
--元件例化
LIBRARY IEEE;
USE IEEE.STD_LOGIC_1164.ALL;
ENTITY ord41  IS
PORT(a, b, c, d:IN  STD_LOGIC;
     z:OUT  STD_LOGIC);
END ord41;
ARCHITECTURE behave OF ord41 IS
COMPONENT nd2
    PORT(a, b:IN  STD_LOGIC;
         c:OUT  STD_LOGIC);
END COMPONENT;
SIGNAL x, y: STD_LOGIC;
BEGIN
u1:nd2  PORT  MAP(a, b, x);                     --位置关联
u2:nd2  PORT  MAP(a=>c, c=>y, b=>d);            --名字关联
u3:nd2  PORT  MAP(x, y, c=>z);                  --混合关联
END  behave;
```

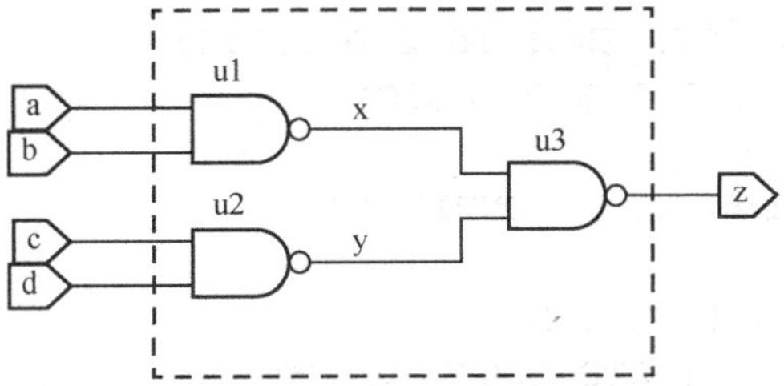

图 6.4　ord41 逻辑电路原理图

例 6.9 是一个单稳态触发器的设计。单稳态电路的实现方式如下：

（1）NE555，74LS123 依靠电容充放电实现单稳功能。

（2）利用 FPGA/CPLD 设计的单稳态电路，依靠计数器的计数值来控制 D 触发器，实现单稳态的脉宽。

（3）需要有清零端的 D 触发器。D：输入端；CLK：时钟输入端，上升沿有效；CLR：清零端，高电平有效；Q：输出端。

（4）十进制计数器 CNT10。CLK：时钟输入端，上升沿有效；RST：复位端，高电平有效；EN：使能端，高电平有效；COUT：进位输出端，高电平进位。

（5）单稳态电路。CF：触发信号输入端；CLK：外部计数脉冲输入端；SHCH：输出端。

【例 6.9】

```
--D 触发器
LIBRARY IEEE;
USE IEEE.STD_LOGIC_1164.ALL;
ENTITY  DF IS
  PORT(D:IN STD_LOGIC;
       CLK:IN STD_LOGIC;
       CLR:IN STD_LOGIC;
       Q:OUT STD_LOGIC);
END DF;
ARCHITECTURE BEHAVE OF DF IS
BEGIN
PROCESS(CLK, D, CLR)
BEGIN
   IF CLR='1' THEN                              --高电平清零
      Q<='0';
   ELSIF CLK'EVENT AND CLK='1' THEN             --上升沿锁存
      Q<=D;
   END IF;
END PROCESS;
END BEHAVE;

--十进制计数器
LIBRARY IEEE;
USE IEEE.STD_LOGIC_1164.ALL;
USE IEEE.STD_LOGIC_UNSIGNED.ALL;
ENTITY CNT10 IS
```

```
    PORT (CLK, RST, EN : IN STD_LOGIC;
          COUT : OUT STD_LOGIC);
END CNT10;
ARCHITECTURE behave OF CNT10 IS
BEGIN
   PROCESS(CLK, RST, EN)
   VARIABLE  CQI : STD_LOGIC_VECTOR(3 DOWNTO 0);
   BEGIN
      IF RST = '1' THEN   CQI := (OTHERS =>'0');   --计数器复位
      ELSIF CLK'EVENT AND CLK='1' THEN              --检测时钟上升沿
        IF EN = '1' THEN                            --检测是否允许计数
          IF CQI < "1001" THEN
             CQI := CQI + 1;          --允许计数
          ELSE
             CQI := (OTHERS =>'0'); --等于 1001，计数值清零
          END IF;
        END IF;
      END IF;
      IF CQI = "1001" THEN
         COUT <= '1';                 --计数等于 1001，输出进位信号
      ELSE
         COUT <= '0';
      END IF;
   END PROCESS;
END behave;

--非门电路
LIBRARY IEEE;
USE IEEE.STD_LOGIC_1164.ALL;
ENTITY  FM  IS
   PORT(A:IN STD_LOGIC;
        B:OUT STD_LOGIC);
END FM;
ARCHITECTURE BEHAVE OF FM IS
BEGIN
   B<=NOT A;
END BEHAVE;

--采用元件例化描述的顶层文件
LIBRARY IEEE;
USE IEEE.STD_LOGIC_1164.ALL;
ENTITY DWT IS
  PORT(CF:IN STD_LOGIC;
       CLK:IN STD_LOGIC;
       DD:INOUT STD_LOGIC_VECTOR(2 DOWNTO 0);
       SHCH:OUT STD_LOGIC);
END DWT;
```

```
ARCHITECTURE BEHAVE OF DWT IS
COMPONENT DF
  PORT(D:IN STD_LOGIC;
       CLK:IN STD_LOGIC;
       CLR:IN STD_LOGIC;
       Q:OUT STD_LOGIC);
END COMPONENT;

COMPONENT CNT10
  PORT (CLK, RST, EN : IN STD_LOGIC;
        COUT : OUT STD_LOGIC);
END COMPONENT;

COMPONENT FM
  PORT (A: IN STD_LOGIC;
        B: OUT STD_LOGIC);
END COMPONENT;
SIGNAL X, Y, Z, W:STD_LOGIC;
BEGIN
U1:DF PORT MAP(DD(0), CF, X, W);
U2:CNT10 PORT MAP(CLK=>CLK, DD(2), W, Y);
U3:DF PORT MAP(DD(1), Y, Z, X);
U4:FM PORT MAP(W, Z);
DD<="011";
SHCH<=W;
END BEHAVE;
```

将各个 VHDL 源文件生成图标文件之后连接成的单稳态电路顶层原理图文件，如图 6.5 所示，仿真波形图如图 6.6 所示。

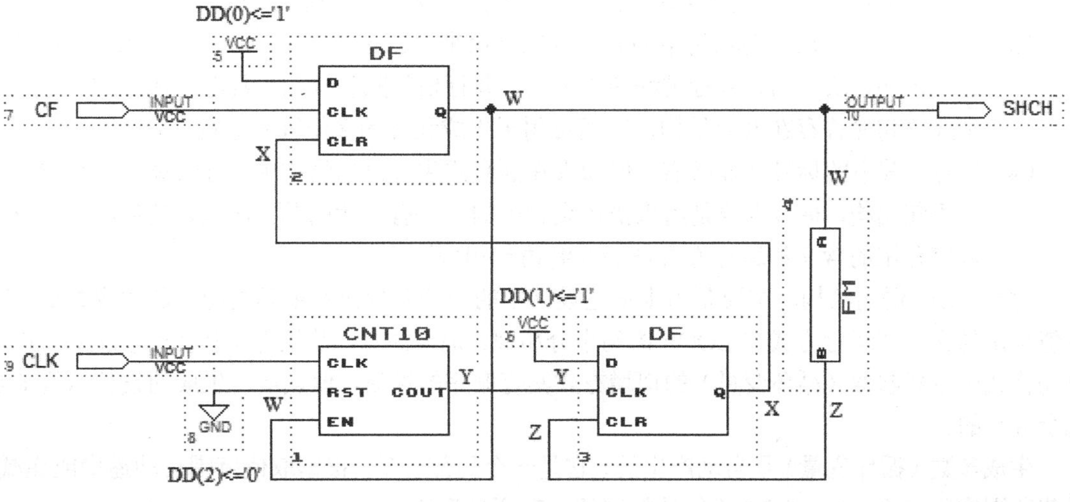

图 6.5　单稳态总体电路

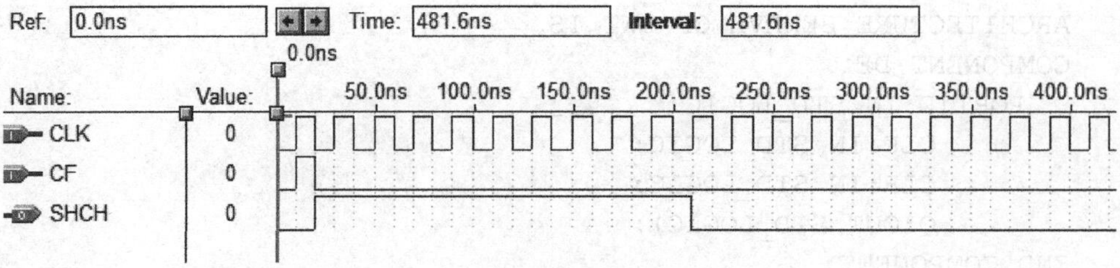

图 6.6 单稳态电路仿真波形图

6.6 生成语句

生成语句可以简化为有规则设计结构的逻辑描述。生成语句有一种复制作用。

生成语句的语句格式有如下两种形式：

```
[标号:]FOR 循环变量 IN 循环变量取值范围 GENERATE
    说明部分
    BEGIN
    并行语句
    END GENERATE[标号];
[标号:]IF 条件 GENERATE
    说明部分
    BEGIN
    并行语句
    END GENERATE[标号];
```

这两种语句格式都是由如下 4 部分组成：

（1）生成方式：有 FOR 语句结构或 IF 语句结构，用于规定并行语句的复制方式。

（2）说明部分：对元件数据类型、子程序、数据对象做一些局部说明。

（3）并行语句：生成语句结构中的并行语句是用来“Copy”的基本单元，主要包括元件、进程语句、块语句、并行过程调用语句、并行信号赋值语句，甚至生成语句，这表示生成语句允许存在嵌套结构，因而可用于生成元件的多维阵列结构。

（4）标号：其中的标号并非必需，但如果在嵌套式生成语句结构中，标号就十分重要。对于语句结构，标号主要是用来描述设计中的一些有规律的单元结构，其生成参数及其取值范围的含义和运行方式与 LOOP 语句相似。

对于 FOR 语句结构，主要是用来描述设计中的一些有规律的单元结构，其生成参数及其取值范围的含义和运行方式与 LOOP 语句十分相似，但需注意，从软件运行的角度上看，FOR 语句格式中生成参数（循环变量）的递增方式具有顺序的性质，但从最后生成的设计结构却是完全并行的。

生成参数（循环变量）是自动产生的，它是一个局部变量，根据取值范围自动递增或递减。取值范围的语句格式与 LOOP 语句是相同的，有两种形式：

```
表达式 TO 表达式;              --递增方式，如 1 TO 5
表达式 DOWNTO 表达式;          --递减方式，如 5 DOWNTO 1
```

其中的表达式必须是整数。

例 6.10 利用数组属性语句 ATTRIBUTE'RANGE 作为生成语句的取值范围，进行重复元件例化过程，进而产生了一组并列的电路结构，如图 6.7 所示。

【例 6.10】

```
…
COMPONENT COMP
   PORT (X:IN STD_LOGIC;Y: OUT STD_LOGIC);
END COMPONENT;
SIGNAL A, B:STD_LOGIC_VECTOR (0 TO 7);
…
BEGIN
U1:COMP PORT MAP (X=> A(I),  Y=>B(I));
END GENERATE GEN;
…
```

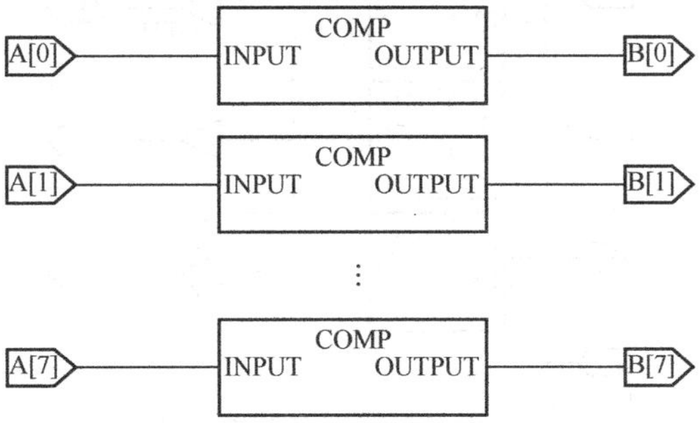

图 6.7　生成语句产生的 8 个相同的电路模块

例 6.11 利用元件例化语句和 FOR_GENERATE 语句完成一个 8 位三态锁存器的设计，示例仿照 74LS373 的工作逻辑进行设计，74LS373 的器件引脚功能如图 6.8 所示，它的引脚功能分别是 D1～D8 为数据输入端，Q1～Q8 为数据输出端，OEN 为输出使能端，若 OEN=1 则 Q8～Q1 的输出为高阻态，若 OEN=0，则 Q8～Q1 的输出为保存在锁存器中的信号值，G 为数据锁存控制端，若 G=1，D8～D1 输入端的信号进入 74LS373 中的 8 位锁存器中，若 G=0，74LS373 中的 8 位锁存器将保持原先锁入的信号值不变。74LS373 的内部工作原理如图 6.9 所示。首先设计底层的 1 位锁存器 Latch1，如例 6.12 所示，此程序保存在磁盘文件 Latch1.vhd 中以待调用。例 6.11 是 74LS373 逻辑功能的完整描述。

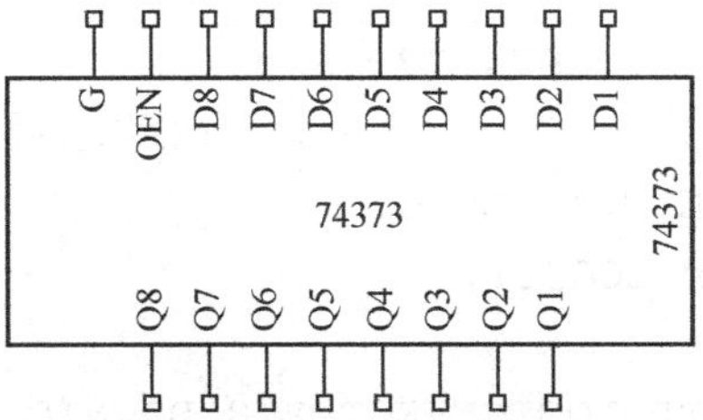

图 6.8　74LS373 引脚图

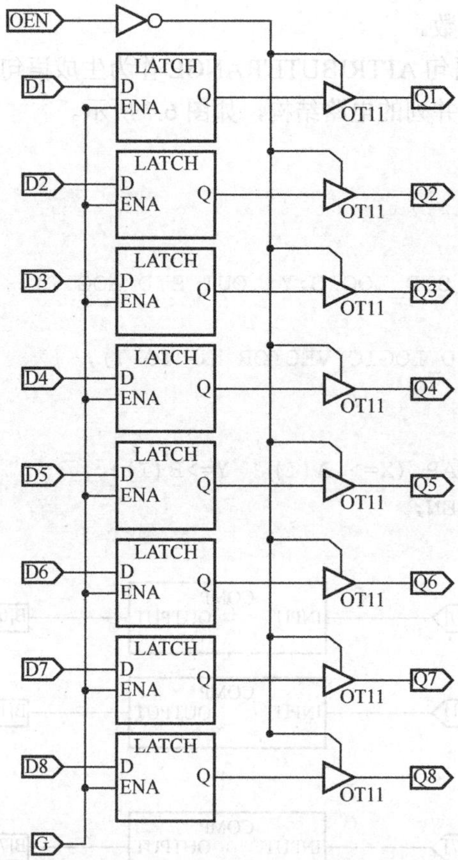

图 6.9　74LS373 的内部逻辑结构

【例 6.11】

```
LIBRARY IEEE;
USE IEEE.STD_LOGIC_1164.ALL;
ENTITY SN74373 IS                          --SN74373 器件接口说明
PORT (
    D : IN STD_LOGIC_VECTOR(8 DOWNTO 1);   --定义 8 位输入信号
    OEN : IN STD_LOGIC;
    G : IN STD_LOGIC;
    Q : OUT STD_LOGIC_VECTOR(8 DOWNTO 1));--定义 8 位输出信号
END SN74373;
ARCHITECTURE one OF SN74373 IS
COMPONENT Latch1                 --声明调用文件例 6.12 描述的 1 位锁存器
PORT (D, ENA : IN STD_LOGIC;
      Q : OUT STD_LOGIC);
END COMPONENT;
SIGNAL sig_mid:STD_LOGIC_VECTOR(8 DOWNTO 1);
BEGIN
GeLatch:FOR iNum IN 1 TO 8 GENERATE    -- FOR_GENERATE 语句循
```

```
                                    --环例化 8 个 1 位锁存器
          BEGIN
Latchx:Latch1 PORT MAP(D(iNum), G, sig_mid(iNum));  --位置关联
      END GENERATE;
Q <= sig_mid WHEN OEN = '0' ELSE          --条件信号赋值语句
     "ZZZZZZZZ";      --当 OEN= '1'时，Q(8)～Q(1)输出状态呈高阻态
END one;
```

图 6.10 是 74LS373 仿真波形图。

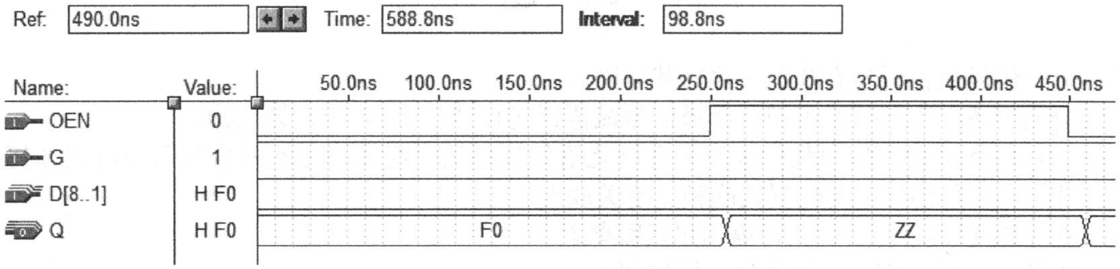

图 6.10 74LS373 仿真波形图

例 6.12 是 1 位锁存器的 VHDL 语言描述。

【例 6.12】

```
LIBRARY IEEE;
USE IEEE.STD_LOGIC_1164.ALL;
ENTITY  Latch1  IS
PORT(D : IN STD_LOGIC;
     ENA : IN STD_LOGIC;
     Q : OUT STD_LOGIC);
END Latch1;
ARCHITECTURE one OF Latch1 IS
SIGNAL sig_save : STD_LOGIC;
BEGIN
PROCESS (D, ENA)
BEGIN
  IF ENA = '1' THEN
     sig_save <= D;
  END IF;
  Q <= sig_save;
END PROCESS;
END one;
```

例 6.12 是高电平锁存的 1 位锁存器，仿真波形图如图 6.11 所示。从图中可以看出，ENA 为高电平时，将 D 的状态锁存到 Q 中（如图 6.11 中 20ns 所示的位置）；ENA 为低电平时，Q 保持初态（如图 6.12 中 60ns 所示的位置）。

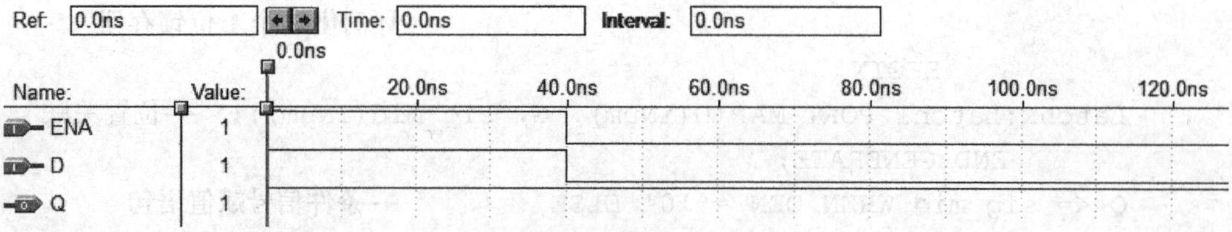

图 6.11　1 位锁存器仿真波形图

习　题

6.1　并行信号赋值语句有几类？比较其异同。
6.2　分别用条件信号赋值语句、选择信号赋值语句设计一个四-十六译码器。
6.3　元件例化语句的作用是什么？元件例化语句包括几个组成部分？各自的语句形式如何？什么叫元件例化中的位置关联和名字关联？
6.4　在 VHDL 语言之中，并行语句包括哪些？
6.5　IF 语句与条件信号赋值语句有何异同？
6.6　CASE 语句与 WITH…SELECT 语句有何异同？

第 7 章　VHDL 描述风格

从前面几章的叙述可以看出，VHDL 的结构体具体描述整个设计实体的逻辑功能，对于所希望的电路功能行为，可以在结构体中用不同的语句类型和描述方式来表达，对于相同的逻辑行为，可以有不同的语句表达方式。在 VHDL 结构体中，这种不同的描述方式， 或者说建模方法，通常可归纳为行为描述、RTL 描述和结构描述。

在实际应用中，为了能兼顾整个设计的功能、资源、性能几方面的因素，通常混合使用这三种描述方式。

7.1　行为描述

如果 VHDL 的结构体只描述了所希望电路的功能或电路行为，而没有直接指明或涉及实现这些行为的硬件结构，包括硬件特性、连线方式、逻辑行为，则称行为描述。行为描述只表示输入与输出间转换的行为，它不包含任何结构信息。行为描述主要指顺序语句描述，即通常含有进程的非结构化的逻辑描述。行为描述的设计模型定义了系统的行为，这种描述方式通常由一个或多个进程构成，每个进程又包含了一系列顺序语句。这里所谓的硬件结构，是指具体硬件电路的连接结构、逻辑门的组成结构、元件或其他各种功能单元的层次结构等。

例 7.1 是有异步复位功能的 8 位二进制加法计数器的 VHDL 语言描述。

【例 7.1】

```
LIBRARY IEEE;
USE IEEE.STD_LOGIC_1164.ALL;
USE IEEE.STD_LOGIC_UNSIGNED.ALL;
ENTITY COUNTER_UP IS
  PORT(
        RESET, CLOCK:IN STD_LOGIC;
        COUNTER:OUT STD_LOGIC_VECTOR(7 DOWNTO 0));
END COUNTER_UP;
ARCHITECTURE BEHAVE OF COUNTER_UP IS
SIGNAL CNT_FF: STD_LOGIC_VECTOR(7 DOWNTO 0);
BEGIN
    PROCESS(CLOCK, RESET, CNT_FF)
        BEGIN
       IF  RESET ='1'  THEN
          CNT_FF <= X"00";
       ELSIF(CLOCK='1' AND CLOCK'EVENT) THEN
            CNT_FF <= CNT_FF + 1;
       END IF;
       END PROCESS;
COUNTER<=CNT_FF;
END BEHAVE;
```

（1）本例的程序中，不存在任何与硬件选择相关的语句，也不存在任何有关硬件内部连线方面的语句。整个程序中，表面上看不出是否引入寄存器方面的信息，或是使用组合逻辑还是使用时序逻辑方面的信息，只是对所设计的电路系统的行为功能做了描述，不涉及任何具体器件方面的内容，这就是行为描述方式或行为描述风格。程序中，最典型的行为描述语句是其中的语句

```
ELSIF (CLOCK='1' AND CLOCK'EVENT) THEN
```

它对加法器计数时钟信号的触发要求做了明确而详细的描述，对时钟信号特定的行为方式所能产生的信息后果做了准确的定位。这充分展现了 VHDL 语言最为闪光之处。VHDL 的强大系统描述能力，正是基于这种强大的行为描述方式。

（2）VHDL 的行为描述功能具有很大的优越性。在应用 VHDL 系统设计时，行为描述方式是最重要的逻辑描述方式，行为描述方式是 VHDL 编程的核心，可以说，没有行为描述就没有 VHDL。

将 VHDL 的行为描述语句转换成可综合的门级描述是 VHDL 综合器的任务，这是一项十分复杂的工作。不同的 VHDL 综合器，其综合和优化效率是不尽一致的。优秀的 VHDL 综合器对 VHDL 设计的数字系统产品的工作性能和性价比都会有良好的影响。所以，对于产品开发或科研，对 VHDL 综合器应做适当的选择。

7.2 数据流描述

数据流描述，也称 RTL 描述，以类似于寄存器传输级的方式描述数据的传输和变换，以便规定设计中的各种寄存器形式为特征，然后在寄存器之间插入组合逻辑。这类寄存器或者显式地通过元件具体装配，或者通过推论做隐含的描述。数据流描述主要使用并行的信号赋值语句，既显式表示了该设计单元的行为，又隐含了该设计单元的结构。

数据流的描述风格建立在用并行信号赋值语句描述的基础上。当语句中任一输入信号的值发生改变时，赋值语句就被激活，随着这种语句对电路行为的描述，大量有关这种结构的信息也从这种逻辑描述中“流出”。认为数据是从一个设计中流出，从输入到输出的观点，称为数据流风格。数据流描述方式能比较直观地表述底层逻辑行为。

【例 7.2】

```
--1 位全加器的数据流描述
LIBRARY IEEE;
USE IEEE.STD_LOGIC_1164.ALL;
ENTITY ADDER1B IS
       PORT (A, B, CIN: IN BIT;
            SUM, COUNT:OUT BIT);
END ADDER1B;
ARCHITECTURE ART OF ADDER1B IS
BEGIN
       SUM<= A XOR B XOR CIN;
       COUNT<= (A AND B) OR  (A AND CIN)  OR  (B AND CIN);
END ART;
```

7.3　结构描述

结构描述是描述该设计单元的硬件结构，即该硬件是如何构成的，它主要使用元件例化语句及配置语句来描述元件的类型及元件的互连关系。利用结构描述可以用不同类型的结构，来完成多层次的工程，即从简单的门到非常复杂的元件（包括各种已完成的设计实体子模块）来描述整个系统。元件间的连接是通过定义的端口界面来实现的，其风格最接近实际的硬件结构。

结构描述就是表示元件之间的互连，这种描述允许互连元件的层次式安置，像网表本身的构建一样。结构描述建模步骤如下：

（1）元件说明：描述局部接口。

（2）元件例化：相对于其他元件放置元件。

（3）元件配置：指定元件所用的设计实体。即对一个给定实体，若有多个可用的结构体，则由配置决定模拟中所用的一个结构。

元件的定义或使用声明以及元件例化是用 VHDL 实现层次化、模块化设计的手段，与传统原理图设计输入方式相仿。在综合时，VHDL 综合器会根据相应的元件声明搜索与元件同名的实体，将此实体合并到生成的门级网表中。

【例 7.3】

```
ARCHITECTURE STRUCTURE OF COUNTER3 IS
COMPONENT  DFF
PORT (CLK, DATA:IN BIT;
        Q:OUT BIT);
END COMPONENT;
COMPONENT  OR2
PORT (I1, I2:IN BIT;
        O:OUT BIT);
END COMPONENT;
COMPONENT  NAND2
PORT (I1, I2:IN BIT;
       O:OUT BIT);
END COMPONENT;
COMPONENT  XNOR2
PORT (I1, I2:IN BIT;
       O:OUT BIT);
END COMPONENT;
COMPONENT  INV
PORT (I:IN BIT;
        O:OUT BIT);
END COMPONENT;
SIGNAL  N1, N2, N3, N4, N5, N6, N7, N8, N9: BIT;
BEGIN
  U1:DFF PORT MAP (CLK, N1, N2);
  U2:DFF PORT MAP (CLK, N5, N3);
```

```
        U3:DFF PORT MAP (CLK, N9, N4);
        U4:INV PORT MAP (N2, N1);
        U5:OR2 PORT MAP (N3, N1, N6);
        U6:NAND2 PORT MAP (N1, N3, N7);
        U7:NAND2 PORT MAP (N6, N7, N5);
        U8:XNOR2 PORT MAP (N8, N4, N9);
        U9:NAND2 PORT MAP (N2, N3, N8);
        COUNT (0) <=N2;
        COUNT (1) <=N3;
        COUNT (2) <=N4;                          --COUNT(0 TO 2)是外部端口
    END STRUCTURE;
```

利用结构描述方式，可以采用结构化、模块化设计思想，将一个大设计划分为许多小模块，逐一设计调试完成，然后利用结构描述方法将它们组装起来，形成更为复杂的设计。

显然，在三种描述风格中，行为描述的抽象程度最高，最能体现 VHDL 描述高层次结构和系统的能力。

习 题

7.1 什么叫数据流描述方式？它和行为描述方式的主要区别在哪里？用数据流描述方式所编写的 VHDL 程序是否都可以进行逻辑综合？

7.2 什么是结构体的结构描述方式？实现结构描述方式的主要语句是哪两个？

第 8 章　VHDL 语言程序设计

8.1　组合逻辑电路设计

1．基本门电路

基本门电路用 VHDL 语言来描述十分方便。为方便起见，在下面的两输入模块中，使用 VHDL 中定义的逻辑运算符，同时实现一个与门、或门、与非门、或非门、异或门及反相器的逻辑。

【例 8.1】

```
LIBRARY IEEE;
USE IEEE.STD_LOGIC_1164.ALL;
ENTITY GATE IS
   PORT (A, B:IN STD_LOGIC;
         YAND, YOR, YNAND, YNOR, YNOT, YXOR:OUT STD_LOGIC);
END GATE;
ARCHITECTURE ART OF GATE IS
BEGIN
  YAND<=A AND B;                --与门输出
  YOR<=A OR B;                  --或门输出
  YNAND<=A NAND B;              --与非门输出
  YNOR<=A NOR B;                --或非门输出
  YNOT<=NOT B;                  --反相器输出
  YXOR<=A XOR B;                --异或门输出
END ART;
```

2．3-8 译码器

下面的程序描述了一个 3-8 译码器。

【例 8.2】

```
LIBRARY IEEE;
USE IEEE.STD_LOGIC_1164.ALL;
USE IEEE.STD_LOGIC_UNSIGNED.ALL;
ENTITY DECODER IS
   PORT(INP:IN STD_LOGIC_VECTOR(2 DOWNTO 0);
        OUTP:OUT STD_LOGIC_VECTOR (7 DOWNTO 0));
END DECODER;
ARCHITECTURE ART4 OF DECODER IS
BEGIN
PROCESS(INP)
BEGIN
```

```
CASE INP IS
    WHEN "000"=>OUTP<= "11111110";
    WHEN "001"=>OUTP<= "11111101";
    WHEN "010"=>OUTP<= "11111011";
    WHEN "011"=>OUTP<= "11110111";
    WHEN "100"=>OUTP<= "11101111";
    WHEN "101"=>OUTP<= "11011111";
    WHEN "110"=>OUTP<= "10111111";
    WHEN "111"=>OUTP<= "01111111";
    WHEN OTHERS=>OUTP<= "XXXXXXXX";
END CASE;
END PROCESS;
END ART4;
```

图 8.1 是 3-8 译码器的仿真波形图。

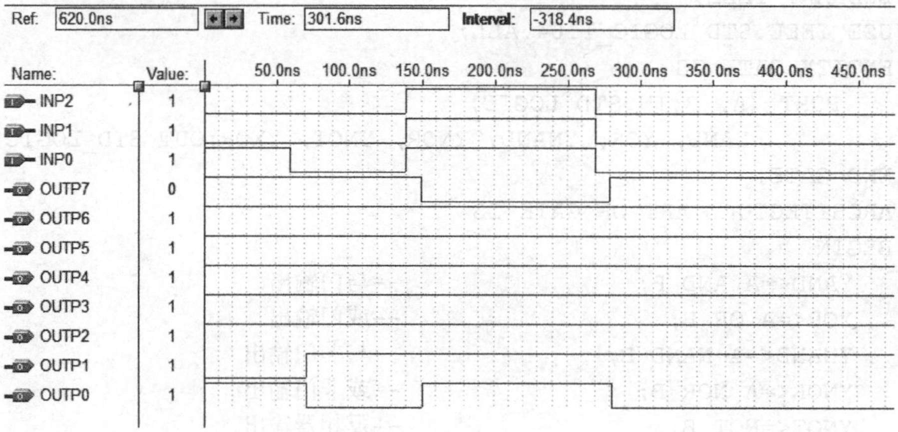

图 8.1 3-8 译码器仿真波形图

3. 8 位比较器

比较器可以比较两个二进制数是否相等。下面的程序是一个 8 位比较器的 VHDL 描述。有两个 8 位二进制数，分别是 A 和 B，输出为 EQ，当 A=B 时，EQ=1，否则 EQ=0。

【例 8.3】

```
LIBRARY IEEE;
USE IEEE.STD_LOGIC_1164.ALL;
ENTITY  COMPARE  IS
   PORT (A, B:IN STD_LOGIC_VECTOR(7 DOWNTO 0);
          EQ:OUT STD_LOGIC);
END COMPARE;
ARCHITECTURE ART OF COMPARE IS
BEGIN
  EQ <='1' WHEN A=B  ELSE
                 '0';
END ART;
```

图 8.2 是 8 位比较器的仿真波形图。

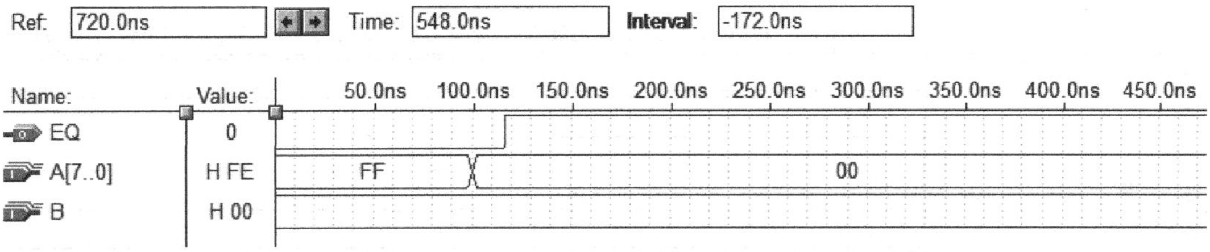

图 8.2　8 位比较器仿真波形图

4．4 选 1 多路选择器

选择器常用于信号的切换，4 选 1 多路选择器可以用于 4 路信号的切换。4 选 1 多路选择器有 4 个信号输入端 INP(0)～INP(3)，两个信号选择端 A 和 B，以及一个信号输出端 Y。当 A、B 输入不同的选择信号时，可以使 INP(0)～INP(3)中某个相应的输入信号与输出端 Y 接通。

【例 8.4】

```
LIBRARY IEEE;
USE IEEE.STD_LOGIC_1164.ALL;
ENTITY MUX41 IS
  PORT (INP: IN STD_LOGIC_VECTOR(3 DOWNTO 0);
         A, B:IN STD_LOGIC;
         Y:OUT STD_LOGIC);
END MUX41;
ARCHITECTURE ART OF MUX41 IS
SIGNAL SEL :STD_LOGIC_VECTOR(1 DOWNTO 0);
BEGIN
SEL<=B&A;
PROCESS(INP, SEL)
BEGIN
    IF SEL="00" THEN
        Y<=INP(0);
    ELSIF SEL="01" THEN
          Y<=INP(1);
    ELSIF SEL="10" THEN
          Y<=INP(2);
    ELSE
          Y<=INP(3);
    END IF;
END PROCESS;
END ART;
```

图 8.3 是 4 选 1 多路选择器的仿真波形图。

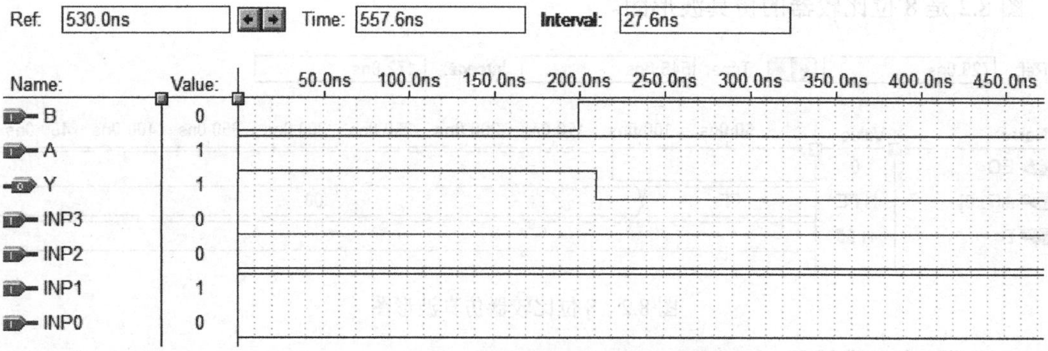

图 8.3　4 选 1 多路选择器仿真波形图

5. 三态门及总线缓冲器

三态门和总线缓冲器是驱动电路常用的器件。

1）三态门电路

【例 8.5】

```
LIBRARY  IEEE;
USE IEEE.STD_LOGIC_1164.ALL;
ENTITY TRISTATE IS
  PORT (EN, DIN :IN STD_LOGIC;
          DOUT :OUT STD_LOGIC);
END TRISTATE;
ARCHITECTURE ART OF TRISTATE IS
BEGIN
PROCESS(EN, DIN)
BEGIN
  IF EN='1' THEN
     DOUT<=DIN;
  ELSE
     DOUT<='Z';
  END IF;
END PROCESS;
END ART;
```

图 8.4 是三态门的仿真波形图。

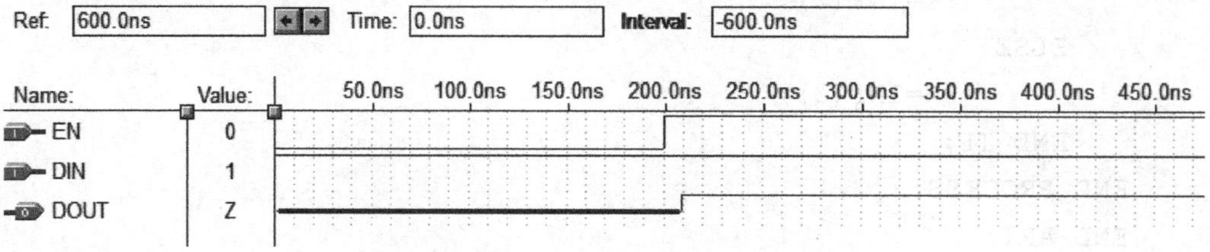

图 8.4　三态门仿真波形图

2）单向总线缓冲器

在微型计算机的总线驱动中，经常要用单向总线缓冲器。单向总线缓冲器通常由多个三态门组成，用来驱动地址总线和控制总线。一个 8 位的单向总线缓冲器如图 8.5 所示。

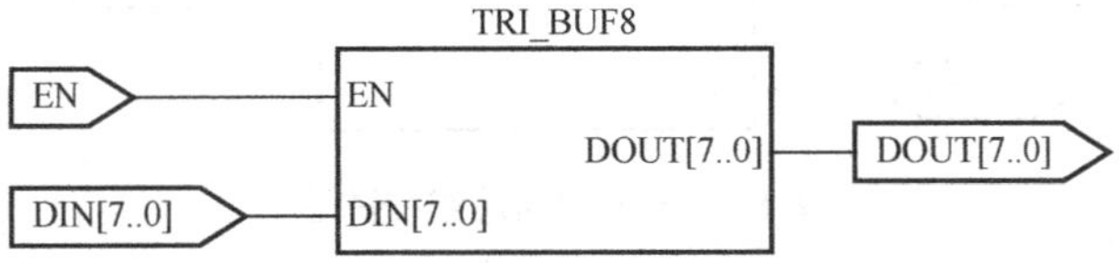

图 8.5　8 位单向总线缓冲器

【例 8.6】

```
LIBRARY IEEE;
USE IEEE.STD_LOGIC_1164.ALL;
ENTITY TR1_BUF8 IS
  PORT (DIN:IN STD_LOGIC_VECTOR(7 DOWNTO 0);
         EN:IN STD_LOGIC;
         DOUT:OUT STD_LOGIC_VECTOR(7 DOWNTO 0));
END TR1_BUF8;
ARCHITECTURE ART OF TR1_BUF8 IS
BEGIN
PROCESS(EN, DIN)
BEGIN
  IF  EN='1'  THEN
      DOUT<=DIN;
  ELSE
      DOUT<="ZZZZZZZZ";
  END IF;
END PROCESS;
END ART;
```

图 8.6 是单向总线缓冲器的仿真波形图。由图可见，当 EN='1'时，DIN 赋值给 DOUT；当 EN='0'时，DOUT 为高阻态。

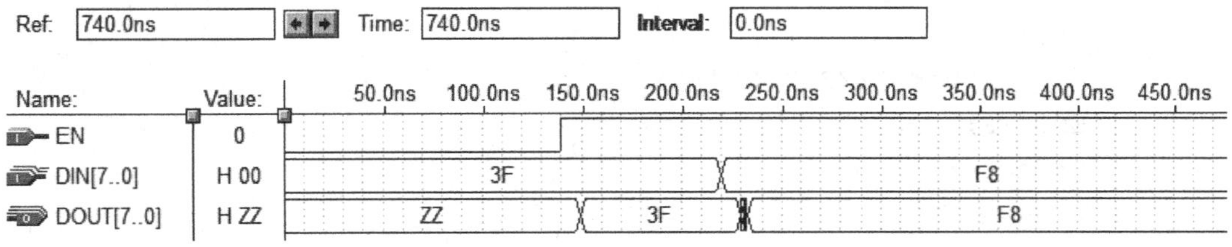

图 8.6　单向总线缓冲器仿真波形图

3）双向总线缓冲器

双向总线缓冲器用于数据总线的驱动和缓冲，典型的双向总线缓冲器如图 8.7 所示。图中的双向总线缓冲器有两个数据输入/输出端 A 和 B，一个方向控制端 DIR 和一个选通端 EN。EN=0 时双向缓冲器选通，若 DIR=0，则 A=B，反之则 B=A。

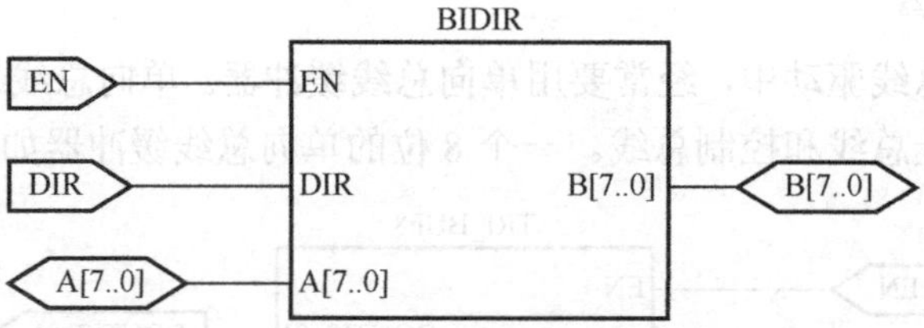

图 8.7 8 位双向总线缓冲器

【例 8.7】

```
LIBRARY IEEE;
USE IEEE.STD_LOGIC_1164.ALL;
ENTITY BIDIR IS
   PORT(A, B:INOUT STD_LOGIC_VECTOR(7 DOWNTO 0);
        EN, DIR:IN STD_LOGIC);
END BIDIR;
ARCHITECTURE ART OF BIDIR IS
SIGNAL  AOUT, BOUT: STD_LOGIC_VECTOR(7 DOWNTO 0);
BEGIN
PROCESS(A, EN, DIR)                           --A 是输入
BEGIN
  IF ((EN='0')AND (DIR='1')) THEN
      BOUT<=A;
  ELSE
      BOUT<="ZZZZZZZZ";
  END IF;
      B<=BOUT;
END PROCESS;
PROCESS(B, EN, DIR)                           --B 是输入
BEGIN
  IF ((EN='0')AND (DIR='0')) THEN
      AOUT<=B;
  ELSE
      AOUT<="ZZZZZZZZ";
  END IF;
  A<=AOUT;
END PROCESS;
END ART;
```

8.2 时序逻辑电路设计

本节的时序电路设计主要有触发器、寄存器、计数器、序列信号发生器和序列信号检测器等设计实例。

1. 触发器

1）D 触发器

【例 8.8】

```
LIBRARY IEEE;
USE IEEE.STD_LOGIC_1164.ALL;
ENTITY DCFQ IS
   PORT(D, CLK:IN STD_LOGIC;
        Q:OUT STD_LOGIC);
END DCFQ;
ARCHITECTURE ART OF DCFQ IS
BEGIN
PROCESS(CLK)
BEGIN
  IF (CLK'EVENT AND CLK='1')THEN          --时钟上升沿触发
      Q<=D;
  END IF;
END PROCESS;
END ART;
```

图 8.8 是 D 触发器的仿真波形图。

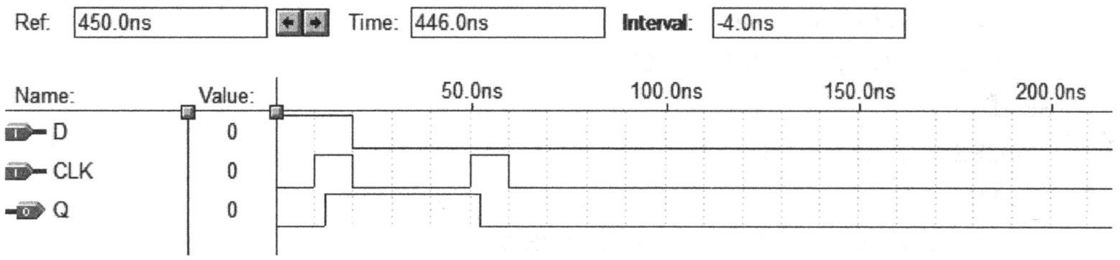

图 8.8　D 触发器仿真波形图

2）T 触发器

【例 8.9】

```
LIBRARY IEEE;
USE IEEE.STD_LOGIC_1164.ALL;
ENTITY TCFQ IS
    PORT(CLK:IN STD_LOGIC;
         Q:BUFFER STD_LOGIC);
END TCFQ;
ARCHITECTURE ART OF TCFQ IS
BEGIN
PROCESS(CLK)
BEGIN
   IF (CLK'EVENT AND CLK='1')THEN
```

```
        Q<=NOT Q;
      END IF;
    END PROCESS;
    END ART;
```

图 8.9 是 T 触发器的仿真波形图。

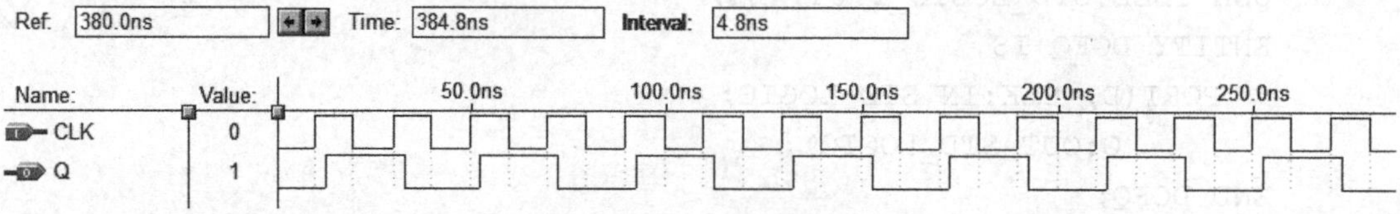

图 8.9 T 触发器仿真波形图

3）RS 触发器

【例 8.10】

```
LIBRARY IEEE;
USE IEEE.STD_LOGIC_1164.ALL;
ENTITY  RSCFQ  IS
  PORT(R, S, CLK:IN STD_LOGIC;
       Q, QB:BUFFER STD_LOGIC);
END RSCFQ;
ARCHITECTURE ART OF RSCFQ IS
SIGNAL Q_S, QB_S:STD_LOGIC;
BEGIN
PROCESS(CLK, R, S)
BEGIN
  IF (CLK'EVENT AND CLK='1')THEN
    IF(S='1' AND R='0') THEN
      Q_S<='0';
      QB_S<='1';
    ELSIF (S='0' AND R='1') THEN
          Q_S<='1';
          QB_S<='0';
    ELSIF (S='0' AND R='0') THEN
          Q_S<=Q_S;
          QB_S<=QB_S;
    END IF;
  END IF;
  Q<=Q_S;
  QB<=QB_S;
END PROCESS;
END ART;
```

图 8.10 是 RS 触发器的仿真波形图。

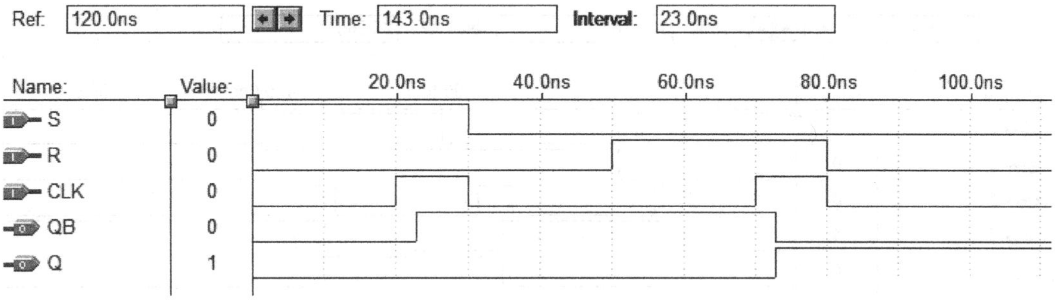

图 8.10　RS 触发器仿真波形图

4）JK 触发器

【例 8.11】

```
LIBRARY IEEE;
USE IEEE.STD_LOGIC_1164.ALL;
ENTITY  JKCFQ  IS
   PORT(J, K, CLK:IN STD_LOGIC;
        Q, QB:BUFFER STD_LOGIC);
END JKCFQ;
ARCHITECTURE ART OF JKCFQ IS
SIGNAL Q_S, QB_S:STD_LOGIC;
BEGIN
PROCESS(CLK, J, K)
BEGIN
   IF (CLK'EVENT AND CLK='1')THEN
      IF(J='0' AND K='1') THEN
         Q_S<='0';
         QB_S<='1';
      ELSIF (J='1' AND K='0') THEN
             Q_S<='1';
             QB_S<='0';
      ELSIF (J='1' AND K='1') THEN
             Q_S<=NOT Q_S;
             QB_S<=NOT QB_S;
      END IF;
    END IF;
    Q<=Q_S;
    QB<=QB_S;
END PROCESS;
END ART;
```

图 8.11 是 JK 触发器的仿真波形图。

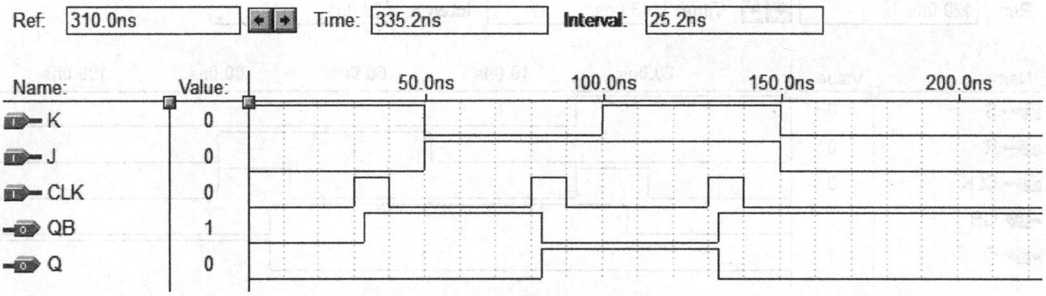

图 8.11 JK 触发器仿真波形图

2. 触发器的同步和非同步复位

触发器的初始状态应由复位信号来设置。按复位信号对触发器复位的操作不同，可以分为同步复位和非同步复位两种。同步复位，就是当复位信号有效且在给定的时钟边沿到来时，触发器才被复位；非同步复位，也称异步复位，则是当复位信号有效时，触发器就被复位，不用等待时钟边沿信号。

1）非同步复位/置位的 D 触发器

【例 8.12】

```
LIBRARY IEEE;
USE IEEE.STD_LOGIC_1164.ALL;
ENTITY ASYNDCFQ IS
  PORT(CLK, D, PRESET, RESET:IN STD_LOGIC;
       Q:OUT STD_LOGIC);
END ASYNDCFQ;
ARCHITECTURE ART OF ASYNDCFQ IS
BEGIN
PROCESS(CLK, PRESET, RESET, D)
BEGIN
  IF(PRESET='1')THEN                --置位信号为 1，则触发器被置位
    Q<='1';
  ELSIF(RESET ='1')THEN             --复位信号为 1，则触发器被复位
      Q<='0';
  ELSIF(CLK'EVENT AND CLK='1')THEN
      Q<=D;
  END IF;
END PROCESS;
END ART;
```

图 8.12 是非同步复位/置位的 D 触发器的仿真波形图。

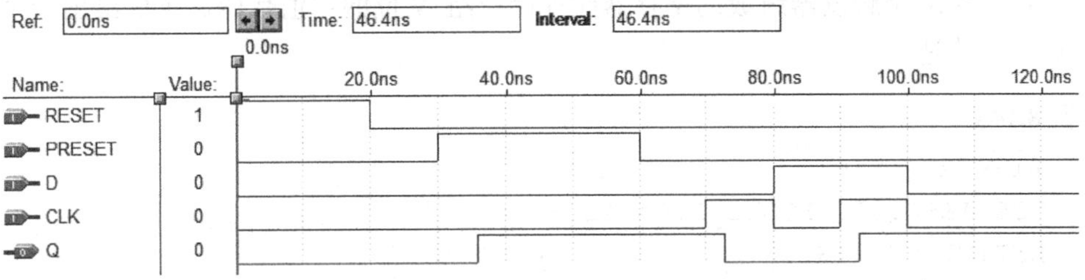

图 8.12　非同步复位/置位的 D 触发器仿真波形图

2）同步复位的 D 触发器

【例 8.13】

```
LIBRARY IEEE;
USE IEEE.STD_LOGIC_1164.ALL;
ENTITY  SYNDCFQ  IS
   PORT(D, CLK, RESET:IN STD_LOGIC;
         Q:OUT STD_LOGIC);
END SYNDCFQ;
ARCHITECTURE ART OF SYNDCFQ IS
BEGIN
PROCESS(CLK)
BEGIN
   IF(CLK'EVENT AND CLK='1')THEN
      IF(RESET='0')THEN
         Q<='0';                  --时钟边沿到来且有复位信号，触发器被复位
      ELSE
         Q<=D;
      END IF;
   END IF;
END PROCESS;
END ART;
```

图 8.13 是同步复位的 D 触发器的仿真波形图。

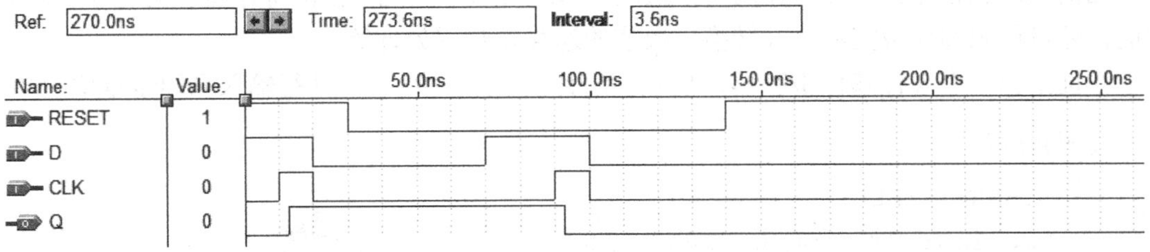

图 8.13　同步复位的 D 触发器仿真波形图

3．寄存器和移位寄存器

1）寄存（锁存）器

寄存器用于寄存一组二值代码，广泛用于各类数字系统。因为一个触发器只能存储 1 位二

值代码，所以用 *N* 个触发器组成的寄存器能存储一组 *N* 位的二值代码。下面给出一个 8 位寄存器的 VHDL 描述。

【例 8.14】

```
LIBRARY IEEE;
USE IEEE.STD_LOGIC_1164.ALL;
ENTITY REG IS
   PORT(D:IN STD_LOGIC_VECTOR(0 TO 7);
        CLK:IN STD_LOGIC;
        Q:OUT STD_LOGIC_VECTOR(0 TO 7));
END REG;
ARCHITECTURE ART OF REG IS
BEGIN
PROCESS(CLK)
BEGIN
   IF(CLK'EVENT AND CLK='1')THEN
      Q<=D;
   END IF;
END PROCESS;
END ART;
```

图 8.14 是 8 位锁存器的仿真波形图。

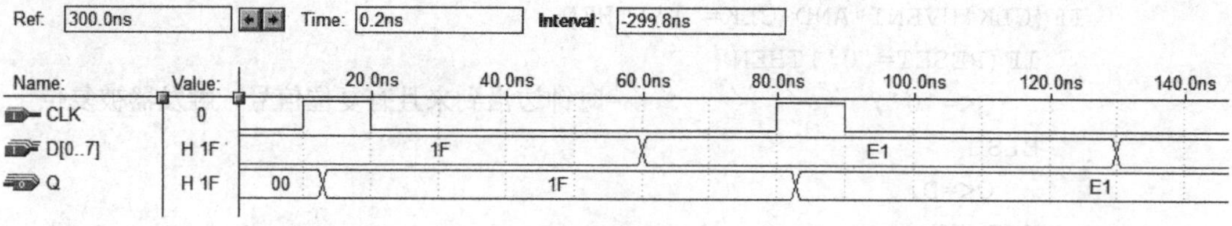

图 8.14　8 位锁存器仿真波形图

2）移位寄存器

移位寄存器除了具有存储代码的功能以外，还具有移位功能。所谓移位功能，是指寄存器中存储的代码能在移位脉冲的作用下，依次左移或右移。因此，移位寄存器不但可以用来寄存代码，还可用来实现数据的串并转换、数值的运算及数据处理等。

下面给出一个 8 位移位寄存器，其具有左移一位或右移一位、并行输入和同步复位的功能。

【例 8.15】

```
LIBRARY IEEE;
USE IEEE.STD_LOGIC_1164.ALL;
ENTITY SHIFTER IS
   PORT(CLK:IN STD_LOGIC;
        DATA:IN STD_LOGIC_VECTOR(7 DOWNTO 0);
        SHIFT_LEFT:IN STD_LOGIC;
        SHIFT_RIGHT:IN STD_LOGIC;
```

```
        RESET:IN STD_LOGIC;
        MODE:IN STD_LOGIC_VECTOR(1 DOWNTO 0);
        QOUT:BUFFER STD_LOGIC_VECTOR(7 DOWNTO 0));
END SHIFTER;
ARCHITECTURE ART OF SHIFTER IS
BEGIN
PROCESS
BEGIN
  WAIT UNTIL(RISING_EDGE(CLK));
  IF(RESET='1')THEN
     QOUT<="00000000";
ELSE                         --同步复位功能的实现
    CASE MODE IS
      WHEN "01"=>QOUT<=SHIFT_RIGHT&QOUT(7 DOWNTO 1);
                             --右移一位
      WHEN "10"=>QOUT<=QOUT(6 DOWNTO 0)&SHIFT_LEFT;
                             --左移一位
      WHEN "11"=>QOUT<=DATA;
      WHEN OTHERS=>NULL;
    END CASE;
END PROCESS;
END ART;
```

图 8.15 是移位寄存器的仿真波形图。

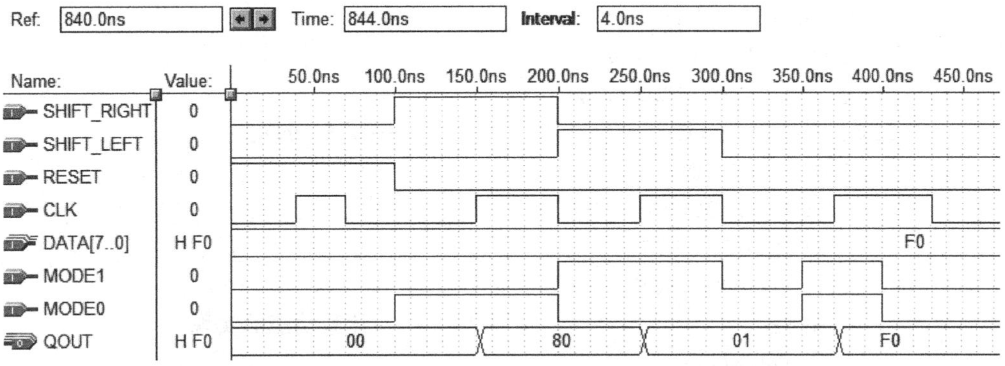

图 8.15　移位寄存器仿真波形图

4．计数器

计数器是在数字系统中使用最多的时序电路，它不仅能用于对时钟脉冲计数，还可以用于分频、定时、产生节拍脉冲和脉冲序列，以及进行数字运算等。

1）同步计数器

例 8.16 是一个模为 60，具有异步复位、同步置数功能的 8421BCD 码计数器。

【例8.16】

```
LIBRARY IEEE;
USE IEEE.STD_LOGIC_1164.ALL;
USE IEEE.STD_LOGIC_UNSIGNED.ALL;
ENTITY  CNTM60  IS
    PORT(OE:IN STD_LOGIC;                          --使能端
          NRESET:IN STD_LOGIC;                     --异步复位
          LOAD:IN STD_LOGIC;                       --置数控制
          D:IN STD_LOGIC_VECTOR(7 DOWNTO 0);
          CLK:IN STD_LOGIC;
          CO:OUT STD_LOGIC;                        --进位输出
          QH:BUFFER STD_LOGIC_VECTOR(3 DOWNTO 0);
          QL:BUFFER STD_LOGIC_VECTOR(3 DOWNTO 0));
END CNTM60;
ARCHITECTURE ART OF CNTM60 IS
BEGIN
CO<='1' WHEN(QH="0101"AND QL="1001"AND OE='1') ELSE  '0';
                                               --进位输出的产生
PROCESS(CLK, NRESET)
BEGIN
IF(NRESET='0')THEN                             --异步复位
  QH<="0000";
  QL<="0000";
ELSIF(CLK'EVENT AND CLK='1')THEN               --同步置数
    IF(LOAD='1')THEN
      QH<=D(7 DOWNTO 4);
      QL<=D(3 DOWNTO 0);
 ELSIF(OE='1')THEN                             --模 60 的实现
      IF(QL=9)THEN
        QL<="0000";
        IF(QH=5)THEN
          QH<="0000";
        ELSE                                   --计数功能的实现
          QH<=QH+1;
        END IF;
      ELSE
        QL<=QL+1;
      END IF;
  END IF;                                      --END IF LOAD
END IF;
END PROCESS;
END ART;
```

图 8.16 是模为 60 的计数器的仿真波形图。

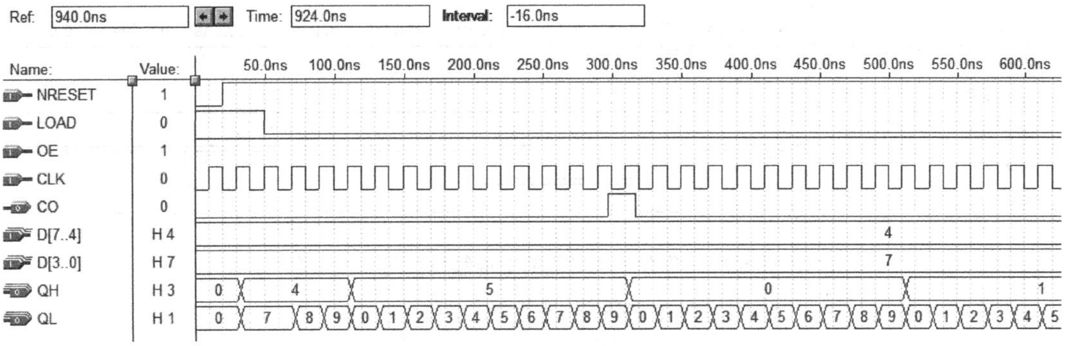

图 8.16　模为 60 的计数器仿真波形图

2）异步计数器

用 VHDL 语言描述异步计数器时，与上述同步计数器的不同之处主要表现在对各级时钟的描述上。下面是一个由 8 个触发器构成的异步计数器，它采用元件例化的方式生成。

【例 8.17】

```
LIBRARY IEEE;
USE IEEE.STD_LOGIC_1164.ALL;
ENTITY DIFFR IS
PORT(CLK, CLR, D:IN STD_LOGIC;
    Q, QB:OUT STD_LOGIC);
END DIFFR;
ARCHITECTURE ART1 OF DIFFR IS
SIGNAL Q_IN:STD_LOGIC;
BEGIN
PROCESS(CLK, CLR)
BEGIN
  IF(CLR='1')THEN
    Q<='0';
    QB<='1';
  ELSIF (CLK'EVENT AND CLK='1') THEN
    Q<=D;
    QB<=NOT D;
  END IF;
END PROCESS;
END ART1;
```

图 8.17 是具有异步复位的 1 位触发器的仿真波形图。

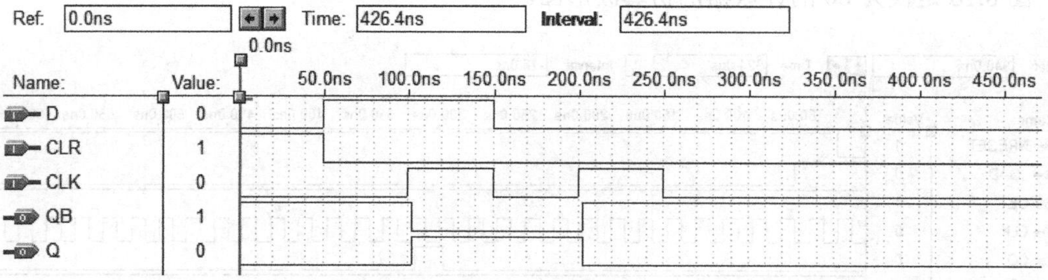

图 8.17 具有异步复位的 1 位触发器仿真波形图

由例 8.17 中 8 个触发器构成的 8 位异步计数器：

```
--LIBRARY IEEE;
USE IEEE.STD_LOGIC_1164.ALL;
ENTITY RPLCOUNT IS
PORT(CLK, CLR:IN STD_LOGIC;
    COUNT:OUT STD_LOGIC_VECTOR(7 DOWNTO 0));
END RPLCOUNT;
ARCHITECTURE ART2 OF RPLCOUNT IS
SIGNAL COUNT_IN:STD_LOGIC_VECTOR(8 DOWNTO 0);
COMPONENT DIFFR                              --声明元件 DIFFR
    PORT(CLK, CLR, D:IN STD_LOGIC;
         Q, QB:OUT STD_LOGIC);
END COMPONENT;
BEGIN
  COUNT_IN(0)<=CLK;
GEN1:FOR I IN 0 TO 7 GENERATE
U:DIFFR PORT MAP(CLK=>COUNT_IN(I), CLR=>CLR, D=>COUNT_IN(I+1),
                 Q=>COUNT(I), QB=>COUNT_IN(I+1));
      END GENERATE;
END ART2;
```

5. 序列信号发生器

在数字信号的传输和数字系统的测试中，有时需要用到一组特定的串行数字信号，产生序列信号的电路称为序列信号发生器。

例 8.18 是“01111110”序列发生器，该电路可由计数器与数据选择器构成，其 VHDL 描述如下。

【例 8.18】

```
LIBRARY IEEE;
USE IEEE.STD_LOGIC_1164.ALL;
USE IEEE.STD_LOGIC_ARITH.ALL;
USE IEEE.STD_LOGIC_UNSIGNED.ALL;
```

```
ENTITY SENQGEN IS
  PORT(CLK, CLR, CLOCK:IN STD_LOGIC;
       ZO:OUT STD_LOGIC);
END SENQGEN;
ARCHITECTURE ART OF SENQGEN IS
SIGNAL COUNT:STD_LOGIC_VECTOR(2 DOWNTO 0);
SIGNAL Z:STD_LOGIC := '0';
BEGIN
PROCESS(CLK, CLR)
BEGIN
    IF(CLR='1')THEN
      COUNT<="000";
    ELSE
      IF(CLK='1' AND CLK'EVENT)THEN
          COUNT<=COUNT +1;
      END IF;
     END IF;
END IF;
END PROCESS;
PROCESS(COUNT)
BEGIN
   CASE COUNT IS
        WHEN "000"=>Z<='0';
        WHEN "001"=>Z<='1';
        WHEN "010"=>Z<='1';
        WHEN "011"=>Z<='1';
        WHEN "100"=>Z<='1';
        WHEN "101"=>Z<='1';
        WHEN "110"=>Z<='1';
        WHEN OTHERS=>Z<='0';
   END CASE;
END PROCESS;
PROCESS(CLOCK, Z)
BEGIN                                        --消除毛刺的锁存器
    IF(CLOCK'EVENT AND CLOCK='1')THEN
      ZO<=Z;
    END IF;
END PROCESS;
END ART;
```

图 8.18 是序列信号发生器的仿真波形图。

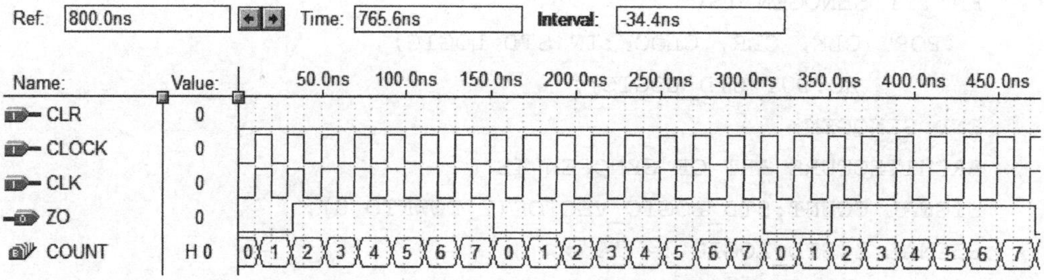

图 8.18 序列信号发生器仿真波形图

6. 序列信号检测器

序列信号检测器可用于检测一组或多组由二进制码组成的脉冲序列信号，它在数字通信领域应用广泛。当序列信号检测器连续收到一组串行二进制码后，若这组码与检测器中预先设置的码相同，则输出 1，否则输出 0。由于这种检测的关键在于所收到的正确码必须是连续的，这就要求检测器必须记住前一次的正确码及正确序列，直到在连续的检测中所收到的每一位码都与预置数的对应码相同。在检测过程中，任何一位不相等都将回到初始状态重新开始检测。

下面是一个“01111110”序列信号检测器的 VHDL 描述。

【例 8.19】

```
LIBRARY IEEE;
USE IEEE.STD_LOGIC_1164.ALL;
ENTITY DETECT IS
    PORT(DATAIN:IN STD_LOGIC;
              CLK:IN STD_LOGIC;
                Q:OUT STD_LOGIC);
END DETECT;
ARCHITECTURE ART OF DETECT IS
TYPE STATETYPE IS(S0, S1, S2, S3, S4, S5, S6, S7, S8);
BEGIN
PROCESS
VARIABLE PRESENT_STATE:STATETYPE;
BEGIN
     Q<='0';
     CASE PRESENT_STATE IS
        WHEN S0=> IF DATAIN='0' THEN
                        PRESENT_STATE:=S1;
                  ELSE
                        PRESENT_STATE:=S0;
                  END IF;
        WHEN S1=>
                  IF DATAIN='1' THEN
                      PRESENT_STATE:=S2;
                  ELSE
                      PRESENT_STATE:=S0;
                  END IF;
```

```
        WHEN S2=>
                IF DATAIN='1' THEN
                   PRESENT_STATE:=S3;
                ELSE
                   PRESENT_STATE:=S0;
                END IF;
        WHEN S3=>
                IF DATAIN='1' THEN
                   PRESENT_STATE:=S4;
                ELSE
                   PRESENT_STATE:=S0;
                END IF;
        WHEN S4=>
                IF DATAIN='1' THEN
                   PRESENT_STATE:=S5;
                ELSE
                   PRESENT_STATE:=S0;
                END IF;
        WHEN S5=>
                IF DATAIN='1' THEN
                   PRESENT_STATE:=S6;
                ELSE
                   PRESENT_STATE:=S0;
                END IF;
        WHEN S6=>
                IF DATAIN='1' THEN
                   PRESENT_STATE:=S7;
                ELSE
                   PRESENT_STATE:=S0;
                END IF;
        WHEN S7=>
                IF DATAIN='0' THEN
                   PRESENT_STATE:=S8;
                   Q<='1';
                ELSE
                   PRESENT_STATE:=S0;
                END IF;
        WHEN S8=>
               IF DATAIN='0' THEN
                   PRESENT_STATE:=S1;
               ELSE
                   PRESENT_STATE:=S0;
                                          END IF;
      END CASE;
      WAIT UNTIL CLK='1';
   END PROCESS;
   END ART;
```

其中，DATAIN 为串行数据输入端，CLK 为外部时钟输入端，Q 输出指示端。图 8.19 是序列信号检测器的仿真波形图。

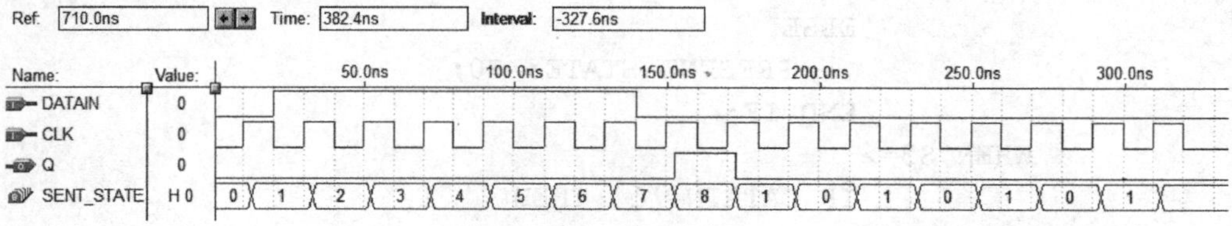

图 8.19 序列信号检测器仿真波形图

8.3 存储器设计

半导体存储器的种类很多，从功能上可分为只读存储器（Read_Only Memory，ROM）和随机存储器（Random Access Memory，RAM）两大类。存储器是电子线路中存储数据的重要器件，它由锁存器阵列构成，其界面端口由地址线、数据输入线、数据输出线、片选线、写入允许线和读出允许线组成。存储器根据地址信号，经由译码电路选择欲读写的存储单元。

1．ROM

正常工作时，可从只读存储器中读取数据，不能快速地修改或重新写入数据，适用于存储固定数据的场合。下面是一个容量为 256×4 的 ROM 存储的例子，该 ROM 有 8 位地址线 ADR(0)～ADR(7)，4 位数据输出线 DOUT(0)～DOUT(3)及使能 EN，如图 8.20 所示。

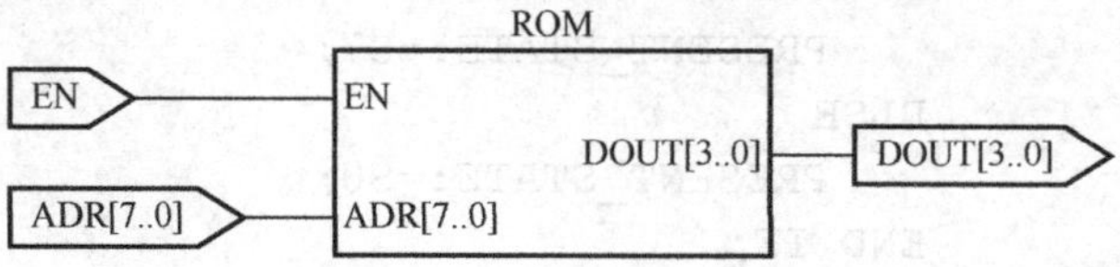

图 8.20 ROM 电路图

【例 8.20】

```
LIBRARY IEEE;
USE IEEE.STD_LOGIC_1164.ALL;
USE IEEE.STD_LOGIC_UNSIGNED.ALL;
USE STD.TEXTIO.ALL;
ENTITY ROM IS
  PORT(EN:IN STD_LOGIC;
       ADR:IN STD_LOGIC_VECTOR(7 DOWNTO 0);
       DOUT:OUT STD_LOGIC_VECTOR(3 DOWNTO 0));
END ROM;
ARCHITECTURE ART OF ROM IS
SUBTYPE WORD IS STD_LOGIC_VECTOR(3 DOWNTO 0);
TYPE MEMORY IS ARRAY(0 TO 255) OF WORD;
SIGNAL ADR_IN:INTEGER RANGE 0 TO 255;
```

```
    FILE  ROMIN:TEXT  IS  IN "ROMIN";
    BEGIN
    PROCESS(EN, ADR)
    VARIABLE  ROM:MEMORY;
    VARIABLE  START_UP:BOOLEAN:=TRUE;
    VARIABLE  L:LINE;
    VARIABLE  J:INTEGER;
    BEGIN
       IF  START_UP  THEN                        --初始化开始
          FOR  J  IN  ROM'RANGE  LOOP
              READLINE(ROMIN, 1);
              READ(1, ROM(J));
          END  LOOP;
          START_UP:=FALSE;                      --初始化结束
       END  IF;
       ADR_IN<=CONV_INTEGER(ADR);
       IF(EN='1')THEN
         DOUT<=ROM(ADR_IN);
       ELSE
         DOUT<="ZZZZ";
       END IF;
    END PROCESS;
    END ART;
```

2．RAM

RAM 和 ROM 的主要区别在于，RAM 描述上有读和写两种操作，而且在读写上对时间有较严格的要求。下面给出一个 8×8 位双端口 RAM 的 VHDL 描述实例，图 8.21 所描述的 RAM 具有两组 3 位二进制地址线，8 位二进制输入数据线，8 位二进制输出数据线，即存储空间为 8×8 位，其读地址线、写地址线以及数据的输入端口、输出端口是分开的。程序中有两个进程：一个是数据写入进程 WRITE，该进程设置条件为 WE='1'，并且存在时钟上升沿时间，将 DATAIN 端口的数据写入 RAM 中；另一个是数据读入进程 READ，该进程设置条件为 RE='1'，并且存在时钟上升沿时间，将 RAM 中的数据从 DATAOUT 端口输出。

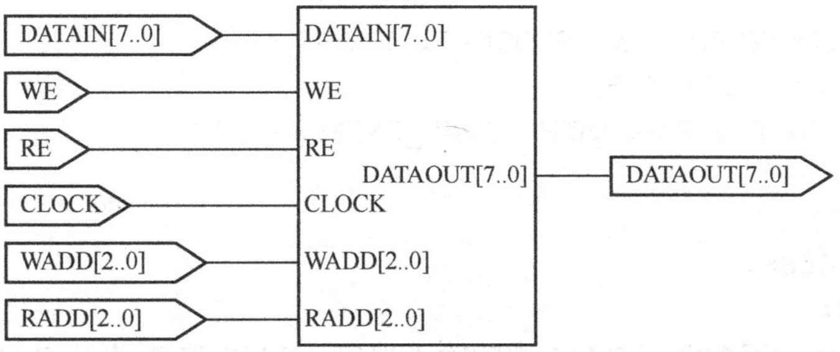

图 8.21　RAM 电路图

例 8.21 利用 GENERIC 设定 RAM 的数据位宽 WIDTH 和地址线位宽 ADDER。

【例 8.21】

```
LIBRARY IEEE;
USE IEEE.STD_LOGIC_1164.ALL;
USE IEEE.STD_LOGIC_ARITH.ALL;
USE IEEE.STD_LOGIC_UNSIGNED.ALL;
ENTITY  DARAM  IS
   GENERIC(WIDTH:INTEGER :=8;
          DEPTH:INTEGER :=8;
          ADDER:INTEGER :=3);
   PORT(DATAIN:IN STD_LOGIC_VECTOR(WIDTH-1 DOWNTO 0);
      DATAOUT:OUT STD_LOGIC_VECTOR(WIDTH-1 DOWNTO 0);
      CLOCK:IN STD_LOGIC;
      WE, RE:IN STD_LOGIC;
      WADD:IN STD_LOGIC_VECTOR(ADDER-1 DOWNTO 0);
      RADD:IN STD_LOGIC_VECTOR(ADDER-1 DOWNTO 0));
END DARAM;
ARCHITECTURE ART OF DARAM IS
TYPE MEM IS ARRAY(0 TO DEPTH-1) OF
STD_LOGIC_VECTOR(WIDTH-1 DOWNTO 0);
SIGNAL RAMTMP:MEM;
BEGIN
--写进程
WRITE:
 PROCESS(CLOCK)
 BEGIN
   IF (CLOCK'EVENT AND CLOCK='1') THEN
    IF(WE='1')THEN
      RAMTMP(CONV_INTEGER(WADD))<=DATAIN;
    END IF;
   END IF;
END PROCESS;
--读进程
READ:
PROCESS(CLOCK)
BEGIN
 IF(CLOCK'EVENT AND CLOCK='1')THEN
   IF (RE='1') THEN
      DATAOUT<=RAMTMP(CONV_INTEGER(RADD));
   END IF;
 END IF;
END PROCESS;
END ART;
```

其中，DATAIN 为写数据到 RAM 中的输入端口，DATAOUT 为从 RAM 读数据到输出端口，CLOCK 为外部操作时钟信号，WE 为写允许信号，RE 为读允许信号，WADD 为写数据地址，RADD 为读数据地址。

图 8.22 是 RAM 的仿真波形图。图中，先设置写数据地址 WADD 地址为 002H，并写入数据 F0H；再设置 RADD 读数据地址为 002H，将数据读出。

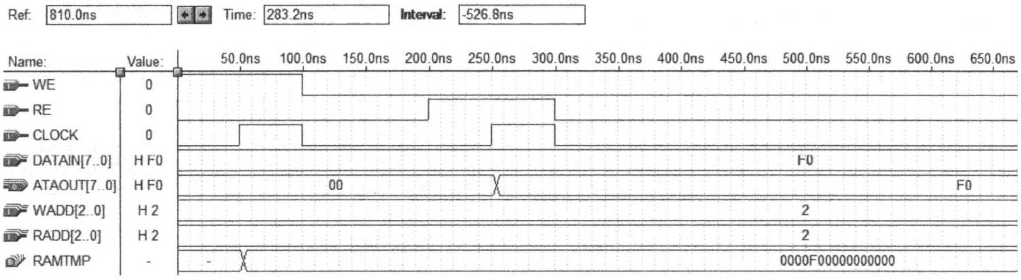

图 8.22　RAM 仿真波形图

8.4　8 位并行预置加法计数器设计

例 8.22 描述的是一个具有计数使能、异步复位和计数值并行预置功能的 8 位加法计数器，其中 D(7 DOWNTO 0)为 8 位并行输入预置值；LD、CE、CLK、RST 分别为计数器的并行输入预置数使能信号、计数器使能信号、计数时钟信号和复位信号。

【例 8.22】

```
LIBRARY IEEE;
USE IEEE.STD_LOGIC_1164.ALL;
USE IEEE.STD_LOGIC_UNSIGNED.ALL;
ENTITY  COUNTER  IS
PORT(D:IN STD_LOGIC_VECTOR(7 DOWNTO 0);
     LD, CE, CLK, RST:IN STD_LOGIC;
     Q:OUT STD_LOGIC_VECTOR(7 DOWNTO 0));
END  COUNTER;
ARCHITECTURE  BEHAVE OF COUNTER IS
SIGNAL COUNT:STD_LOGIC_VECTOR(7 DOWNTO 0);
BEGIN
PROCESS(CLK, RST)
BEGIN
  IF  RST='1'  THEN
      COUNT<=(OTHERS=>'0');              --复位有效
  ELSIF  RISING_EDGE(CLK)  THEN
        IF  LD='1'  THEN
           COUNT<=D;                     --预置信号为 1，进行加载操作
        ELSIF  CE ='1'  THEN
              COUNT<= COUNT +1;
        END  IF;
  END IF;
END PROCESS;
Q<=COUNT;
END  BEHAVE;
```

图 8.23 是 8 位并行预置加法计数器的仿真波形图。

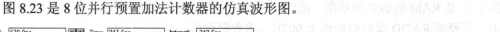

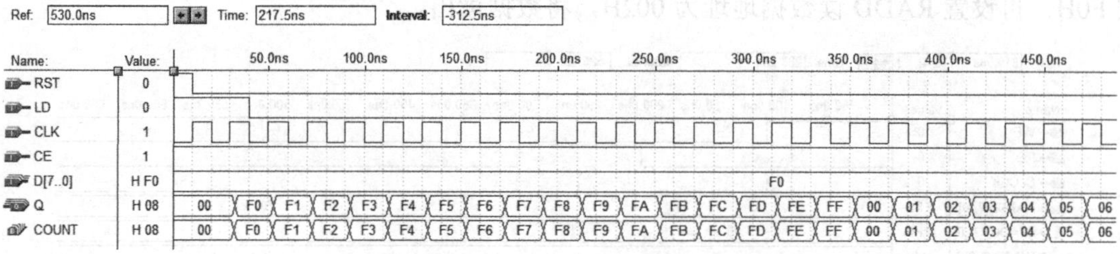

图 8.23 8 位并行预置加法计数器仿真波形图

8.5 8 位硬件加法器设计

加法器是数字系统中的基本逻辑器件。为了节省逻辑资源，减法器和硬件乘法器都可由加法器构成。宽位加法器的设计十分耗费硬件资源，因此在实际设计和相关系统的开发中，需要注意资源的利用率和进位速度两方面的问题。对此，应选择较适合组合逻辑设计的器件作为最终的目标器件。

多位加法器的构成有两种方式：并行进位和串行进位方式。并行进位加法器设有并行进位产生逻辑，运算速度较快；串行进位方式是将全加器级联构成多位加法器。并行进位加法器通常比串行级联加法器占用更多的资源，随着位数的增加，相同位数的并行加法器与串行加法器的资源占用差距会快速增大。

一般来说，4 位二进制并行加法器和串行级联加法器占用几乎相同的资源。这样，多位数加法器由 4 位二进制并行加法器级联构成是较好的折中选择。

4 位二进制加法器的 VHDL 逻辑描述如例 8.23 所示。

【例 8.23】

```
--4 位二进制并行加法器源程序
LIBRARY IEEE;
USE IEEE.STD_LOGIC_1164.ALL;
USE IEEE.STD_LOGIC_UNSIGNED.ALL;
ENTITY  ADDER4B  IS                                    --4 位二进制并行加法器
   PORT(CIN:IN STD_LOGIC;                              --低位进位
        A:IN STD_LOGIC_VECTOR(3 DOWNTO 0);             --4 位加数
        B:IN STD_LOGIC_VECTOR(3 DOWNTO 0);             --4 位被加数
        S:OUT STD_LOGIC_VECTOR(3 DOWNTO 0);            --4 位和
        COUT:OUT STD_LOGIC);                           --进位输出
END ADDER4B;
ARCHITECTURE  BEHAVE OF ADDER4B IS
SIGNAL  SINT:STD_LOGIC_VECTOR(4  DOWNTO  0);
SIGNAL  AA, BB:STD_LOGIC_VECTOR(4  DOWNTO  0);
BEGIN
   AA<='0'&A;      --将 4 位加数矢量扩为 5 位
```

```
      BB<='0'&B;        --将 4 位被加数矢量扩为 5 位
      SINT<=AA+BB+CIN;
      S<=SINT(3 DOWNTO 0);
      COUT<=SINT(4);
   END  BEHAVE;
```

4 位二进制并行加法器的设计要点如下：

（1）将加数 A、被加数 B、和 S 扩展成 5 位，即将加数、被加数与 0 相并置，运算之后分别为 AA、BB、SINT。

（2）按照全加器的方法将并置运算后的加数、被加数和接收低位进位相加，赋值给扩展为 5 位的和，即 SINT<=AA+BB+CIN，其中 CIN 为接收低位进位输入端。

（3）将 SINT 的第 3 位到第 0 位赋值给 S，将 SINT 的第 4 位赋值给 COUT，其中 COUT 为向高位进位输出端。

图 8.24 是 4 位二进制并行加法器的仿真波形图。

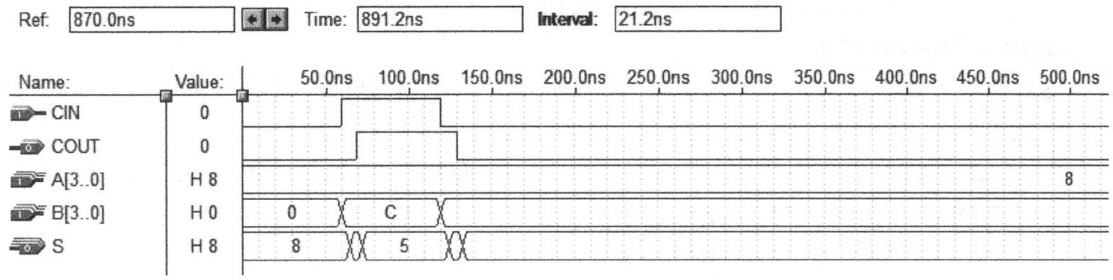

图 8.24　4 位二进制并行加法器仿真波形图

由两个 4 位二进制并行加法器级联而成的 8 位二进制加法器逻辑描述如例 8.24 所示，总体电路如图 8.25 所示。

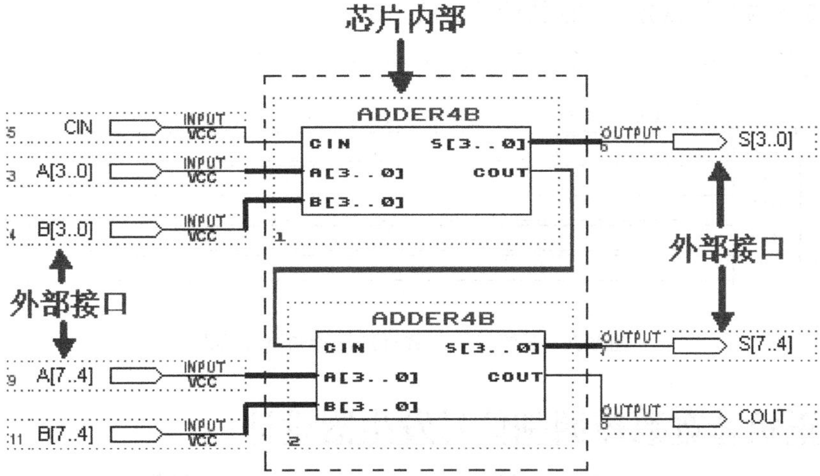

图 8.25　8 位二进制加法器的电路原理图

【例 8.24】

```
   --8 位二进制并行加法器源程序
   LIBRARY IEEE;
   USE IEEE.STD_LOGIC_1164.ALL;
```

```
USE IEEE.STD_LOGIC_UNSIGNED.ALL;
ENTITY  ADDER8B  IS
PORT(CIN:IN STD_LOGIC;
     A:IN STD_LOGIC_VECTOR(7 DOWNTO 0);
     B:IN STD_LOGIC_VECTOR(7 DOWNTO 0);
     S:OUT  STD_LOGIC_VECTOR(7 DOWNTO 0);
     COUT:OUT STD_LOGIC);
END ADDER8B;
ARCHITECTURE  STRUCT  OF  ADDER8B  IS
COMPONENT ADDER4B     --对要调用的元件 ADDER4B 的界面端口进行定义
   PORT(CIN:IN STD_LOGIC;
        A:IN STD_LOGIC_VECTOR(3 DOWNTO 0);
        B:IN STD_LOGIC_VECTOR(3 DOWNTO 0);
        S:OUT STD_LOGIC_VECTOR(3 DOWNTO 0);
         COUT:OUT STD_LOGIC);
END COMPONENT;
SIGNAL  CARRY_OUT: STD_LOGIC;    --设置 4 位加法器进位标志
BEGIN
U1:ADDER4B                          --例化一个 4 位二进制加法器 U1
PORT MAP(CIN=>CIN, A=>A(3 DOWNTO 0), B=>B(3 DOWNTO 0),
         S=>S(3 DOWNTO 0), COUT=>CARRY_OUT);
U2:ADDER4B
PORT MAP(CIN=>CARRY_OUT, A=>A(7 DOWNTO 4), B=>B(7 DOWNTO 4),
         S=>S(7 DOWNTO 4) , COUT=> COUT);
END STRUCT;
```

图 8.26 是 8 位二进制并行加法器的仿真波形图。

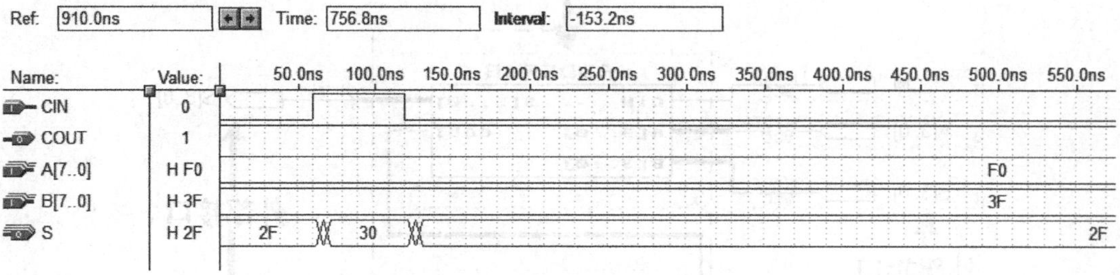

图 8.26　8 位二进制并行加法器仿真波形图

8.6　正负脉宽数控调制信号发生器设计

正负脉宽数控调制信号发生器是由两个完全相同的可自加载加法计数器 LCNT8 组成的，其输出信号的高低电平脉宽可分别由两组 8 位预置数进行控制。

如果将计数初始值可预置的加法计数器的溢出信号作为本计数器的初始预置值加载信号 LD，则可构成计数初始值自加载方式的加法计数器，从而构成数控分频器。图 8.28 中 D 触发器的一个重要功能就是均匀输出信号的占空比，提高驱动能力。

【例 8.25】

```
--自加载预置数的 8 位加法计数器源程序
LIBRARY IEEE;
USE IEEE.STD_LOGIC_1164.ALL;
USE IEEE.STD_LOGIC_UNSIGNED.ALL;
ENTITY LCNT8  IS                                        --8 位可自加载加法计数器
PORT(CLK, LD:IN  STD_LOGIC;                             --工作时钟/预置值加载信号
     D:IN STD_LOGIC_VECTOR(7 DOWNTO 0);                 --8 位分频预置数
     CAO:OUT STD_LOGIC);                                --计数溢出输出
END  LCNT8;
ARCHITECTURE  behave OF LCNT8 IS
SIGNAL COUNT:INTEGER RANGE 0 TO 255;
BEGIN
PROCESS(CLK)
BEGIN
   IF  CLK'EVENT AND CLK='1'  THEN
      IF  LD='1'  THEN
          COUNT<=D;                               --LD 为高电平时加载预置数
      ELSE
          COUNT<= COUNT+1;                        --否则继续计数
      END IF;
   END IF;
END PROCESS;
PROCESS(COUNT)
BEGIN
   IF  COUNT=255  THEN
       CAO<='1';                                  --计数满后，置位溢出位
   ELSE
       CAO<='0';
   END IF;
END PROCESS;
END behave;
```

图 8.27 是自加载预置数的 8 位加法计数器的仿真波形图。

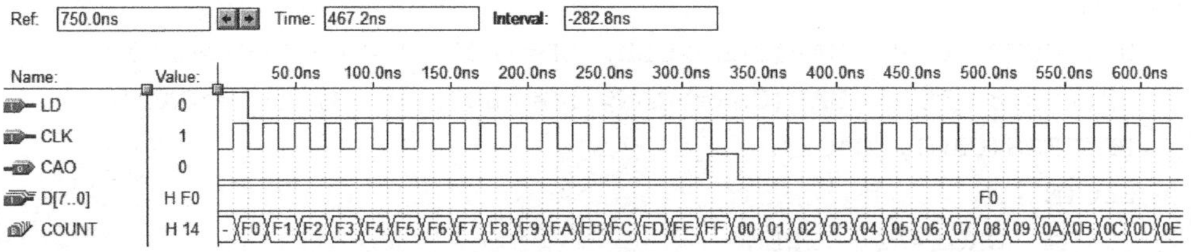

图 8.27 自加载预置数的 8 位加法计数器仿真波形图

顶层文件通过元件例化的方式实现，如例 8.26 所示，顶层文件原理图如图 8.28 所示。

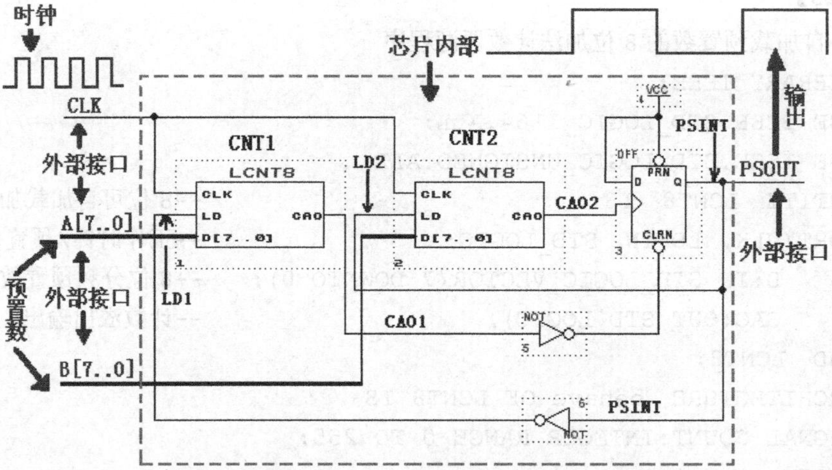

图 8.28 正负脉宽数控调制信号发生器顶层文件原理图

【例 8.26】

```
--正负脉宽数控调制信号发生器顶层文件源程序
LIBRARY IEEE;          --正负脉宽数控调制信号发生器顶层文件
USE IEEE.STD_LOGIC_1164.ALL;
USE IEEE.STD_LOGIC_UNSIGNED.ALL;
ENTITY  PULSE  IS
   PORT(CLK:IN  STD_LOGIC;
         A, B:IN STD_LOGIC_VECTOR(7 DOWNTO 0);
         PSOUT:OUT  STD_LOGIC);
END  PULSE;
ARCHITECTURE  mixed  OF  PULSE  IS
COMPONENT  LCNT8
   PORT (CLK, LD:IN STD_LOGIC;
          D:IN STD_LOGIC_VECTOR(7 DOWNTO 0);
          CAO:OUT STD_LOGIC);
END COMPONENT;
SIGNAL  CAO1, CAO2:STD_LOGIC;
SIGNAL  LD1, LD2:STD_LOGIC;
SIGNAL  PSINT:STD_LOGIC;
BEGIN
U1:LCNT8  PORT  MAP(CLK=>CLK, LD=>LD1, D=>A, CAO=>CAO1);
U2:LCNT8  PORT  MAP(CLK=>CLK, LD=>LD2, D=>B, CAO=>CAO2);
PROCESS(CAO1, CAO2)
BEGIN
   IF  CAO1='1'  THEN
      PSINT<='0';
   ELSIF  CAO2'EVENT AND CAO2='1'  THEN
```

```
            PSINT<='1';
        END IF;
    END PROCESS;
    LD1<=NOT PSINT;
    LD2<=PSINT;
    PSOUT<=PSINT;
    END mixed;
```

图 8.29 是正负脉宽数控调制信号发生器的仿真波形图。

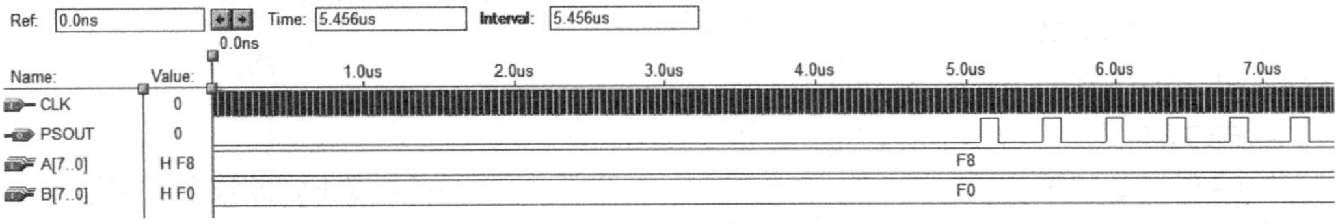

图 8.29　正负脉宽数控调制信号发生器仿真波形图

8.7　D/A 接口电路与波形发生器设计

在数字信号处理、语音信号的 D/A 变换、信号发生器等实用电路中，PLD 器件与 D/A 转换器的接口设计十分重要。本例设计的接口器件是 DAC0832，这是一个 8 位 D/A 转换器，转换周期为 1μs。DAC0832 的引脚功能简述如下：

（1）ILE：数据锁存允许信号，高电平有效。

（2）/WRl、/WR2：写信号，低电平有效。

（3）/XFER：数据传送控制信号，低电平有效。

（4）VREF：基准电压，可正可负，-10V～+10V。

（5）RFB：反馈电阻端。

（6）IOUTl/IOUT2：以电流形式输出，必须利用一个运放，将电流信号变为电压信号。

（7）AGND/DGND：模拟地与数字地。在高速情况下，二地的连接线必须尽可能短，且系统的单点接地点须接在此连线的某一点上。

例 8.27 是正弦波发生器控制逻辑的 VHDL 设计，正弦波由 64 个点构成，经过滤波器后，可在示波器上观察到光滑的正弦波（若接精密基准电压，可得到更为清晰的正弦波形）。

【例 8.27】

```
LIBRARY IEEE;
USE IEEE.STD_LOGIC_1164.ALL;
ENTITY  DAC  IS
    PORT(CLK:IN STD_LOGIC;                      --D/A 转换控制时钟
          D:OUT INTEGER RANGE 255 DOWNTO 0;
          CS, WR:OUT STD_LOGIC);                --D/A 使能信号和写使能信号
END DAC;
ARCHITECTURE  DACC  OF  DAC  IS
```

```
SIGNAL Q:INTEGER  RANGE  63  DOWNTO  0;
SIGNAL DD:INTEGER  RANGE  255  DOWNTO  0;
BEGIN
PROCESS(CLK)
BEGIN
   IF(CLK'EVENT AND CLK='1')  THEN
     Q <= Q + 1;                          --建立转换计数器
   END IF;
END  PROCESS;
PROCESS(Q)
BEGIN
CASE  Q  IS                               --64 点正弦波波形数据输出
WHEN 00=>DD<=255; WHEN 01=>DD<=254; WHEN 02=>DD<=252;
WHEN 03=>DD<=249; WHEN 04=>DD<=245; WHEN 05=>DD<=239;
WHEN 06=>DD<=233; WHEN 07=>DD<=225; WHEN 08=>DD<=217;
WHEN 09=>DD<=207; WHEN 10=>DD<=197; WHEN 11=>DD<=186;
WHEN 12=>DD<=174; WHEN 13=>DD<=162; WHEN 14=>DD<=150;
WHEN 15=>DD<=137; WHEN 16=>DD<=124; WHEN 17=>DD<=112;
WHEN 18=>DD<=99;  WHEN 19=>DD<=87;  WHEN 20=>DD<=75;
WHEN 21=>DD<= 64;WHEN 22=>DD<=53;   WHEN 23=>DD<=43;
WHEN 24=>DD<=34;  WHEN 25=>DD<=26;  WHEN 26=>DD<=19;
WHEN 27=>DD<=13;  WHEN 28=>DD<= 8;  WHEN 29=>DD<=4;
WHEN 30=>DD<= 1;  WHEN 31=>DD<= 0;  WHEN 32=>DD<=0;
WHEN 33=>DD<= 1;  WHEN 34=>DD<= 4;  WHEN 35=>DD<=8;
WHEN 36=>DD<=13;  WHEN 37=>DD<=19;  WHEN 38=>DD<=26;
WHEN 39=>DD<=34;  WHEN 40=>DD<=43;  WHEN 41=>DD<=53;
WHEN 42=>DD<= 64; WHEN 43=>DD<=75;  WHEN 44=>DD<=87;
WHEN 45=>DD<=99;  WHEN 46=>DD<=112; WHEN 47=>DD<=124;
WHEN 48=>DD<=137; WHEN 49=>DD<=150; WHEN 50=>DD<=162;
WHEN 51=>DD<=174; WHEN 52=>DD<=186; WHEN 53=>DD<=197;
WHEN 54=>DD<=207; WHEN 55=>DD<=217; WHEN 56=>DD<=225;
WHEN 57=>DD<=233; WHEN 58=>DD<=239; WHEN 59=>DD<=245;
WHEN 60=>DD<=249; WHEN 61=>DD<=252; WHEN 62=>DD<=254;
WHEN 63=>DD<=255;
WHEN  OTHERS =>NULL;
END CASE;
END PROCESS;
D<=DD;                                    --D/A 转换数据输出
CS<='0';
WR<='0';
END;
```

8.8　BCD 译码显示电路设计

BCD 译码显示电路将 4 位二进制数转换成 LED 上可显示的字符 0～F，接口图见图 8.30。

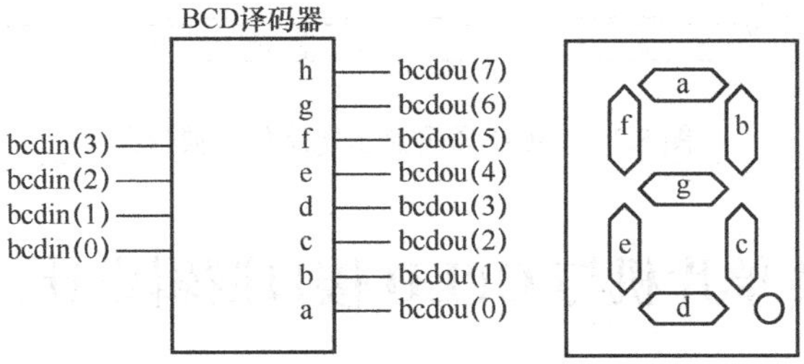

图 8.30　共阴极数码管及接口电路

【例 8.28】

```
LIBRARY IEEE;
USE IEEE.STD_LOGIC_1164.ALL;
ENTITY bcdymq IS
      PORT (
              bcdin :IN  STD_LOGIC_VECTOR(3 DOWNTO 0);
              bcdout :OUT STD_LOGIC_VECTOR (7 DOWNTO 0)
                 );
END bcdymq;
ARCHITECTURE behave OF bcdymq IS
BEGIN
bcdou(7 DOWNTO 0)<="00111111" WHEN bcdin="0000" ELSE  --0
                  "00000110" WHEN bcdin="0001" ELSE  --1
                  "01011011" WHEN bcdin="0010" ELSE  --2
                  "01001111" WHEN bcdin="0011" ELSE  --3
                  "01100110" WHEN bcdin="0100" ELSE  --4
                  "01101101" WHEN bcdin="0101" ELSE  --5
                  "01111101" WHEN bcdin="0110" ELSE  --6
                  "00000111" WHEN bcdin="0111" ELSE  --7
                  "01111111" WHEN bcdin="1000" ELSE  --8
                  "01101111" WHEN bcdin="1001" ELSE  --9
                  "01110111" WHEN bcdin="1010" ELSE  --A
                  "01111100" WHEN bcdin="1011" ELSE  --B
                  "00111001" WHEN bcdin="1100" ELSE  --C
                  "01011110" WHEN bcdin="1101" ELSE  --D
                  "01111001" WHEN bcdin="1110" ELSE  --E
                  "01110001" WHEN bcdin="1111" ELSE  --F
                  "ZZZZZZZZ";
END behave;
```

图 8.31 是 BCD 译码显示电路的仿真波形图。

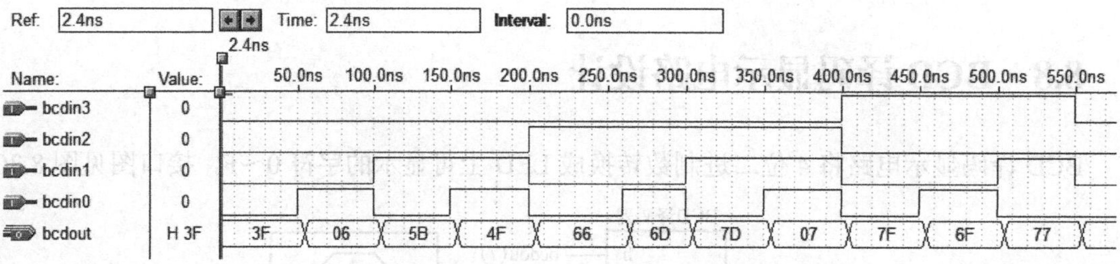

图 8.31 BCD 译码显示电路仿真波形图

8.9 MCS-51 单片机与 CPLD 接口逻辑设计

在功能上，单片机与大规模 CPLD 有很强的互补性。单片机具有性价比高、功能灵活、易于人机对话、良好的数据处理能力等特点；FPGA/CPLD 则具有高速、高可靠及开发便捷规范等方面的优点。以此两类器件相结合的电路结构，在许多高性能仪器仪表和电子产品中仍将被广泛应用。单片机与 CPLD 的接口方式一般有两种，即总线方式与独立方式。

8.9.1 总线方式

单片机以总线方式与 FPGA/CPLD 进行数据与控制信息通信有许多优点：

（1）速度快。如图 8.32 所示，其通信工作时序是纯硬件行为，对于 MCS-51 单片机，只需一条单字节指令就能完成所需的读/写时序，如 MOVX @DPTR, A；MOVX A, @DPTR。

（2）节省 PLD 芯片的 I/O 口线。如图 8.33 所示，如果将图中的译码器 DECODER 设置足够的译码输出，并安排足够的锁存器，就能仅通过 19 根 I/O 口线在 FPGA/CPLD 与单片机之间进行各种类型的数据与控制信息交换。

（3）相对于非总线方式，单片机的编程简捷，控制可靠。

（4）在 FPGA/CPLD 中通过逻辑切换，单片机易于与 SRAM 或 ROM 接口。这种方式有许多实用之处，如利用类似于微处理器系统的 DMA 的工作方式，首先由 FPGA/CPLD 与接口的高速 A/D 等器件进行高速数据采样，并将数据暂存于 SRAM 中，采样结束后，通过切换，使单片机与 SRAM 以总线方式进行数据通信，以便发挥单片机强大的数据处理能力。

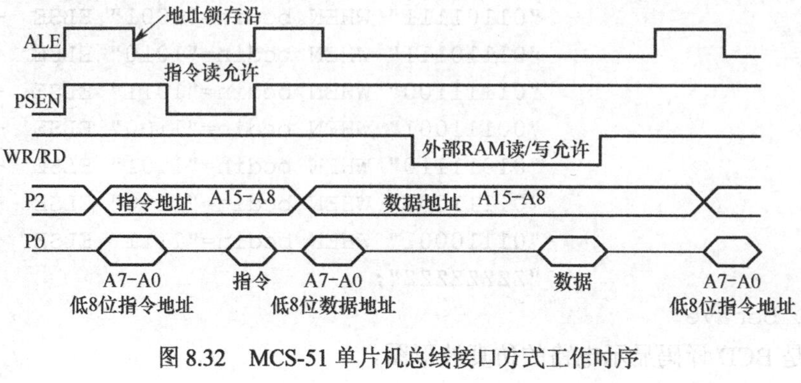

图 8.32 MCS-51 单片机总线接口方式工作时序

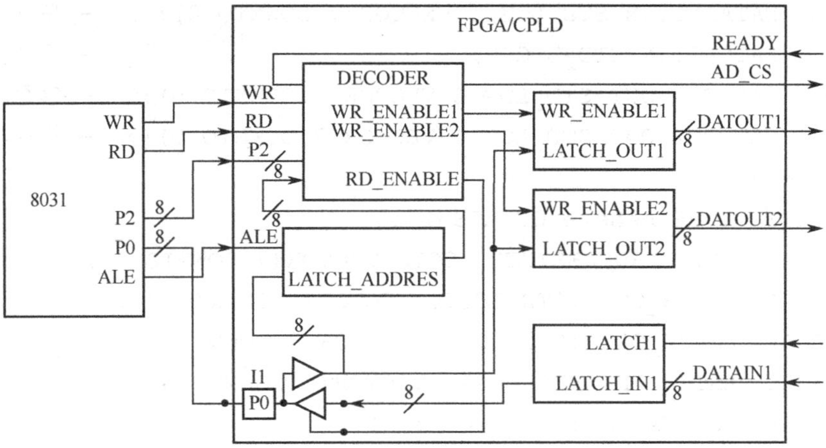

图 8.33　CPLD/FPGA 与 MCS-51 单片机的总线接口通信逻辑

单片机与 FPGA/CPLD 以总线方式通信的逻辑设计，重要的是要详细了解单片机的总线读写时序，根据时序图来设计逻辑结构。图 8.32 是 MCS-51 系列单片机的时序图，其时序电平变化速度与单片机工作时钟频率有关。图中，ALE 为地址锁存使能信号，可利用其下沿将低 8 位地址锁存于 CPLD/FPGA 中的地址锁存器（LATCH_ADDRES）：当 ALE 将低 8 位地址通过 P0 锁存的同时，高 8 位地址已稳定建立于 P2 口，单片机利用读指令允许信号 PSEN 的低电平，从外部 ROM 中将指令从 P0 口读入，由时序图可见，其指令读入的时机是在 PSEN 的上跳沿之前。接下来，由 P2 口和 P0 口分别输出高 8 位和低 8 位数据地址，并由 ALE 的下沿将 P0 口的低 8 位地址锁存于地址锁存器。若需从 FPGA/CPLD 中读出数据，单片机则通过指令 MOVX　A, @DPTR 使 RD 信号为低电平，由 P0 口将图 8.33 中锁存器 LATCH_INl 中的数据读入累加器 A；但若将累加器 A 的数据写入 FPGA/CPLD，需通过指令 MOVX @DPTR, A 和写允许信号 WR。这时，DPTR 中的高 8 位和低 8 位数据作为高低 8 位地址分别向 P2 和 P0 口输出，然后由 WR 的低电平，并结合译码，将累加器 A 的数据写入图中相关的锁存器。

图 8.33 的 VHDL 设计程序如下，请注意双向端口的 VHDL 描述。

【例 8.29】

```
LIBRARY IEEE;                    --MCS51 单片机与 CPLD/FPGA 的通信读写电路
USE IEEE.STD_LOGIC_1164. ALL;
ENTITY MCS51 IS
  PORT (                         --与 8031 接口的各端口定义
    P0:INOUT STD_LOGIC_VECTOR(7 DOWNTO 0);    --双向地址/数据口
    P2:IN STD_LOGIC_VECTOR(7 DOWNTO 0);       --高 8 位地址线
    RD, WR:IN  STD_LOGIC;                     --读、写允许
    ALE:IN STD_LOGIC;                         --地址锁存
    READY:IN STD_LOGIC;                  --待读入数据准备就绪标志位
    AD_CS:OUT STD_LOGIC;                 --A/D 器件片选信号
```

```
        DATAIN1:IN STD_LOGIC_VECTOR(7 DOWNTO 0);     --单片机待读回信号
        LATCH1:IN STD_LOGIC;                         --读回信号锁存
        DATOUT1:OUT STD_LOGIC_VECTOR(7 DOWNTO 0);    --锁存输出数据 1
        DATOUT2:OUT STD_LOGIC_VECTOR(7 DOWNTO 0));   --锁存输出数据 2
    END MCS51;
    ARCHITECTURE behave OF MCS51 IS
    SIGNAL  LATCH_ADDRES:STD_LOGIC_VECTOR(7 DOWNTO 0);
    SIGNAL  LATCH_OUT1:STD_LOGIC_VECTOR(7 DOWNTO 0);
    SIGNAL  LATCH_OUT2:STD_LOGIC_VECTOR(7 DOWNTO 0);
    SIGNAL  LATCH_IN1:STD_LOGIC_VECTOR(7 DOWNTO 0);
    SIGNAL  WR_ENABLE1:STD_LOGIC;
    SIGNAL  WR_ENABLE2:STD_LOGIC;
    BEGIN
    PROCESS(ALE)                  --低 8 位地址锁存进程
      BEGIN
      IF  ALE'EVENT AND ALE='0'  THEN
         LATCH_ADDRES<=P0;        --ALE 的下降沿将 P0 口的低 8 位地址锁入锁存
                                  --LATCH_ADDRES 中
      END IF;
    END PROCESS;
    PROCESS (P2, LATCH_ADDRES)    --WR 写信号译码进程 1
      BEGIN
      IF  (LATCH_ADDRES="11110101") AND (P2="01101111")  THEN
           WR_ENABLE1 <= WR;      --写允许
      ELSE
           WR_ENABLE1 <= '1';     --写禁止
    END IF;
    END PROCESS;
    PROCESS(WR_ENABLE1)
         BEGIN
         IF WR_ENABLE1'EVENT AND WR_ENABLE1 = '1'  THEN
           LATCH_OUT1 <= P0;      --数据写入寄存器 1
         END IF;
    END PROCESS;
    PROCESS(P2, LATCH_ADDRES)     --WR 写信号译码进程 2
         BEGIN
         IF (LATCH_ADDRES="11110011") AND (P2="00011111")  THEN
           WR_ENABLE2 <= WR;      --写允许
         ELSE
           WR_ENABLE2 <= '1';     --写禁止
```

```
        END IF;
      END PROCESS;
      PROCESS(WR_ENABLE2)
      BEGIN
        IF  WR_ENABLE2'EVENT AND WR_ENABLE2 = '1'  THEN
            LATCH_OUT2 <= P0;
        END IF;
      END PROCESS;
      PROCESS(P2, LATCH_ADDRES, READY, RD)  --8031 对 PLD 中数据读进程
        BEGIN
        IF (LATCH_ADDRES="01111110") AND (P2="10011111")
                            AND (READY='1') AND (RD='0') THEN
          P0<=LATCH_IN1;                --寄存器中的数据读入 P0 口
        ELSE
          P0<="ZZZZZZZZ";               --禁止读数，P0 口呈高阻态
        END IF;
      END PROCESS;
      PROCESS(LATCH1)                   --外部数据进入 CPLD 进程
        BEGIN
        IF  LATCH1'EVENT AND LATCH1 = '1'  THEN
            LATCH_IN1 <= DATAIN1;
        END IF;
      END PROCESS;
      PROCESS(LATCH_ADDRES)             --A/D 工作控制片选输出进程
      BEGIN
        IF (LATCH_ADDRES="00011110") THEN
          AD_CS <= '0';                 --允许 A/D 工作
        ELSE
          AD_CS <= '1';                 --禁止 A/D 工作
        END IF;
      END PROCESS;
    DATOUT1 <= LATCH_OUT1;
    DATOUT2 <= LATCH_OUT2;
    END behave;
```

这是一个 CPLD 与 8031 单片机接口的 VHDL 电路设计。8031 以总线方式工作。例如，由 8031 将数据#5AH 写入目标器件中的第一个寄存器 LATCH_OUTl 的指令如下：

MOV A, #5AH

MOV DPTR, #6FF5H

MOVX @DPTR, A

READY 为高电平时，8031 从目标器件中的寄存器 LATCH_IN1 将数据读入的指令如下：

```
MOV     DPTR, #9F7EH
MOVX    A, @DPTR
```

8.9.2 独立方式

与总线接口方式不同，几乎所有单片机都可通过独立接口方式与 FPGA/CPLD 进行通信，其通信的时序可由所设计的软件自由决定，形式灵活多样。其最大的优点是，PLD 中的接口逻辑无须遵循单片机内固定的总线方式读写时序。FPGA/CPLD 的逻辑设计与接口的单片机程序设计可以分先后相对独立地完成。

8.10 数字频率计设计

图 8.34 是顶层设计程序例 8.33 对应的 8 位十进制数字频率计的逻辑图，它由一个测频控制信号发生器 TESTCTL、8 个有时钟使能的十进制计数器 CNT10 和一个 32 位锁存器 REG32B 组成。以下分别叙述频率计各逻辑模块的功能与设计方法。

（1）测频控制信号发生器设计要求：频率测量的基本原理是计算每秒内待测信号的脉冲个数。这就要求 TESTCTL 的计数使能信号 TSTEN 能产生一个 1 秒脉宽的周期信号，并对频率计的每一计数器 CNT10 的 ENA 使能端进行同步控制。TSTEN 为高电平时，允许计数；为低电平时停止计数，并保持其所计的脉冲数。在停止计数期间，首先需要锁存信号 Load 的上跳沿，将计数器在前 1 秒的计数值锁存进 32 位锁存器 REG32B 中，由外部的 7 段译码器译出，并稳定显示。设置锁存器的好处是，显示的数据稳定，不会由于周期性的清零信号而不断闪烁，锁存信号之后，必须有一清零信号 CLR_CNT 对计数器进行清零，为下 1 秒的计数操作做准备。测频控制信号发生器的工作时序如图 8.35 所示。为了产生这个时序图，需首先建立一个由 D 触发器构成的二分频器，在每次时钟 CLK 上沿到来时其值翻转。其中控制信号时钟 CLK 的频率取 1Hz，此时信号 TSTEN 的脉宽恰好为 1s，可用做计数器的闸门信号。然后根据测频的时序要求，得出信号 Load 和 CLR_CNT 的逻辑描述。由图 8.35 可见，在计数完成后，即计数使能信号 TSTEN 在 1s 的高电平后，利用其反相值的上跳沿产生一个 Load，0.5s 后，CLR_CNT 产生一个清零信号上跳沿。高质量的测频控制信号发生器的设计十分重要，设计中要对其进行仔细的实时仿真，防止可能产生的毛刺。

（2）寄存器 REG32B 设计要求：若已有 32 位 BCD 码存在于此模块的输入口，在信号 Load 的上升沿后即被锁存到 REG32B 的内部，并由 REG32B 的输出端输出。

（3）计数器 CNT10 设计要求：如图 8.34 所示，此十进制计数器的特殊之处是，有一时钟使能输入端 ENA，用于锁定计数值。高电平时允许计数，低电平时禁止计数。

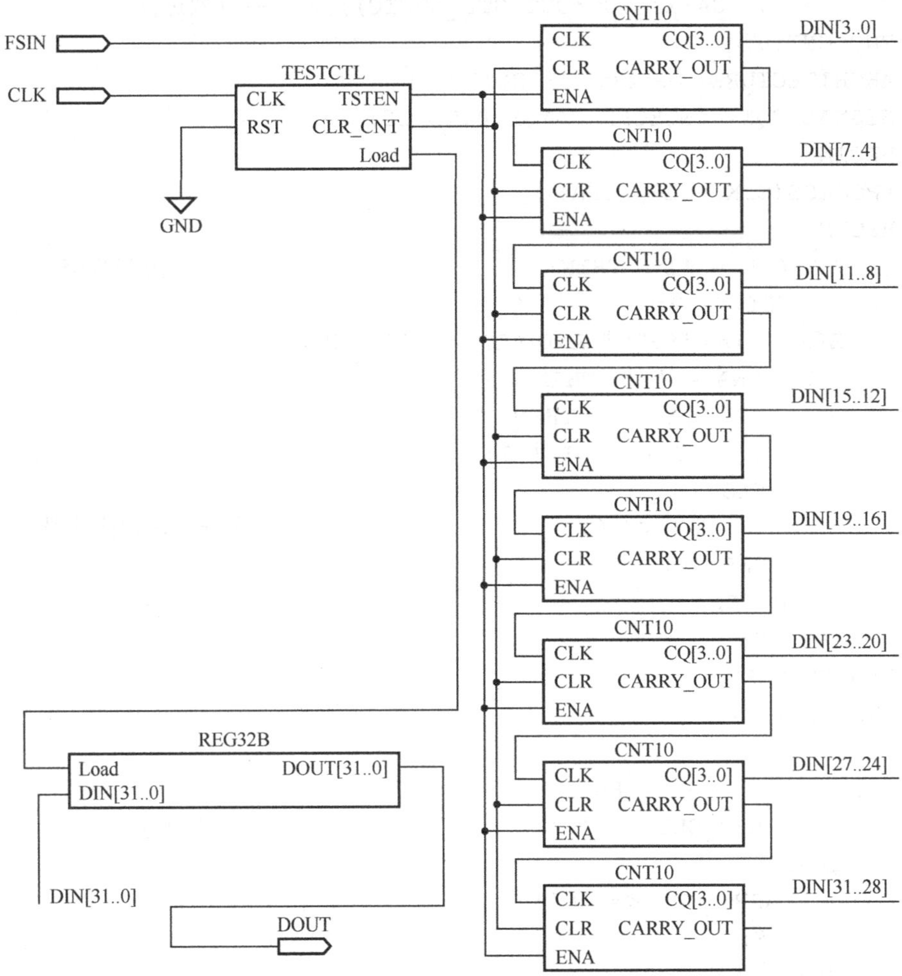

图 8.34　8 位十进制数字频率计逻辑图

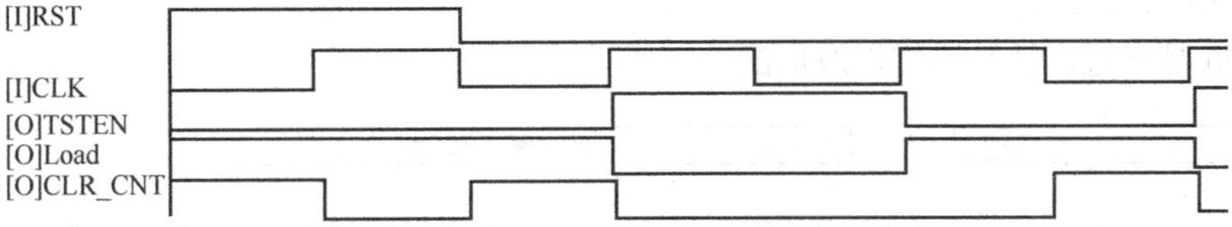

图 8.35　测频控制信号发生器工作时序

【例 8.30】

```
--十进制计数器源程序
LIBRARY IEEE;                                    --有时钟使能的十进制计数器
USE IEEE.STD_LOGIC_1164.ALL;
ENTITY  CNT10  IS
     PORT (CLK:IN STD_LOGIC;                     --计数器时钟信号
           CLR:IN STD_LOGIC;                     --清零信号
           ENA:IN STD_LOGIC;                     --计数使能信号
           CQ:OUT INTEGER RANGE 0 TO 15;         --4 位计数结果输出
```

```
                CARRY_OUT:OUT STD_LOGIC);      --计数进位
END CNT10;
ARCHITECTURE  behave OF CNT10 IS
SIGNAL CQI :INTEGER RANGE 0 TO 15;
BEGIN
PROCESS(CLK, CLR, ENA)
BEGIN
   IF  CLR = '1'  THEN                              --计数器异步清零
      CQI <= 0;
   ELSIF  CLK'EVENT AND CLK = '1'  THEN
     IF  ENA = '1'  THEN
        IF  CQI < 9  THEN
           CQI <= CQI + 1;
        ELSE
           CQI <= 0;                                --等于 9，则计数器清零
        END IF;
     END IF;
   END IF;
END PROCESS;
PROCESS(CQI)
BEGIN
   IF  CQI = 9  THEN
      CARRY_OUT <= '1';                             --进位输出
   ELSE
      CARRY_OUT <= '0';
   END IF;
END PROCESS;
CQ <= CQI;
END behave;
```

图 8.36 是十进制计数器仿真波形图。

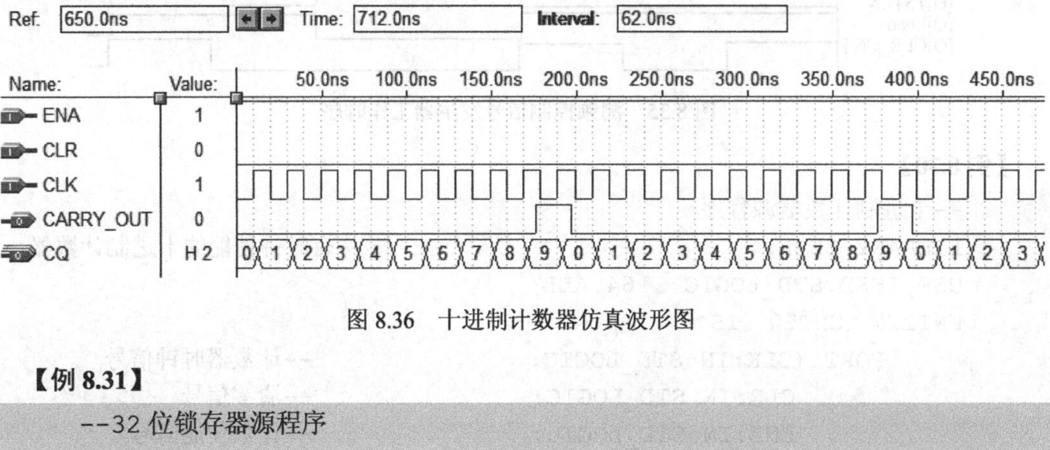

图 8.36　十进制计数器仿真波形图

【例 8.31】

```
--32 位锁存器源程序
LIBRARY IEEE;
```

```
USE IEEE.STD_LOGIC_1164.ALL;
ENTITY  REG32B  IS
     PORT (Load :IN STD_LOGIC;
           DIN :IN STD_LOGIC_VECTOR(31 DOWNTO 0);
           DOUT:OUT STD_LOGIC_VECTOR(31 DOWNTO 0));
END REG32B;
ARCHITECTURE behave OF REG32B IS
BEGIN
PROCESS(Load, DIN)
BEGIN
   IF  Load'EVENT AND Load='1' THEN
       DOUT<=DIN;                          --锁存输入数据
   END IF;
END PROCESS;
END behave;
```

图 8.37 是 32 位锁存器仿真波形图。

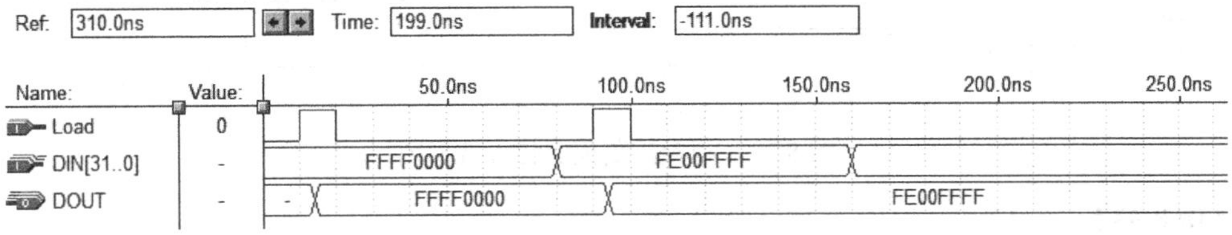

图 8.37　32 位锁存器仿真波形图

【例 8.32】

```
--测频控制模块源程序
LIBRARY IEEE;
USE IEEE.STD_LOGIC_1164.ALL;
USE IEEE.STD_LOGIC_UNSIGNED.ALL;
ENTITY  TESTCTL  IS
     PORT (CLK:IN STD_LOGIC;                   --1Hz 测频控制时钟
           TSTEN:OUT STD_LOGIC;                --计数器时钟使能
           CLR_CNT:OUT STD_LOGIC;              --计数器清零
           Load:OUT STD_LOGIC);                --输出锁存信号
END TESTCTL;
ARCHITECTURE behave OF TESTCTL IS
SIGNAL Div2CLK:STD_LOGIC;
BEGIN
PROCESS (CLK)
BEGIN
   IF  CLK'EVENT AND CLK = '1'  THEN          --1Hz 时钟二分频
      Div2CLK <= NOT Div2CLK;
   END IF;
END PROCESS;
```

```
    PROCESS (CLK, Div2CLK)
    BEGIN
        IF  CLK='0' AND Div2CLK='0'  THEN
            CLR_CNT<='1';                   --产生计数器清零信号
         ELSE
            CLR_CNT <= '0';
         END IF;
    END PROCESS;
    Load<= NOT Div2CLK;
    TSTEN <= Div2CLK;
    END behave;
```

图 8.38 是测频控制模块仿真波形图。

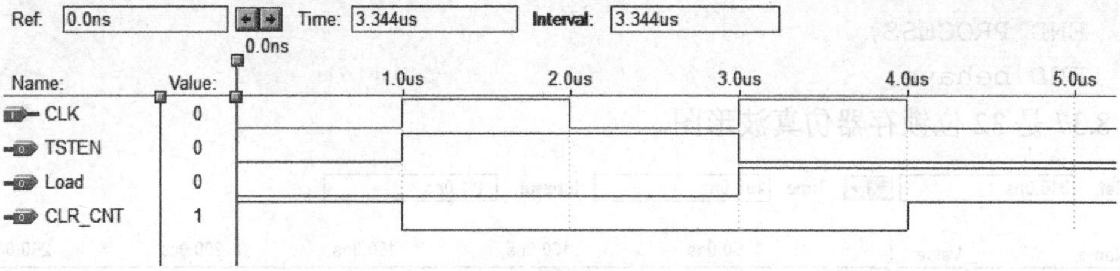

图 8.38 测频控制模块仿真波形图

【例 8.33】

```
    --数字频率计顶层文件源程序
    LIBRARY IEEE;                                     --频率计的顶层文件
    USE IEEE. STD_LOGIC_1164. ALL;
    ENTITY  FREQTEST  IS
         PORT  (CLK:IN  STD_LOGIC;
                FSIN:IN  STD_LOGIC;
                DOUT:OUT  STD_LOGIC_VECTOR(31  DOWNTO  0));
    END FREQTEST;
    ARCHITECTURE  struct  OF  FREQTEST  IS
    COMPONENT TESTCTL
        PORT(CLK:IN STD_LOGIC;
             TSTEN:OUT STD_LOGIC;
             CLR_CNT:OUT STD_LOGIC;
             Load:OUT STD_LOGIC);
    END COMPONENT;
    COMPONENT CNT10
       PORT(CLK:IN STD_LOGIC;
            CLR:IN STD_LOGIC;
            ENA:IN STD_LOGIC;
            CQ: OUT STD_LOGIC_VECTOR(3 DOWNTO 0);
            CARRY_OUT:OUT STD_LOGIC);
    END COMPONENT;
```

```
COMPONENT REG32B
  PORT (Load:IN STD_LOGIC;
        DIN: IN STD_LOGIC_VECTOR(31 DOWNTO 0);
        DOUT:OUT STD_LOGIC_VECTOR(31 DOWNTO 0));
END COMPONENT;
SIGNAL  Loadl, TSTEN1, CLR_CNT1: STD_LOGIC;
SIGNAL  DTO1:STD_LOGIC_VECTOR(31 DOWNTO 0);
SIGNAL  CARRY_OUT1:STD_LOGIC_VECTOR(6 DOWNTO 0);
BEGIN
U1:TESTCTL  PORT MAP(CLK => CLK, TSTEN => TSTEN1,
                     CLR_CNT => CLR_CNT1, Load => Loadl);
U2:REG32B   PORT MAP(Load => Loadl, DIN => DTO1, DOUT => DOUT);
U3:CNT10    PORT MAP(CLK => FSIN, CLR => CLR_CNT1, ENA => TSTEN1,
                     CQ => DTO1(3 DOWNTO 0),
                     CARRY_OUT => CARRY_OUT1(0));
U4:CNT10   PORT MAP (CLK => CARRY_OUT1(0), CLR => CLR_CNT1,
                    ENA => TSTEN1, CQ => DTO1(7 DOWNTO 4),
                    CARRY_OUT => CARRY_OUT1 (1));
U5:CNT10   PORT MAP(CLK => CARRY_OUT1(1), CLR => CLR_CNT1,
                    ENA => TSTEN1, CQ => DTO1(11 DOWNTO 8),
                    CARRY_OUT => CARRY_OUT1(2));
U6:CNT10   PORT MAP(CLK => CARRY_OUT1(2), CLR => CLR_CNT1,
                    ENA => TSTEN1, CQ => DTO1(15 DOWNTO 12),
                    CARRY_OUT => CARRY_OUT1(3));
U7:CNT10   PORT MAP(CLK => CARRY_OUT1(3), CLR => CLR_CNT1,
                    ENA => TSTEN1, CQ => DTO1(19 DOWNTO 16),
                    CARRY_OUT => CARRY_OUT1(4));
U8:CNT10   PORT MAP(CLK => CARRY_OUT1(4), CLR => CLR_CNT1,
                    ENA => TSTEN1, CQ => DTO1(23 DOWNTO 20),
                    CARRY_OUT => CARRY_OUT1(5));
U9:CNT10   PORT MAP(CLK => CARRY_OUT1(5), CLR => CLR_CNT1,
                    ENA => TSTEN1, CQ => DTO1(27 DOWNTO 24),
                    CARRY_OUT => CARRY_OUT1(6));
U10:CNT10   PORT MAP(CLK => CARRY_OUT1(6), CLR => CLR_CNT1,
                    ENA => TSTEN1, CQ => DTO1(31 DOWNTO 28));
END struct;
```

8.11　A/D 采样控制器设计

与微处理器或单片机相比，CPLD/FPGA 更适用于直接对高速 A/D 器件的采样控制。本例设计的接口器件选为 ADC0809，利用 CPLD 或 FPGA 目标器件设计一个采样控制器，按照正确的时序直接控制 ADC0809 的工作。事实上，可以利用 CPLD/FPGA 控制更高速的串行或并行工作的 A/D 器件。

ADC0809 为单极性输入、8 位转换精度、逐次逼近式 A/D 转换器，其采样速度为每次转换约 100μs，其各引脚功能和工作时序如图 8.39 所示。有 8 个模拟信号输入通道 IN0～IN7；由 ADDA、ADDB 和 ADDC（ADDC 为最高位）作为此 8 路通道选择地址，在转换开始前，由地址锁存允许信号 ALE 将此 3 位地址锁入锁存器中，以确定转换信号通道；EOC 为转换结束状态信号，由低电平转为高电平时指示转换结束，此时可读入转换好的 8 位数据。EOC 在低电平时，指示正在进行转换；START 为转换启动信号，上升沿启动；OE 为数据输出允许，高电平有效；CLOCK 为 ADC 转换时钟输入端口（500kHz 左右）。为达到 A/D 器件的最高转换速度，A/D 转换控制必须包含监测 EOC 信号的逻辑，一旦 EOC 从低电平变为高电平，即可将 OE 置为高电平，然后传送或显示已转换好的数据[D0..D7]。

图 8.40 是 ADC0809 采样控制器 ADCINT 的逻辑图，其中[D0..D7]为 ADC0809 转换结束后的输出数据；ST 为自动转换时钟信号；ALE 和 STA（即 START）是通道选择地址锁存信号和转换启动信号；OE 和 ADDA 分别为输出使能信号和通道选择低位地址信号。

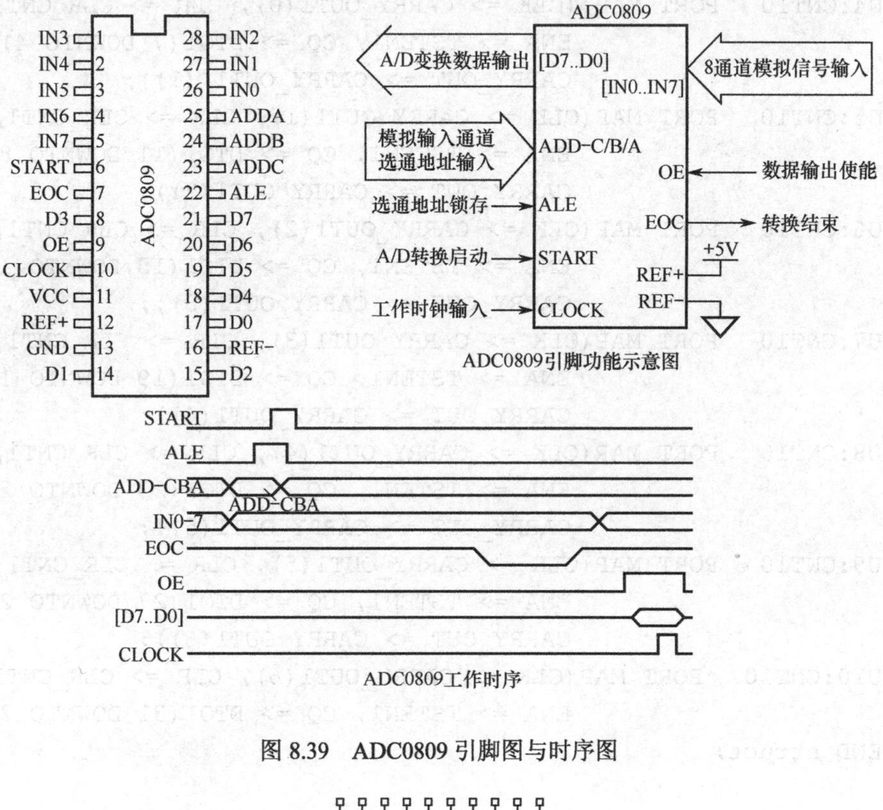

图 8.39　ADC0809 引脚图与时序图

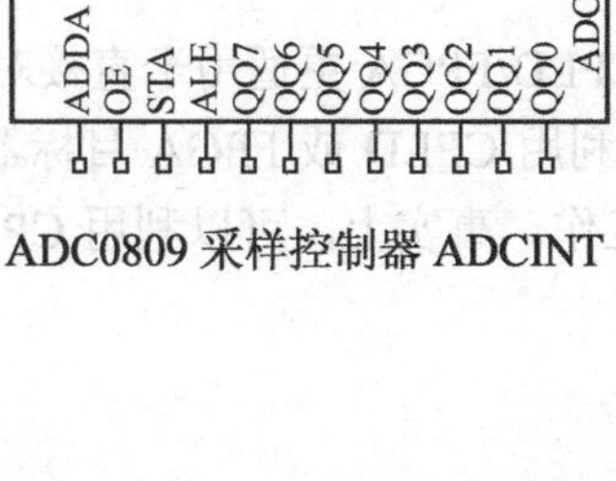

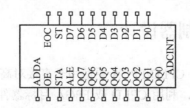

图 8.40　ADC0809 采样控制器 ADCINT 的逻辑图

【例 8.34】

```
LIBRARY IEEE;                              --ADC0809 自动采样控制电路
USE IEEE.STD_LOGIC_1164.ALL;
ENTITY  ADCINT  IS
  PORT (DD:IN STD_LOGIC_VECTOR(7 DOWNTO 0);  --ADC0809 变换输入
       ST, EOC:IN STD_LOGIC;               --ST：采样控制时钟信号
                                           --EOC：A/D 转换状态信号
       ALE, STA :OUT STD_LOGIC;
                                           --ALE：通道选择地址锁存信号
                                           --STA(START)：转换启动信号
       OE, ADDA:OUT STD_LOGIC;             --OE：输出使能信号
                                           --ADDA：通道选择低位地址
       QQ:OUT STD_LOGIC_VECTOR(7 DOWNTO 0)); --变换数据显示输出
END ADCINT;
ARCHITECTURE behave OF ADCINT IS
SIGNAL QQQ:STD_LOGIC_VECTOR(7 DOWNTO 0);
SIGNAL DK, CLR:STD_LOGIC;                  --DK：A/D 转换启动信号发生器
BEGIN
ADDA <= '1';                               --选通 IN1 通道
OE <= NOT EOC;
CLR <= NOT EOC;
PROCESS (EOC)
BEGIN
   IF  EOC='1' AND EOC'EVENT  THEN
      QQQ <= DD;  --用 A/D 转换状态信号 EOC 的上跳沿将变换好的数据锁存
   END IF;
END PROCESS;
PROCESS (CLR, ST)
BEGIN
   IF  CLR='1'  THEN
      DK <= '0';           --D 触发器 DK 异步清零控制
   ELSIF ST='1'  AND ST'EVENT THEN
      DK <= '1';           --当时钟信号 ST 的上升沿到来时，触发器 DK 置 1
   END IF;
END PROCESS;
ALE <= DK;
STA <= DK;
QQ <= QQQ;
END behave;
```

8.12　8 位硬件乘法器设计

纯组合逻辑构成的乘法器虽然工作速度比较快，但过于占用硬件资源，难以实现宽位乘法

器；基于 PLD 器件外接 ROM 九九乘法表的乘法器则无法构成单片系统，也不实用。这里介绍由 8 位加法器构成的以时序逻辑方式设计的 8 位乘法器，它具有一定的实用价值。其乘法原理是：乘法通过逐项移位相加原理来实现，从被乘数的最低位开始，若为 1，则乘数右移后与上一次的和相加；若为 0，右移后以全零相加，直至被乘数的最高位。

图 8.41 中，ARICTL 是乘法运算控制电路，其 START 信号的上跳沿与高电平有两个功能，即 16 位寄存器清零和被乘数 A[7..0]向移位寄存器 REG8B 加载；它的低电平则作为乘法使能信号。乘法时钟信号从 ARICTL 的 CLK 输入。当被乘数加载于 8 位右移寄存器 REG8B 后，随着每一时钟节拍，最低位在前，由低位至高位逐位移出。当为 1 时，与门 ANDARITH 打开，8 位乘数 B[7..0]在同一节拍进入 8 位加法器，与上一次锁存在 16 位锁存器 REGl6B 中的高 8 位进行相加，其和在下一时钟节拍的上升沿锁进此锁存器。而当被乘数的移出位为 0 时，与门全零输出。如此往复，直至 8 个时钟脉冲后，由 ARICTL 的控制，乘法运算过程自动中止，ARIEND 输出高电平，以示乘法结束，此时 REG16B 的输出值即为最后的乘积。此乘法器的优点是节省芯片资源，其核心元件只是一个 8 位加法器，运算速度取决于输入的时钟频率。时钟频率为 l00MHz 时，运算周期仅需 80ns。因此，可以利用此乘法器，或相同原理构成的更高位乘法器，完成一些数字信号处理方面的运算。

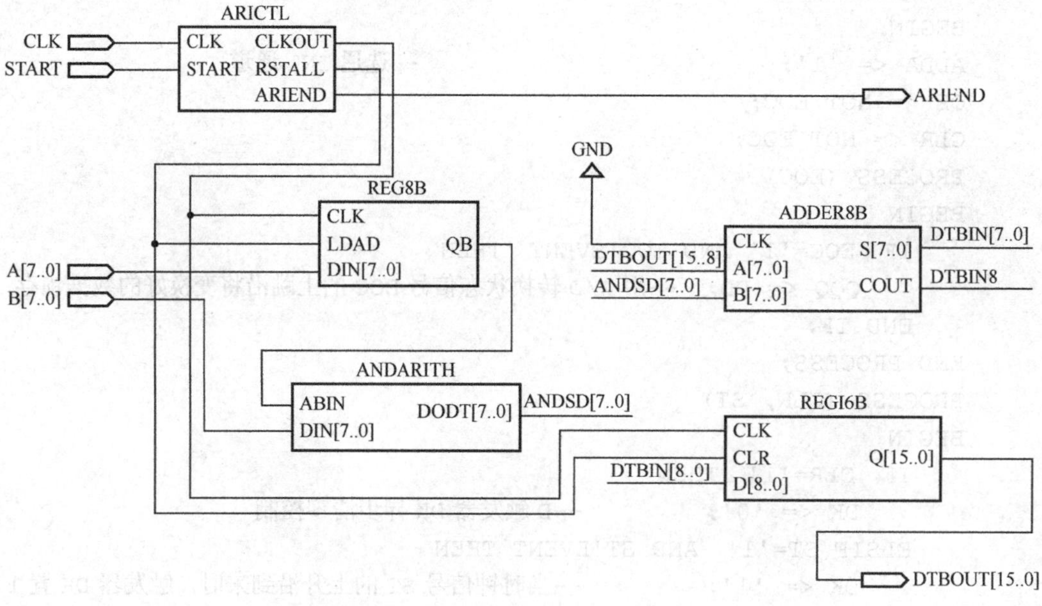

图 8.41 8×8 位乘法器电路原理图

【例 8.35】

```
--与门选通模块源程序
LIBRARY IEEE;
USE IEEE.STD_LOGIC_1164.ALL;
ENTITY  ANDARITH  IS                                  --选通与门模块
    PORT (ABIN:IN STD_LOGIC;                          --与门开关
          DIN:IN STD_LOGIC_VECTOR(7 DOWNTO 0);        --8 位输入
          DOUT:OUT STD_LOGIC_VECTOR(7 DOWNTO 0)); --8 位输出
END  ANDARITH;
```

```
ARCHITECTURE behave OF ANDARITH IS
BEGIN
PROCESS (ABIN, DIN)
BEGIN
   FOR I IN 0 TO 7 LOOP      --循环，分别完成 8 位数据与 1 位控制位的与操作
       DOUT(I) <= DIN(I) AND ABIN;
   END LOOP;
END PROCESS;
END behave;
```

图 8.42 是与门选通模块仿真波形图。

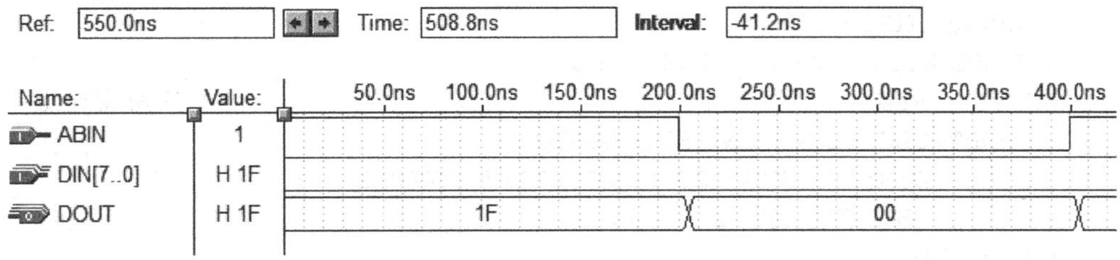

图 8.42　与门选通模块仿真波形图

【例 8.36】

```
--16 位锁存器源程序
LIBRARY IEEE;
USE IEEE.STD_LOGIC_1164.ALL;
ENTITY REG16B IS                                      --16 位锁存器
  PORT (CLK:IN STD_LOGIC;                             --锁存信号
        CLR:IN STD_LOGIC;                             --清零信号
        D:IN STD_LOGIC_VECTOR(8 DOWNTO 0);            --9 位数据输入
        Q:OUT STD_LOGIC_VECTOR(15 DOWNTO 0));--16 位数据输出
END REG16B;
ARCHITECTURE behave OF REG16B IS
SIGNAL R16S:STD_LOGIC_VECTOR(15 DOWNTO 0);           --16 位寄存器设置
BEGIN
PROCESS (CLK, CLR)
BEGIN
  IF CLR= '1' THEN                                    --异步复位信号
     R16S <= (OTHERS=> '0');
  ELSIF CLK'EVENT AND CLK = '1' THEN           --时钟到来时，锁存输入值
        R16S(6 DOWNTO 0) <= R16S(7 DOWNTO 1); --右移低 7 位
        R16S(15 DOWNTO 7) <= D;                --将输入锁存到高 9 位
  END IF;
END PROCESS;
Q <= R16S;
END behave;
```

图 8.43 是 16 位锁存器仿真波形图。

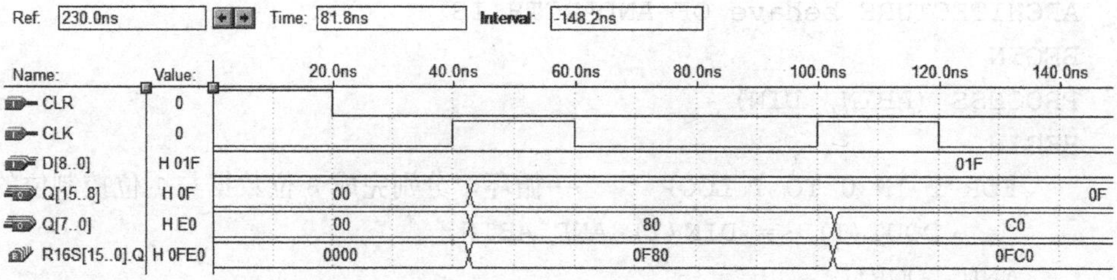

图 8.43　16 位锁存器仿真波形图

【例 8.37】

```
--8位右移寄存器源程序
LIBRARY IEEE;
USE IEEE.STD_LOGIC_1164. ALL;
ENTITY  REG8B  IS                                          --8位右移寄存器
  PORT(CLK, LOAD:IN  STD_LOGIC;
         DIN:IN  STD_LOGIC_VECTOR(7 DOWNTO 0);
         QB:OUT  STD_LOGIC);
END REG8B;
ARCHITECTURE behave OF REG8B IS
SIGNAL REG8:STD_LOGIC_VECTOR(7 DOWNTO 0);
BEGIN
PROCESS(CLK, LOAD)
BEGIN
  IF  CLK'EVENT AND CLK = '1'  THEN
     IF  LOAD= '1'  THEN
        REG8<=DIN;                                         --装载新数据
     ELSE
        REG8(6 DOWNTO 0) <= REG8(7 DOWNTO 1);     --数据右移
     END IF;
  END IF;
END PROCESS;
QB <= REG8(0);                                             --输出最低位
END behave;
```

图 8.44 是 8 位右移寄存器仿真波形图。

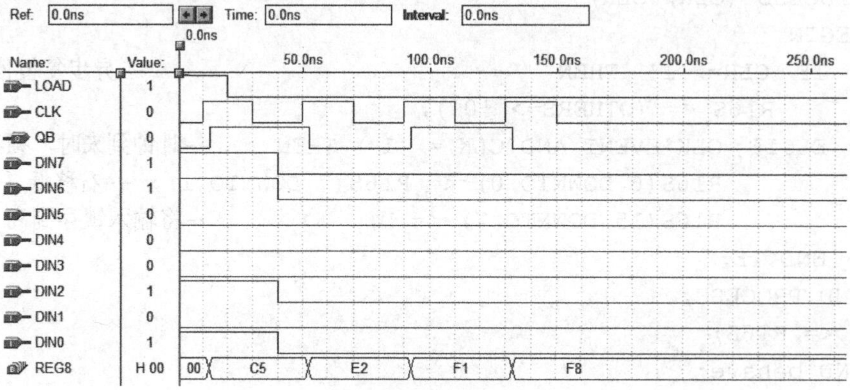

图 8.44　8 位右移寄存器仿真波形图

【例 8.38】

```
--运算控制模块源程序
LIBRARY IEEE;
USE IEEE.STD_LOGIC_1164. ALL;
USE IEEE.STD_LOGIC_UNSIGNED. ALL;
ENTITY  ARICTL  IS
  PORT (CLK:IN STD_LOGIC;
        START:IN STD_LOGIC;
        CLKOUT:OUT STD_LOGIC;
        RSTALL:OUT STD_LOGIC;
        ARIEND:OUT STD_LOGIC);
END ARICTL;
ARCHITECTURE behave OF ARICTL IS
SIGNAL CNT4B:STD_LOGIC_VECTOR(3 DOWNTO 0);
BEGIN
RSTALL <= START;
PROCESS (CLK, START)
BEGIN
  IF  START = '1'  THEN
      CNT4B <= "0000";                    --高电平清零计数器
  ELSIF CLK'EVENT AND CLK = '1' THEN
     IF CNT4B < 8 THEN  --小于 8 则计数，等于 8 表明乘法运算已经结束
        CNT4B <= CNT4B + 1;
     END IF;
  END IF;
END PROCESS;
PROCESS(CLK, CNT4B, START)
BEGIN
  IF START = '0' THEN
    IF CNT4B < 8 THEN                          --乘法运算正在进行
      CLKOUT <= CLK;
      ARIEND <= '0';
    ELSE
      CLKOUT <= '0';
      ARIEND <= '1';                           --运算已经结束
    END IF;
  ELSE
     CLKOUT <= CLK;
     ARIEND <= '0';
  END IF;
END PROCESS;
END behave;
```

图 8.45 是运算控制模块仿真波形图。

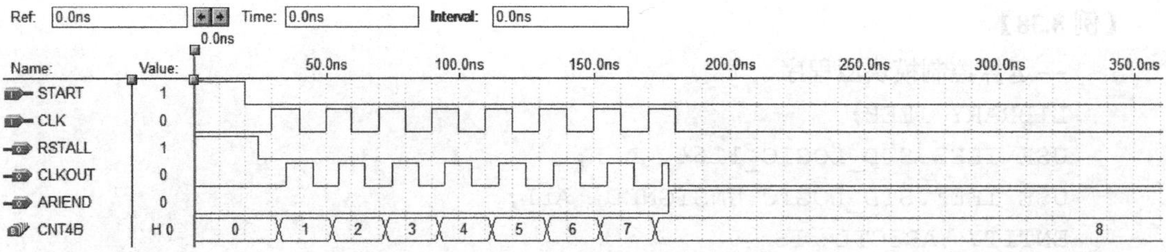

图 8.45 运算控制模块仿真波形图

【例 8.39】

```
--8 位硬件乘法器源程序
LIBRARY IEEE;                          --8 位乘法器顶层设计文件
USE IEEE.STD_LOGIC_1164 .ALL;
ENTITY MULTI8X8 IS
  PORT(CLK:IN STD_LOGIC;
       START:IN STD_LOGIC;             --乘法启动信号，高电平
                                       --复位与加载，低电平运算
       A :IN STD_LOGIC_VECTOR(7 DOWNTO 0);       --8 位被乘数
       B :IN STD_LOGIC_VECTOR(7 DOWNTO 0);       --8 位乘数
       ARIEND:OUT STD_LOGIC;           --乘法运算结束标志
       DOUT:OUT STD_LOGIC_VECTOR(15 DOWNTO 0));
                                       --16 位乘积输出
END MULTI8X8;
ARCHITECTURE struc OF MULTI8X8 IS
COMPONENT ARICTL
     PORT (CLK:IN STD_LOGIC;
           START:IN STD_LOGIC;
           CLKOUT:OUT STD_LOGIC;
           RSTALL:OUT STD_LOGIC;
           ARIEND:OUT STD_LOGIC);
END COMPONENT;
COMPONENT ANDARITH             --待调用的控制与门端口定义
     PORT (ABIN:IN STD_LOGIC;
           DIN:IN STD_LOGIC_VECTOR(7 DOWNTO 0);
           DOUT:OUT STD_LOGIC_VECTOR(7 DOWNTO 0));
END COMPONENT;
COMPONENT ADDER8B              --待调用的 8 位加法器端口定义
     PORT (CIN:IN STD_LOGIC;
           A:IN STD_LOGIC_VECTOR(7 DOWNTO 0);
           B:IN STD_LOGIC_VECTOR(7 DOWNTO 0);
           S:OUT STD_LOGIC_VECTOR(7 DOWNTO 0);
           COUT:OUT STD_LOGIC);
END COMPONENT;
COMPONENT REG8B                --待调用的 8 位右移寄存器端口定义
```

```
        PORT (CLK:IN STD_LOGIC;
              LOAD:IN STD_LOGIC;
              DIN:IN STD_LOGIC_VECTOR(7 DOWNTO 0);
              QB:OUT STD_LOGIC);
    END COMPONENT;
    COMPONENT REG16B                 --待调用的16位右移寄存器端口定义
        PORT (CLK:IN STD_LOGIC;
              CLR:IN STD_LOGIC;
              D:IN STD_LOGIC_VECTOR(8 DOWNTO 0);
              Q:OUT STD_LOGIC_VECTOR(15 DOWNTO 0));
    END COMPONENT;
    SIGNAL GNDINT:STD_LOGIC;
    SIGNAL INTCLK:STD_LOGIC;
    SIGNAL RSTALL:STD_LOGIC;
    SIGNAL QB:STD_LOGIC;
    SIGNAL ANDSD:STD_LOGIC_VECTOR(7 DOWNTO 0);
    SIGNAL DTBIN:STD_LOGIC_VECTOR(8 DOWNTO 0);
    SIGNAL DTBOUT:STD_LOGIC_VECTOR(15 DOWNTO 0);
    BEGIN
    DOUT <= DTBOUT;
    GNDINT <= '0';
    U1:ARICTL PORT MAP(CLK => CLK, START => START, CLKOUT => INTCLK,
                       RSTALL => RSTALL, ARIEND => ARIEND);
    U2:REG8B PORT MAP(CLK => INTCLK, LOAD => RSTALL, DIN => B,
                      QB => QB);
    U3:ANDARITH PORT MAP(ABIN => QB, DIN => A, DOUT => ANDSD);
    U4:ADDER8B PORT MAP(CIN => GNDINT, A => DTBOUT(15 DOWNTO 8),
                        B => ANDSD, S => DTBIN(7 DOWNTO 0),
                        COUT => DTBIN(8));
    U5:REG16B  PORT MAP(CLK => INTCLK, CLR => RSTALL, D => DTBIN,
                        Q => DTBOUT);
    END struc;
```

图 8.46 是 8 位硬件乘法器仿真波形图。

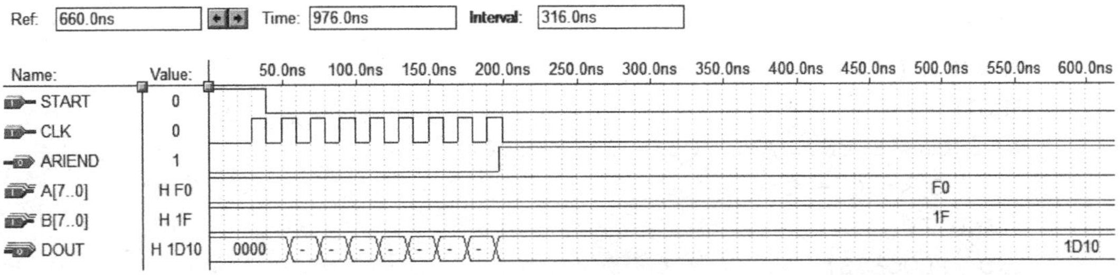

图 8.46　8 位硬件乘法器仿真波形图

8.13 流水灯控制器设计

流水灯硬件原理图如图 8.47 所示，通过 VHDL 语言描述控制程序，使 LED 发光管从“左向右”依次点亮，CLK 为外部时钟脉冲，控制程序中采用外部时钟驱动八进制计数器，计数器每计一个数，输出端改变一个控制字，仿真波形图如图 8.48 所示。

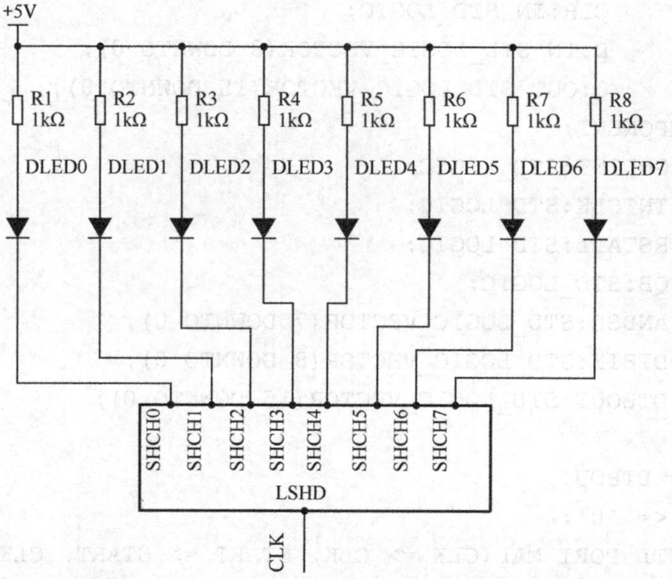

图 8.47 流水灯硬件原理图

【例 8.40】

```
LIBRARY IEEE;
USE IEEE.STD_LOGIC_1164.ALL;
USE IEEE.STD_LOGIC_UNSIGNED.ALL;
ENTITY  LSHD  IS
    PORT(CLK: IN STD_LOGIC;
          SHCH: OUT STD_LOGIC_VECTOR(7 DOWNTO 0));
END LSHD;
ARCHITECTURE  behave OF LSHD IS
SIGNAL Q: INTEGER  RANGE  7  DOWNTO  0;
BEGIN
PROCESS(CLK)
BEGIN
  IF(CLK'EVENT  AND  CLK='1') THEN
      Q <= Q + 1;
  END IF;
END  PROCESS;
PROCESS(Q)
BEGIN
```

```
      CASE  Q  IS
              WHEN 0=>SHCH<="01111111";
              WHEN 1=>SHCH<="10111111";
              WHEN 2=>SHCH<="11011111";
              WHEN 3=>SHCH<="11101111";
              WHEN 4=>SHCH<="11110111";
              WHEN 5=>SHCH<="11111011";
              WHEN 6=>SHCH<="11111101";
              WHEN 7=>SHCH<="11111110";
              WHEN OTHERS =>NULL;
      END CASE;
    END PROCESS;
    END behave;
```

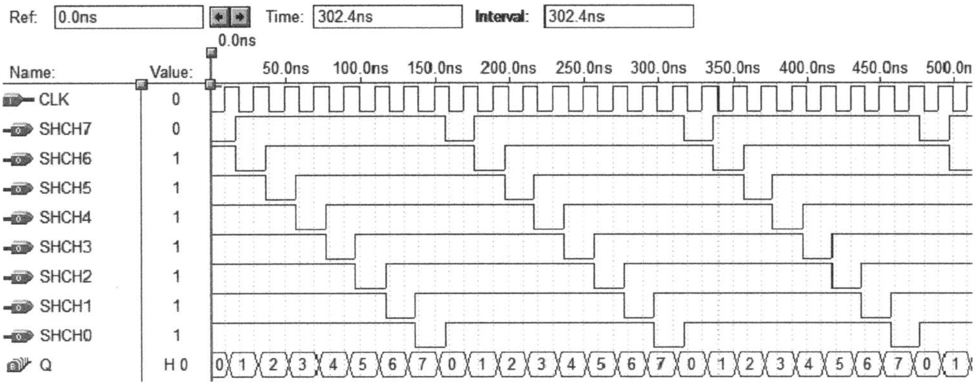

图 8.48　流水灯控制器仿真波形图

习　题

8.1　用组合逻辑电路设计一个 4 位二进制乘法电路。

8.2　设计一个 16 位加法器，要求由 4 个四位二进制并行加法器组成。

8.3　利用 VHDL 设计将十进制数 0～23 转换成 2 位 BCD 码的码制转换电路。

8.4　给出二输入或非门的 VHDL 语言描述。

8.5　用 VHDL 设计一个 3 位二进制可逆计数器。

8.6　用 VHDL 设计一个六十进制计数器。

8.7　用 VHDL 设计一个除 6 的加法分频电路

8.8　用 VHDL 设计一个家用告警系统的控制逻辑，告警系统有来自传感器的三个输入信号 smoke、door、water，准备传输到告警设备的三个输出触发信号 fire_alarm、burg_alarm、water_alarm，以及使能信号 en 和 alarm_en，控制图如题 8 图所示。

8.9　用 VHDL 语言描述 8 位二进制加/减计数器程序。

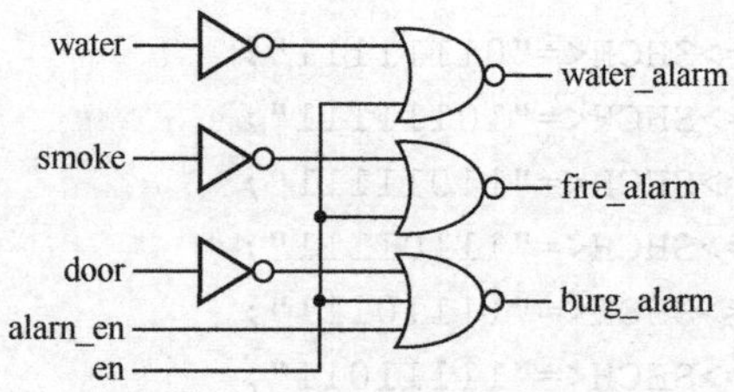

题 8 图

8.10 用 VHDL 语言描述一个串行输入、串行输出的 8 位移位寄存器。

8.11 用 VHDL 语言设计一个 16 位的奇偶校验电路。

8.12 用 VHDL 语言描述具有 74LS273 功能的电路。

第 9 章　有限状态机

利用 VHDL 设计的许多实用逻辑系统中，有许多是可以利用有限状态机的设计方案来描述和实现的。无论与基于 VHDL 的其他设计方案相比，还是与可完成相似功能的 CPU 相比，状态机都有其无可比拟的优越性，主要表现在以下几方面。

（1）由于状态机的结构模式相对简单，设计方案相对固定，特别是可以定义符号化枚举类型的状态，这一切都为 VHDL 综合器尽可能发挥其强大的优化功能提供了有利条件。而且，性能良好的综合器都具备许多可控或不可控的专门用于优化状态机的功能。

（2）状态机容易构成性能良好的同步时序逻辑模块，这对于对付大规模逻辑电路设计中令人深感棘手的竞争冒险现象无疑是一个上佳的选择，加之综合器对状态机的特有优化功能，使得状态机解决方案的优越性更为突出。

（3）状态机的 VHDL 设计程序层次分明，结构清晰，易读易懂，在排错、修改和模块移植方面，特别容易掌握。

（4）在高速运算和控制方面，状态机更有其巨大的优势。由于在 VHDL 中，一个状态机可以由多个进程构成，一个结构体中可以包含多个状态机，而一个单独的状态机（或多个并行运行的状态机）以顺序方式所能完成的运算和控制方面的工作与一个 CPU 类似。

（5）就运行速度而言，尽管 CPU 和状态机都是按照时钟节拍以顺序时序方式工作的，但 CPU 是按照指令周期，以逐条执行指令的方式运行的；每执行一条指令，通常只能完成一项操作，而一个指令周期须由多个 CPU 机器周期构成，一个机器周期又由多个时钟周期构成；一个含有运算和控制的完整设计程序往往需要成百上千条指令。相比之下，状态机状态变换周期只有一个时钟周期，而且，由于在每一状态中，状态机可以完成许多并行的运算和控制操作，所以一个完整的控制程序，即使由多个并行的状态机构成，其状态数也是十分有限的。因此，由状态机构成的硬件系统比 CPU 所能完成同样功能的软件系统的工作速度要高出两个数量级。

（6）就可靠性而言，状态机的优势也十分明显。CPU 本身的结构特点与执行软件指令的工作方式，决定了任何 CPU 都不可能获得圆满的容错保障。因此，用于要求高可靠性的特殊环境中的电子系统中，如果以 CPU 作为主控部件，应是一项错误的决策。然而，状态机系统就不同了，首先是由于状态机的设计中能使用各种无懈可击的容错技术；其次是状态机进入非法状态并从中跳出所耗的时间十分短暂，通常只有 2 个时钟周期，约数十纳秒，不足以对系统的运行构成损害；而 CPU 通过复位方式从非法运行方式中恢复过来，耗时达数十毫秒，这对于高速、高可靠系统显然是无法容忍的；再次，状态机本身是以并行运行为主的纯硬件结构。

9.1　一般状态机的设计

在产生输出的过程中，由是否使用输入信号来确定状态机的类型。两种典型的状态机是摩尔（MOORE）状态机和米利（MEALY）状态机。在摩尔状态机中，其输出只是当前状态值的函数，并且仅在时钟边沿到来时才发生变化。米利状态机的输出则是当前状态值、当前输出值和当前输入值的函数。对于这两类状态机，控制定序都取决于当前状态和输入信号。大多数实用的状态机都是同步时序电路，由时钟信号触发状态的转换。时钟信号同所有边沿触发的状态寄存器和输出寄存器相连，这使得状态的改变发生在时钟的上升沿。

为了能获得可综合的、高效的 VHDL 状态机描述，建议使用枚举类数据类型来定义状态机的状态，并使用多进程方式来描述状态机的内部逻辑。例如可使用两个进程来描述：一个进程描述时序逻辑，包括状态寄存器的工作和寄存器状态的输出；另一个进程描述组合逻辑，包括进程间状态值的传递逻辑及状态转换值的输出。必要时还可引入第三个进程完成其他的逻辑功能。

此外，还可利用组合逻辑的传播延迟实现状态机存储功能的异步状态机，这样的状态机难于设计且易发生故障，所以下面仅讨论同步时序状态机。

用 VHDL 设计的状态机的一般结构由以下几部分组成。

1）说明部分

说明部分中有新数据类型 TYPE 的定义及其状态类型（状态名），以及在此新数据类型下定义的状态变量。状态类型一般用枚举类型，其中每个状态名可任意选取。但为了便于辨认和含义明确，状态名最好有明显的解释性意义。状态变量应定义为信号，便于信息传递，说明部分一般放在 ARCHITECTURE 和 BEGIN 之间，如例 9.1 所示。

【例 9.1】

```
…
ARCHITECTURE  …  IS
   TYPE states IS(st0, st1, st2, st3);            --定义新的数据类型和
                                                  --状态名
   SIGNAL current_state, next_state:states;       --定义状态变量
BEGIN
…
```

2）主控时序进程

状态机是随外部时钟信号，以同步时序方式工作的。因此，状态机中必须包含一个对工作时钟信号敏感的进程，作为状态机的“驱动泵”。当时钟发生有效跳变时，状态机的状态才发生变化。状态机的下一状态（包括再次进入本状态）仅取决于时钟信号的到来。一般地，主控时序进程不负责进入下一状态的具体状态取值。当时钟的有效跳变到来时，时序进程只是机械地将代表下一状态的信号（next_state）中的内容送入代表本状态的信号（current_state）中，而信号（next_state）中的内容完全由其他进程根据实际情况来决定，当然此进程中也可以放置一些同步或异步清零或置位方面的控制信号。总的来说，主控时序进程的设计比较固定、单一和简单。

3）主控组合进程

主控组合进程的任务根据外部输入的控制信号（包括来自状态机外部的信号和来自状态机内部其他非主控的组合或时序进程的信号），或/和当前状态的状态值确定下一状态（next_state）的取向，即 next_state 的取值内容，并确定对外输出或对内部其他组合或时序进程输出控制信

号的内容。

4）普通组合进程

用于配合状态机工作的其他组合进程，如为了完成某种算法的进程。

5）普通时序进程

用于配合状态机工作的其他时序进程，如为了稳定输出设置的数据锁存器等。

一个状态机的最简结构应至少由两个进程构成（也有单进程状态机，但并不常用），即一个主控时序进程和一个主控组合进程。一个进程作为“驱动泵”，描述时序逻辑，包括状态寄存器的工作和寄存器状态的输出；另一个进程描述组合逻辑，包括进程间状态值的传递逻辑及状态转换值的输出。当然，必要时还可引入第3个和第4个进程，以完成其他的逻辑功能。

例9.2 描述的状态机由两个主控进程构成，其中进程“REG”是主控时序进程，“COM”是主控组合进程，该程序可作为一般状态机设计的模板来加以套用。

【例9.2】

```
LIBRARY IEEE;
USE IEEE. STD_LOGIC_1164. ALL;
ENTITY s_machine IS
  PORT (clk, reset : IN STD_LOGIC;
        stateinputs : IN STD_LOGIC_VECTOR (0 T0 1);
        comb_outputs : OUT STD_LOGIC_VECTOR (0 TO 1));
END s_machine;
ARCHITECTURE behv OF s_machine IS
TYPE states IS (st0, stl, st2, st3);          --定义 states 为枚举型数据
                                              --类型
SIGNAL current_state, next_state: states;
BEGIN
REG: PROCESS (reset, clk)                 --时序逻辑进程
    BEGIN
    IF reset ='1' THEN                    --异步复位
      current_state <= st0;
    ELSIF clk='l' AND clk'EVENT THEN
      current_state <= next_state;     --当检测到时钟上升沿时转换至下
                                       --一状态
    END IF;
   END PROCESS; --由信号 current_state 将当前状态值带出此进程，进入进程 COM
COM: PROCESS(current_state, state_Inputs)      --组合逻辑进程
    BEGIN
    CASE current_state IS                     --确定当前状态的状态值
      WHEN st0 => comb_outputs <= "00";     --初始态译码输出"00"
        IF state_inputs = "00" THEN
                                     --根据外部的状态控制输入"00"
          next_state <= st0; --在下一时钟后，进程 REG 的状态将为 st0
        ELSE
```

```
            next state <= st1;     --否则,在下一时钟后,进程REG的状态为st1
         END IF;
      WHEN stl => comb_outputs <= "01";
         IF state_inputs = "00" THEN
           next_state <= stl;
         ELSE
            next_state <= st2;--否则，在下一时钟后，进程REG的状态为st2
         END IF;
      WHEN st2 => comb_outputs <= "10";     --以下以此类推
         IF state_inputs = "11" THEN
            next_state <= st2;
         ELSE
            next_state <= st3;
         END IF;
      WHEN st3 => comb_outputs <= "11";
         IF state_inputs = "11" THEN
            next_state<=st3;
         ELSE
            next_state <= st0; --否则，在下一时钟后，进程REG的状态返回st0
         END IF;
      END case;
END PROCESS;            --由信号next_state将下一状态带出此进程,进入进程REG
END behv;
```

从一般意义上说，进程间是并行运行的，但由于敏感信号的设置不同及电路的延迟，在时序上进程间的动作是有先后的。本例中，就状态转换这一行为来说，进程“REG”在时钟上升沿到来时，将首先运行，完成状态转换的赋值操作。进程REG只负责将当前状态转换为下一状态，而不管所转换的状态究竟处于哪个状态（st0、stl、st2、st3）。如果外部控制信号state_inputs不变，只有当来自进程REG的信号current_state改变时，进程COM才开始动作。在此进程中，将根据current_state的值和外部的控制码state_inputs来决定下一时钟边沿到来后，进程REG的状态转换方向。这个状态机的两位组合逻辑输出comb_outputs是对当前状态的译码，读者可通过这个输出值了解状态机内部的运行情况；同时可利用外部控制信号state_inputs任意改变状态机的状态变化模式。

9.2 摩尔状态机的VHDL设计

例9.3和例9.4是摩尔状态机的两个VHDL设计模型，图9.1和图9.2分别显示了它们的示意图。

【例9.3】

```
--摩尔状态机的VHDL设计模型之一
LIBRARY IEEE;
USE IEEE.STD_LOGIC_1164.ALL;
```

```
ENTITY SYSTEM1 IS
   PORT(CLOCK: IN STD_LOGIC;
        A: IN STD_LOGIC;
        D: OUT STD_LOGIC);
END SYSTEM1;
ARCHITECTURE MOORE1 OF SYSTEM1 IS
SIGNAL B, C: STD_LOGIC;
BEGIN
FUNC1: PROCESS(A, C)
--第 1 组合逻辑进程，为时序逻辑进程提供反馈信息
       BEGIN
           B<=FUNC1(A, C);          --C 是反馈信号
       END PROCESS。
FUNC2: PROCESS(C)
--第 2 组合逻辑进程，为状态机输出提供数据
       BEGIN
           D<=FUNC2(C); --输出信号 D 所对应的 FUNC2，仅为当前状态的函数
       END PROCESS;
REG:   PROCESS(CLOCK)    --时序逻辑进程，负责状态的转换
       BEGIN
          IF (CLOCK='1' AND CLOCK'EVENT) THEN
             C<=B;       --B 是反馈信号
          END IF;
       END PROCESS;
END MOORE1;
```

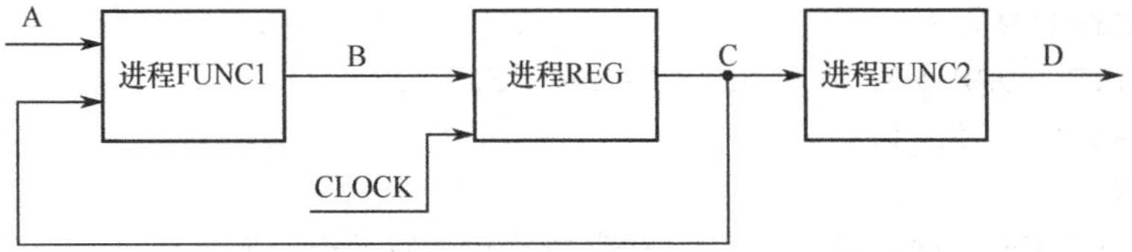

图 9.1 例 9.3 的摩尔状态机示意图

【例 9.4】

```
--摩尔状态机的 VHDL 设计模型之二
LIBRARY IEEE;
USE IEEE.STD_LOGIC_1164.ALL;
ENTITY SYSTEM2 IS
   PORT (CLOCK: IN STD_LOGIC;
         A: IN STD_LOGIC;
         D: OUT STD_LOGIC);
END SYSTEM2;
ARCHITECTURE MOORE2 OF SYSTEM2 IS
BEGIN
REG: PROCESS(CLOCK)
```

```
        BEGIN
        IF (CLOCK='1' AND CLOCK'EVENT) THEN
            D<=FUNC(A, D);
        END IF;
        END PROCESS;
    END MOORE2;
```

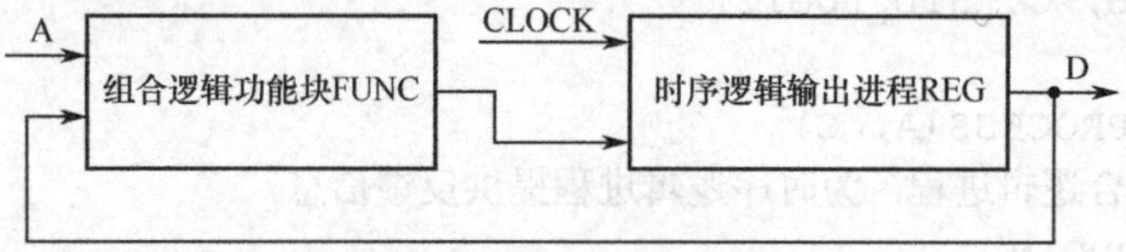

图 9.2　例 9.4 的直接反馈式摩尔状态机示意图

9.3　米利状态机的 VHDL 设计

例 9.5 和例 9.6 是米利状态机的两个 VHDL 设计模型。

【例 9.5】

```
    --米利状态机的 VHDL 设计模型之一
    LIBRARY IEEE;
    USE IEEE.STD_LOGIC_1164.ALL;
    ENTITY SYSTEM1 IS
    PORT(CLOCK: IN STD_LOGIC;
        A: IN STD_LOGIC;
        D: OUT STD_LOGIC);
    END SYSTEM1;
    ARCHITECTURE MEALY1 OF SYSTEM1 IS
    SIGNAL C: STD_LOGIC;
    BEGIN
    COM: PROCESS(A, C)          --此进程用于状态机的输出
        BEGIN
          D<=FUNC2(A, C)
        END PROCESS;
    REG: PROCESS(CLOCK)         --此进程用于状态机的状态转换
        BEGIN
          IF (CLOCK='1' AND CLOCK'EVENT) THEN
            C<=FUNC1(A, C);
          END IF;
        END PROCESS;
    END MEALY1;
```

【例 9.6】

```
    --米利状态机的 VHDL 设计模型之二
    LIBRARY IEEE;
```

```
USE IEEE.STD_LOGIC_1164.ALL;
ENTITY SYSTEM2 IS
  PORT(CLOCK: IN STD_LOGIC;
       A: IN STD_LOGIC;
       D: OUT STD_LOGIC);
END SYSTEM2;
ARCHITECTURE MEALY2 OF SYSTEM2 IS
SIGNAL C: STD_LOGIC;
SIGNAL B: STD_LOGIC;
BEGIN
REG: PROCESS(CLOCK)
    BEGIN
      IF (CLOCK='1'  AND CLOCK'EVENT) THEN
          C<=B;
      END IF;
    END PROCESS;
TRANSITIONS: PROCESS(A, C)
             BEGIN
               B<=FUNC1(A, C);
             END PROCESS;
OUTPUTS: PROCESS(A, C)
         BEGIN
           D<=FUNC2(A, C);
         END PROCESS;
END MEALY2;
```

图 9.3 给出了例 9.6 的米利状态机示意图。

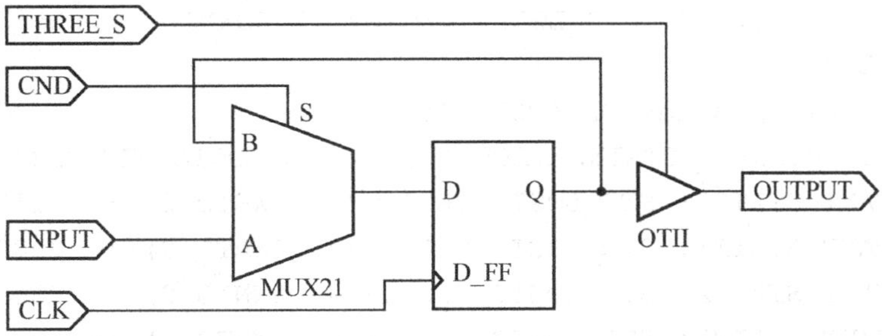

图 9.3　例 9.6 的米利状态机示意图

使用 VHDL 描述状态机时，必须注意避免由于寄存器的引入而创建不必要的异步反馈路径。根据 VHDL 综合器的规则，对于所有可能的输入条件，当进程中的输出信号未被完全与之对应指定时，即没有为所有可能的输入条件提供明确的赋值时，此信号将自动被指定，即在未列出的条件下保持原值，这就意味着引入了寄存器。在状态机中，如果存在一个或更多的状态未被明确地指定转换方式，或者对于状态机中的状态值没有规定所有的输出值，寄存器就将在设计者的不知不觉中引入。因此，在程序的综合过程中，应密切注视 VHDL 综合器给出的每个警告信息，并根据警告信息的指示，对程序做必要的修改。

9.4 状态机的状态编码

状态机的状态编码方式是多种多样的，这要根据实际情况来决定。影响编码方式选择的因素主要有状态机的速度要求、逻辑资源的利用率、系统运行的可靠性以及程序的可读性等方面。编码方式主要有以下几种。

1）状态位直接输出型编码

这类编码方式最典型的应用实例就是计数器。计数器本质上是一个主控时序进程与一个主控组合进程合二为一的状态机，它的输出就是各状态的状态码。将状态编码直接输出作为控制信号，要求对状态机各状态的编码做特殊的选择，以适应控制时序的要求。表 9.1 是一个用于控制 AD574 采样的状态机的状态编码表，它是根据表 9.1 和 AD574 的工作时序（见图 9.4）编出的。这个状态机由 6 个状态组成，从状态 STATE0 到 STATE5，各状态的编码分别为 11100、00000、00100、00110、01100、01101。每一位的编码值都赋予了实际的控制功能，如最后两位的功能是分别产生锁存低 8 位数据和高 4 位数据的脉冲信号 LKl 和 LK2。 在程序中的定义方式见例 9.7。

【例 9.7】

```
LIBRARY IEEE;
USE IEEE.STD_LOGIC_1164.ALL;
ENTITY AD574 IS
     PORT (D: IN STD_LOGIC_VECTOR(11 DOWNTO 0);
           CLK, STATUS: IN STD_LOGIC;
           CS, A0, RC, K128: OUT STD_LOGIC;
           LK1, LK2: OUT STD_LOGIC;
           Q: OUT STD_LOGIC_VECTOR(11 DOWNTO 0));
END AD574;
ARCHITECTURE behav OF AD574 IS
SIGNAL CRURRENT_STATE, NEXT_STATE: STD_LOGIC_VECTOR(4 DOWNTO 0);
CONSTANT STATE0: STD_LOGIC_VECTOR(4 DOWNTO 0) := "11100";
CONSTANT STATE1: STD_LOGIC_VECTOR(4 DOWNTO 0) := "00000";
CONSTANT STATE2: STD_LOGIC_VECTOR(4 DOWNTO 0) := "00100";
CONSTANT STATE3: STD_LOGIC_VECTOR(4 DOWNTO 0) := "00110";
CONSTANT STATE4: STD_LOGIC_VECTOR(4 DOWNTO 0) := "01100";
CONSTANT STATE5: STD_LOGIC_VECTOR(4 DOWNTO 0) := "01101";
SIGNAL REGL: STD_LOGIC_VECTOR(11 DOWNTO 0);
SIGNAL LOCK: STD_LOGIC;
BEGIN
…
```

这种状态位直接输出型编码方式的状态机的优点是输出速度快，逻辑资源省；缺点是程序可读性差。

表 9.1　AD574 状态及编码

状态	状态编码					
	CS	A0	RC	LKl	LK2	功能说明
STATE0	1	1	1	0	0	初始态
STATEl	0	0	0	0	0	启动转换，若测得 STATUS=0，转下一状态 STATE2
STATE2	0	0	1	0	0	使 AD574 输出转换好的低 8 位数据
STATE3	0	0	1	1	0	用 LKl 的上升沿锁存此低 8 位数据
STATE4	0	1	1	0	0	使 AD574 输出转换好的高 4 位数据
STATE5	0	1	1	0	1	用 LK2 的上升沿锁存此高 4 位数据

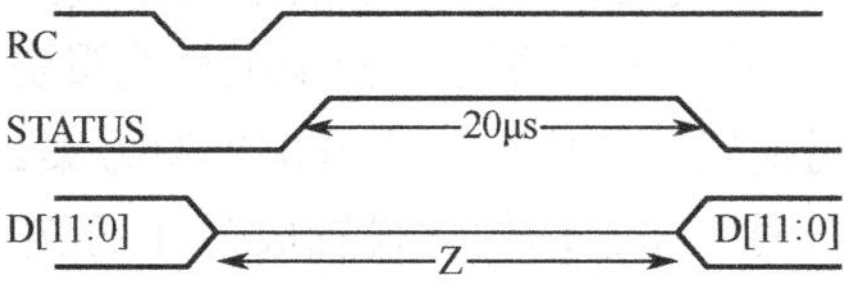

图 9.4　AD574 工作时序

2）顺序编码

这种编码方式最为简单，且使用的触发器数量最少，剩余的非法状态最少，容错技术最为简单。以上面的 6 状态机为例，只需 3 个触发器即可，其状态编码方式可做如下改变。

【例 9.8】

```
...
SIGNAL CRURRENT_STATE, NEXT_STATE:STD_LOGIC_VECTOR(2 DOWNTO 0);
CONSTANT ST0: STD_LOGIC_VECTOR(2 DOWNTO 0)  := "000";
CONSTANT ST1: STD_LOGIC_VECTOR(2 DOWNTO 0)  := "001";
CONSTANT ST2: STD_LOGIC_VECTOR(2 DOWNTO 0)  := "010";
CONSTANT ST3: STD_LOGIC_VECTOR(2 DOWNTO 0)  := "011";
CONSTANT ST4: STD_LOGIC_VECTOR(2 DOWNTO 0)  := "100";
CONSTANT ST5: STD_LOGIC_VECTOR(2 DOWNTO 0)  := "101";
...
```

这种顺序编码方式的缺点是，尽管节省了触发器，却增加了从一种状态向另一种状态转换的译码组合逻辑，这对于在触发器资源丰富而组合逻辑资源相对较少的 FPGA 器件中实现是不利的。此外，对于输出的控制信号 CS、A0、RC、LKl 和 LK2，还需要在状态机中再设置一个组合进程作为控制译码器。

3）格雷码编码

格雷码编码方式是对顺序编码方式的一种改进，它的特点是任一对相邻状态的编码中只有一个二进制位发生变化，这十分有利于状态译码组合逻辑的简化，提高综合后目标器件的资源利用率和运行速度。编码方式类似于例 9.9。

【例 9.9】

```
...
SIGNAL CRURRENT_STATE, NEXT_STATE: STD_LOGIC_VECTOR(1 DOWNTO 0);
```

```
    CONSTANT ST0: STD_LOGIC_VECTOR(1 DOWNTO 0) := "00";
    CONSTANT ST1: STD_LOGIC_VECTOR(1 DOWNTO 0) := "01";
    CONSTANT ST2: STD_LOGIC_VECTOR(1 DOWNTO 0) := "11";
    CONSTANT ST3: STD_LOGIC_VECTOR(1 DOWNTO 0) := "10";
    …
```

4）1位热码编码

1位热码编码方式就是用 *n* 个触发器来实现具有 *n* 个状态的状态机，状态机中的每个状态都由其中一个触发器的状态表示。即当处于该状态时，对应的触发器为‘1’，其余的触发器都置‘0’。例如，6个状态的状态机需由6个触发器来表达，其对应的状态编码如表9.2所示。1位热码编码方式尽管用了较多的触发器，但其简单的编码方式大为简化了状态译码逻辑，提高了状态转换速度。对于含有较多时序逻辑资源、较少组合逻辑资源的FPGA、CPLD可编程器件，在状态机设计中，1位热码编码方式应是一个好的解决方案。此外，许多面向FPGA/CFLD设计的 VHDL 综合器都有将符号状态自动优化设置成为1位热码编码状态的功能，或是设置了1位热码编码方式选择开关。

表9.2　1位热码的状态编码

状　态	1位热码编码	顺序编码
STATE0	100000	000
STATEl	010000	00l
STATE2	001000	010
STATE3	000100	011
STATE4	000010	100
STATE5	000001	101

9.5　状态机剩余状态处理

设计状态机时，在使用枚举类型或直接指定状态编码的程序中，特别是使用了1位热码编码方式后，总是不可避免地出现剩余状态，即未被定义的编码组合。这些状态在状态机的正常运行中是不需要出现的，通常称为非法状态。在状态机的设计中，如果不对这些非法状态进行合理的处理，在外界不确定的干扰下，或是随机上电的初始启动后，状态机就有可能进入不可预测的非法状态，其后果或是对外界出现短暂失控，或是完全无法摆脱非法状态而失去正常的功能。因此，状态机的剩余状态的处理，即状态机系统容错技术的应用，是设计者必须慎重考虑的问题。

另一方面，剩余状态的处理要不同程度地耗用逻辑资源，这就要求设计者在选用何种状态机结构、何种状态编码方式、何种容错技术及系统的工作速度与资源利用率方面，做权衡比较，以适应自己的设计要求。

以例9.10为例，该程序共定义了6个合法状态（有效状态）：st0、stl、st2、st3、st4和st5。如果使用顺序编码方式指定各状态，则需3个触发器。这样最多有8种可能的状态，编码方式如表9.3所示，最后2个编码都定义为可能的非法状态。如果要使此6状态的状态机有可靠的工作性能，必须设法使系统落入这些非法状态后，还能迅速返回正常的状态转移路径中。方法是在枚举类型定义中，就对这些多余状态做出定义，并在以后的语句中加以处理。

表 9.3 例 9.10 状态编码

状态	顺序编码	状态	顺序编码
st 0	000	st 4	100
st 1	001	st 5	101
st 2	010	undefined1	110
st 3	011	undefined2	111

【例 9.10】

```
TYPE states IS (st0, st1, st2, st3, st4, st5, undefined1, undefined2);
SIGNAL current_state, next_state: states;
…
COM:PROCESS(current_state, state_Inputs) --组合逻辑进程
    BEGIN
    CASE current_state IS                    --确定当前状态的状态值
        …
        WHEN OTHERS => next_state <= st0;
    END case;
```

对于剩余状态可以用 OTHERS 语句做统一处理，也可以分别处理每个剩余状态的转向，而且剩余状态的转向不一定都指向初始态 st0，也可被导向到专门用于处理出错恢复的状态中。

另外需要注意的是，有的综合器对于符号化定义状态的编码方式并不是固定的，有的是自动设置的，有的是可控的。

如果采用 1 位热码编码方式来设计状态机，其剩余状态数将随有效状态数的增加呈指数方式剧增。对于以上的 6 状态的状态机来说，将有 58 种剩余状态，总状态数达 64 个。即对于有 n 个合法状态的状态机，其合法与非法状态之和的最大可能状态数有 $m = 2^n$ 个。

如前所述，选用 1 位热码编码方式的重要目的之一，就是要减少状态转换间的译码组合逻辑资源，但如果使用以上介绍的剩余状态处理方法，势必导致耗用更多的逻辑资源。所以，必须用其他的方法对付 1 位热码编码方式产生的过多的剩余状态的问题。

鉴于 1 位热码编码方式的特点，正常的状态只可能有 1 个触发器为‘1’，其余所有的触发器皆为‘0’，即任何多于 1 个触发器为‘1’的状态都属于非法状态。据此，可以在状态机设计程序中加入对状态编码中‘1’的个数是否大于 1 的判断逻辑，当发现有多个状态触发器为‘1’时，产生一个告警信号“alarm”，系统可根据此信号是否有效来决定是否调整状态转向或复位。

习 题

9.1 用 VHDL 设计一有限状态机构成的序列检测器。序列检测器是用来检测一组或多组序列信号的电路，要求当检测器连续收到一组串行码（如 1110010）后，输出为 1，否则输出为 0。对于序列检测，I/O 口的设计如下：设 xi 是串行输入端，zo 是输出，当 xi 连续输

入 1110010 时，zo 输出 1。根据要求，电路需记忆初始状态、1、11、111、1110、11100、111001、1110010 这 8 种状态。

9.2 设计一状态机，设输入信号为 a、b，输出信号为 output，时钟信号为 clk，有 5 个状态：s0、s1、s2、s3 和 s4。状态机的工作方式是：[b, a]=0 时，随 clk 向下一状态转换，输出 l；[b, a]=1 时，随 clk 逆向转换，输出 l；[b, a]=2 时，保持原状态，输出 0；[b, a]=3 时，返回初始态 s0，输出 1，要求：

（1）画出状态转换图。

（2）用 VHDL 描述此状态机。

（3）为此状态机设置异步清零信号输入，修改原 VHDL 程序。

（4）若为同步清零信号输入，试修改原 VHDL 程序。

9.3 举例说明 1 位热码编码方式在逻辑资源利用率和工作速度上优于其他编码方式。

第 10 章　MAX+plus II 及 Quartus II 软件应用

10.1　MAX+plus II 软件应用指导

10.1.1　启动 MAX+plus II

双击桌面上如图 10.1 所示的快捷方式，进入 MAX+plus II 的管理器窗口，如图 10.2 所示。

图 10.1　MAX+plus II 快捷方式

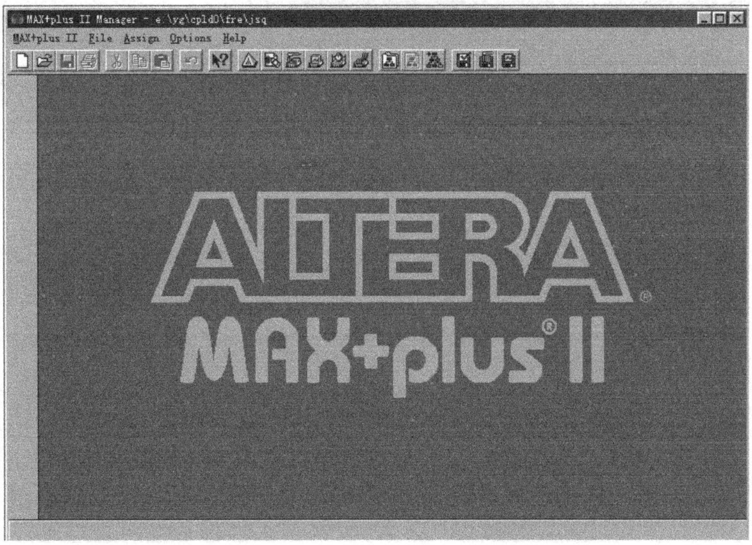

图 10.2　MAX+plus II 的管理器窗口

10.1.2　建立源文件

建立源文件的方法有原理图输入法和 VHDL 语言描述法。

1．原理图输入法

1）建立项目文件

在图 10.2 所示的界面中，选择 File→New，弹出如图 10.3 所示的选择文件类型对话框。

- Graphic Editor file——建立图形文件
- Symbol Editor file——建立符号文件

- Text Editor file——建立文本文件（即 VHDL 文件）
- Waveform Editor file——建立波形文件

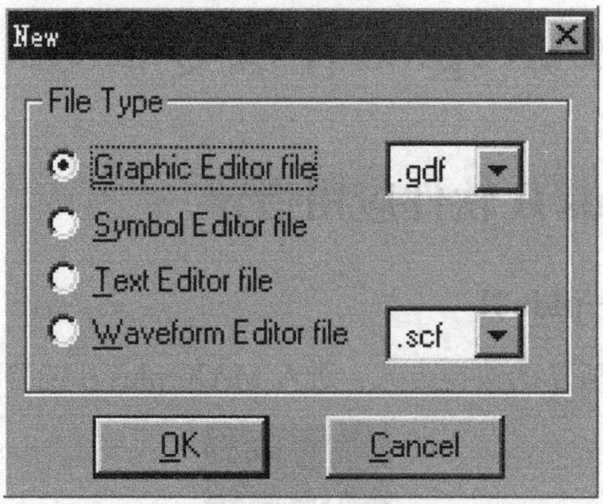

图 10.3 选择文件类型

在图 10.3 所示的对话框中，选择 Graphic Editor file，弹出如图 10.4 所示的编辑器界面并存盘，文件名为 CNT10.GDF。

图 10.4 图形输入法编辑器界面

下面用 74161 设计一个模为十的计数器为例，详细介绍原理图输入法的使用过程。

在图 10.4 所示的编辑器界面中，双击鼠标左键，弹出如图 10.5 所示的选择元件对话框，其中

- prim——Altera 图元库，基本的逻辑块器件，如各种门、触发器等。
- mf——宏功能库，包括 74 系列逻辑器件，如 74161。
- mega_lpm——参数化模块库，包括参数化模块，功能复杂的高级功能模块，如可变模值的计数器、FIFO、RAM 等。
- edif——宏功能库，与 mf 库类似。

2）添加图元

在图 10.5 所示的对话框中，双击 c:\maxplus2\max2lib\prim，在下拉列表中选择要输入的图形元件，然后双击选中的元件或单击 OK 按钮，该元件即可放入编辑器中。本例中选中的是 74161，在元件周围有红色的实线，为元件选中状态，单击面板任意一处可取消选中状态。若要删除元件，可在元件左上角按住鼠标左键，拖动鼠标，将要删除的元件框起来，然后放开鼠标左键，这时在元件的周围会出现红色的实线，按 Del 键即可删除。

在图 10.5 所示的对话框中，双击 c:\maxplus2\max2lib\prim，选择 NOT、GND、NAND2、OUTPUT 和 INPUT 图元，放置在编辑器中，得到的原理图如图 10.6 所示。

3）连接导线

将鼠标指针移至 74161 的 LDN 端，鼠标指针变成十字形，按住鼠标左键移至 NOT 的 a 端，松开鼠标左键即能连接该导线；按此方法可连接其他的导线。

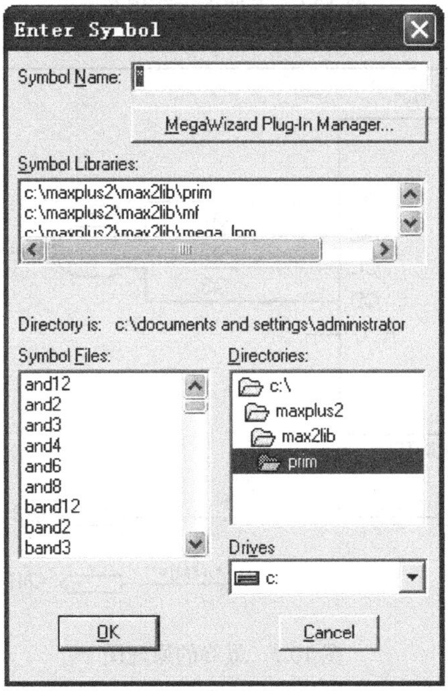

图 10.5　选择元件

放置输入/输出端口标号，例如要将左上角第一个输入端口标号 PIN_NAME 改为 CLK，可双击 PIN_NAME 使其成为可编辑状态，改为 CLK 即可。按照此方法修改其他标号，得到最终的原理图如图 10.7 所示。

4）将设计源文件设置成当前项目文件

在如图 10.8 所示的界面中，选择 File→Project→Set Project to Current File 命令，即可将当前设计文件设置成当前项目文件。

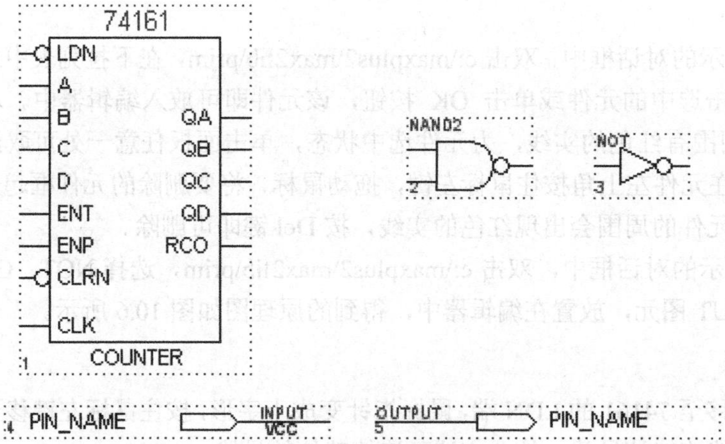

图 10.6　在面板上放置图元

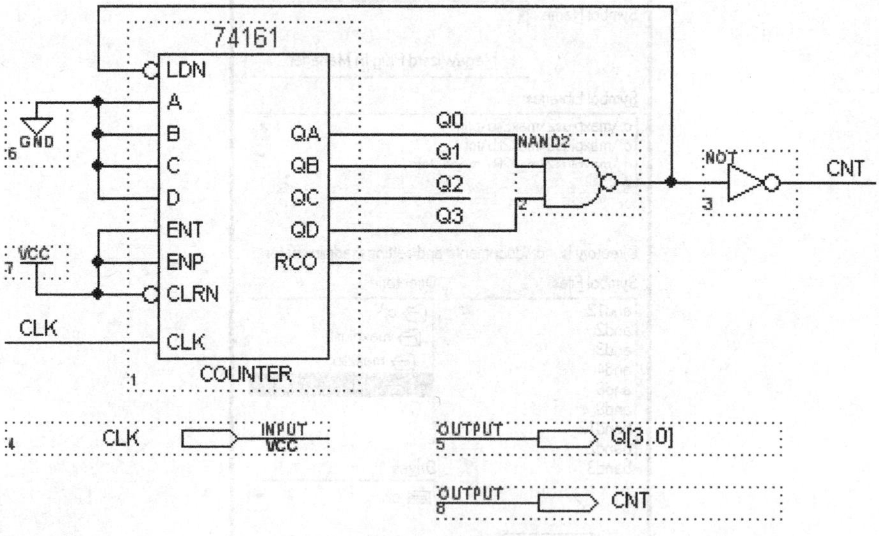

图 10.7　最终的原理图

5）编译源文件

选择 MAX+plus II→Compiler 命令，编译当前源文件，如图 10.9 所示。

6）选择目标器件并编译

为了获得与目标器件对应的、精确的时序仿真文件，在对文件编译前必须选定最后实现本项目的目标器件，在 MAX+plus II 环境中需选用 Altera 公司的 FPG . A 或 CPLD。

在 Assign 菜单中选择 Device（器件）项，其对话框如图 10.10 所示。在下拉列表框 DeviceFamily 中选择器件系列，首先应该在此框中选定目标器件对应的系列名，如 EPM7128S 对应的是 MAX7000S 系列，EPFl0Kl0 所对应的是 FLEXl0K 系列等。为了选中 EPF10K10LC84-4 器件，应将该列表框下方标有 Show only Fastest Speed Grades 选项的√取消，以便显示出所有速度级别的器件。选择项目适配的器件之后的界面如图 10.11 所示，单击 OK 按钮，完成器件选择。

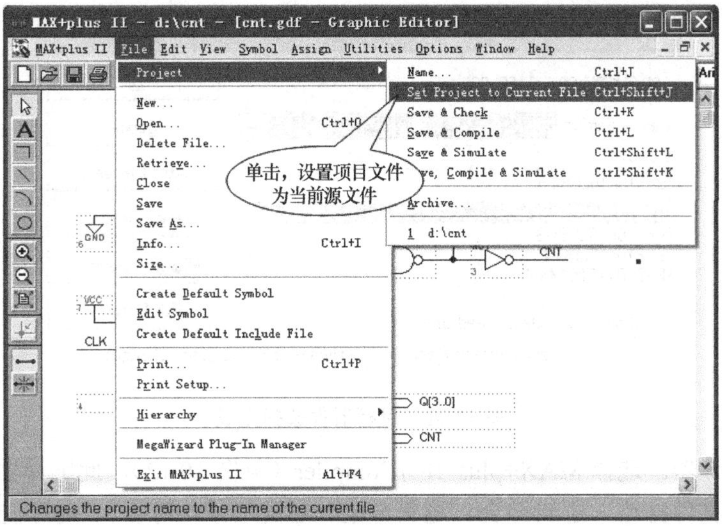

图 10.8　将文件设置成当前项目文件

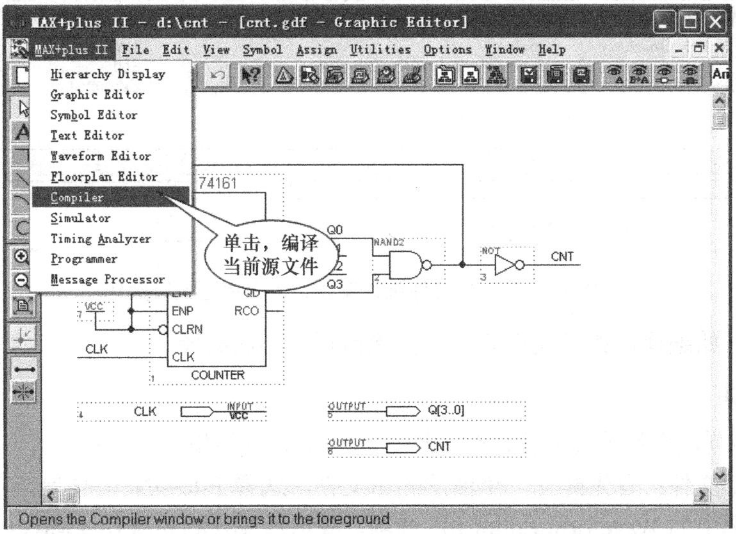

图 10.9　编译当前源文件

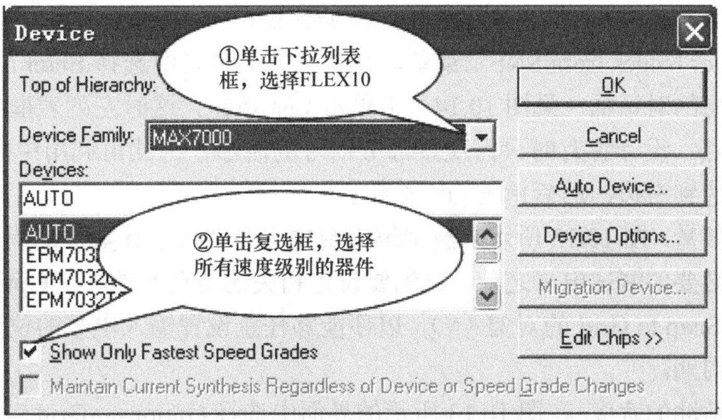

图 10.10　选择最后实现本项目的目标器件

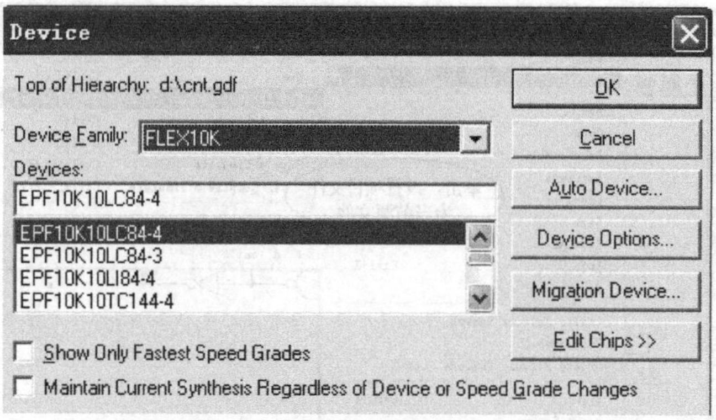

图 10.11　目标器件选择完成

最后启动编译器。选择 MAX+plus II→Compiler（见图 10.12），此编译器的功能包括网表文件提取、设计文件排错、逻辑综合、逻辑分配、适配（结构综合）、时序仿真文件提取、编程下载文件装配等。

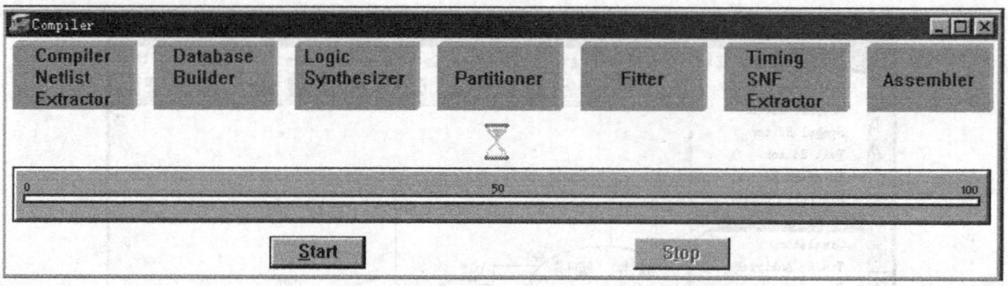

图 10.12　对项目文件进行编译、综合和适配等操作

单击 Start 开始编译，如果发现有错，排除错误后再次编译。

7）时序仿真

接下来应该测试设计项目的正确性，即逻辑仿真。具体步骤如下：

- 建立波形文件：首先建立一个波形测试文件，选择 File→New 菜单，再选择图 10.3 所示对话框中的 Waveform Editor file 选项，或选择 MAX+plus II→Waveform Editor，打开波形编辑窗口，如图 10.13 所示。
- 输入信号节点：在图 10.13 所示的波形编辑窗口中，在第 3 列单击鼠标右键或选择 Node→Enter Nodes from SNF…菜单，在弹出的菜单之中选择 Enter Nodes from SNF…；之后在弹出的对话框（见图 10.14）中单击 List 按钮，这时左列表框将列出该设计的所有信号节点。设计者有时只需观察部分信号的波形，因此可利用中间的=>键将需要观察的信号选到右边，然后单击 OK 按钮。
- 设置波形参量：图 10.13 所示的波形编辑窗中已经调入了计数器的所有端口，在为各个端口设定必要的测试电平之前，首先要设定相关的仿真参数。在 Options 菜单中取消网格对齐项 Snap to Grid 的对勾（√），以便能够任意设置输入电平的位置，或设置输入时钟信号的周期。
- 改变时钟脉冲的宽度：在图 10.13 所示的界面中选择 Options→Grid Size…，弹出图 10.15 所示的对话框，将 Grid Size 中的值改成 10ns。

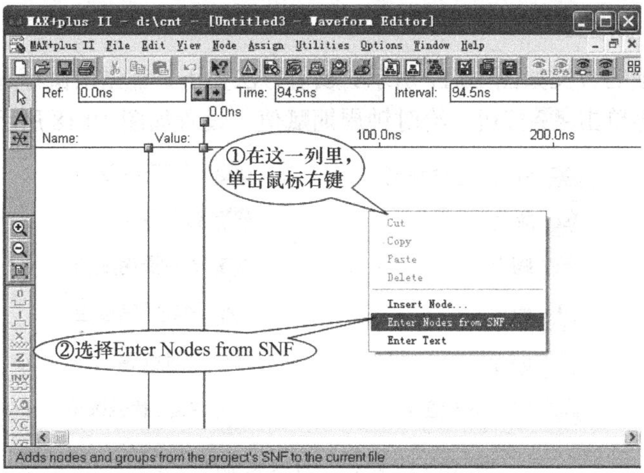

图 10.13　波形编辑窗口

8）设定仿真时间

在如图 10.13 所示的窗口中，选择 File→End...，弹出如图 10.16 所示的 End Time 对话框中，在其中选择适当的仿真时间域，如可选 1μs 以便有足够长的观察时间。

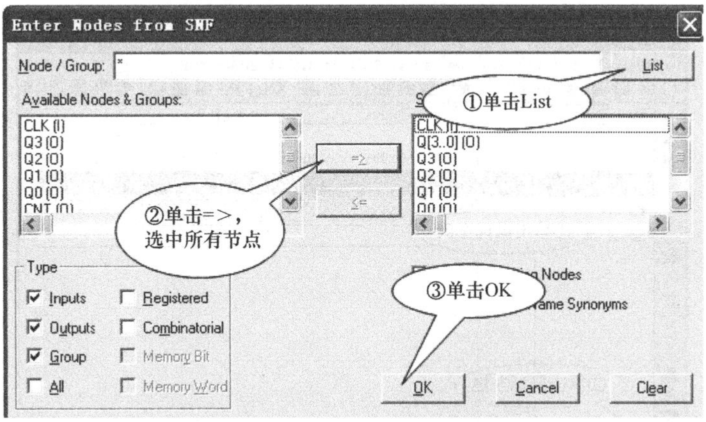

图 10.14　列出并选择需要观察的信号节点

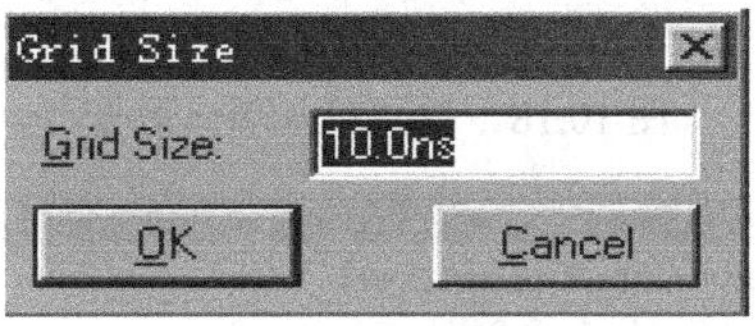

图 10.15　改变时钟脉冲的宽度

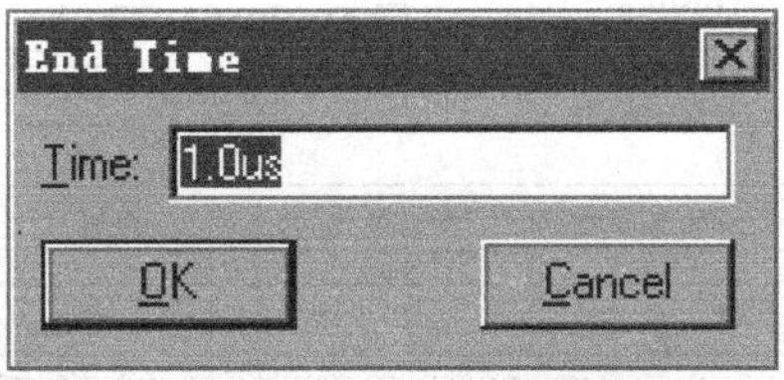

图 10.16　设置仿真时间

9）输入端口信号设置

赋值工具条各项的含义如图 10.17 所示。赋值方法如下：首先用鼠标选中 CLK，此时 CLK 为黑色条所覆盖，再单击按钮，给时钟周期赋值，设置如图 10.18 所示。

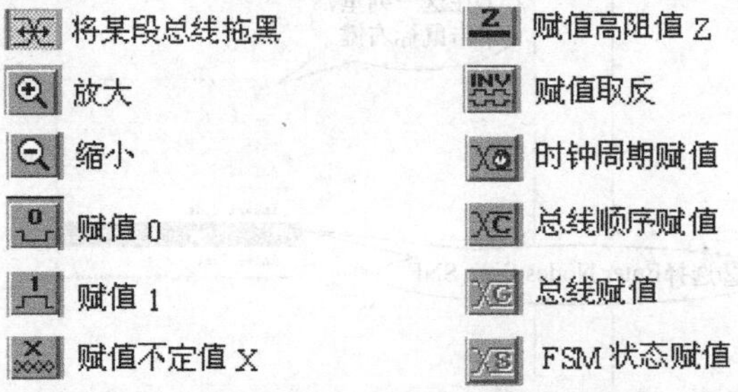

图 10.17 赋值工具条各项的含义

设置完成输入端口信号后，波形文件必须存盘，并且不能改变文件名字和存盘路径，否则不能仿真。

10）运行仿真器

选择 MAX+plus II→Simulator，单击弹出的仿真器对话框中的 Start 按钮（见图 10.19）。

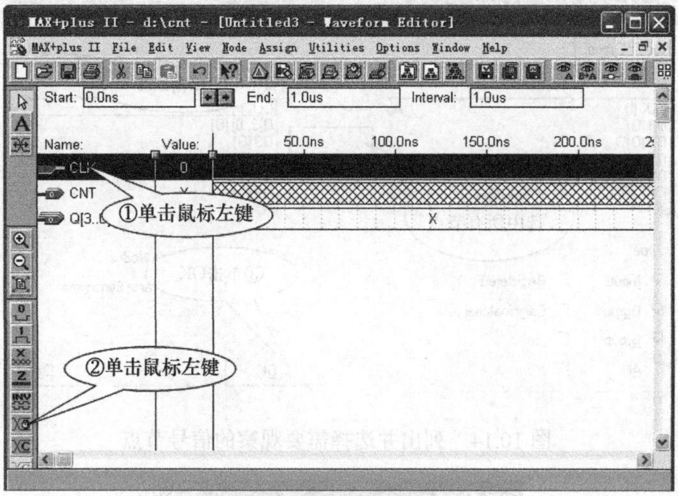

图 10.18 设置输入端口信号

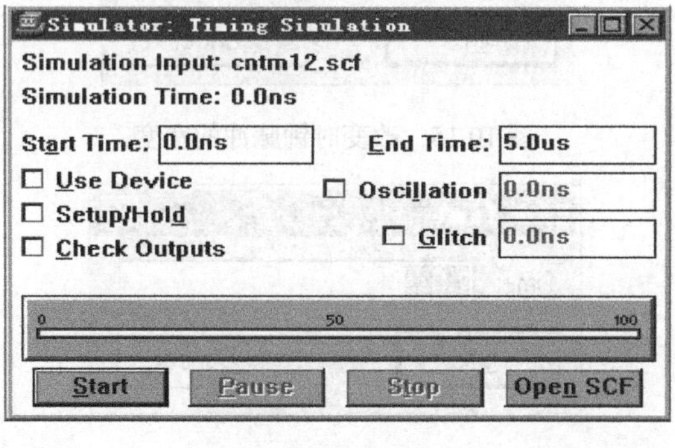

图 10.19 运行仿真器

11）观察分析波形

选择 View→Fit in Window，进行自适应窗口显示波形。十进制计数器的仿真波形如图 10.20 所示。

12）精确测量输入与输出波形间的延时量

为了精确测量计数器的输入与输出波形间的延时量，可以打开时序分析器，方法是选择 MAX+plus II→Timing Analyzer，此时弹出的分析器窗口如图 10.21 所示，单击分析器窗口中的 Start 按钮，延时信息即显示在图表中。其中左排的列表是输入信号，上排列出输出信号，中间是对应的延时量，这个延时量是针对 EPF10K10LC84-4 器件的。

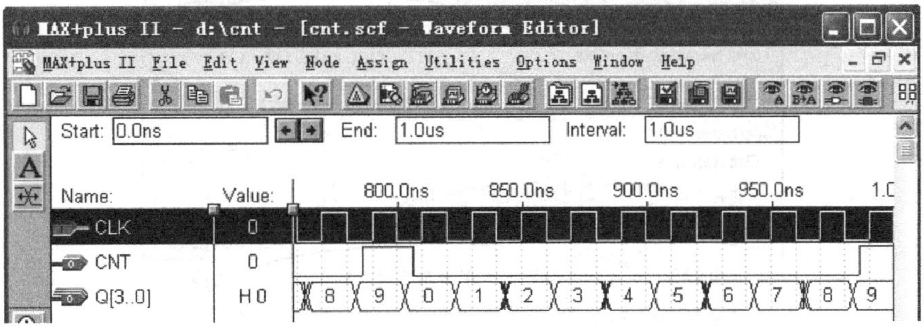

图 10.20　仿真波形

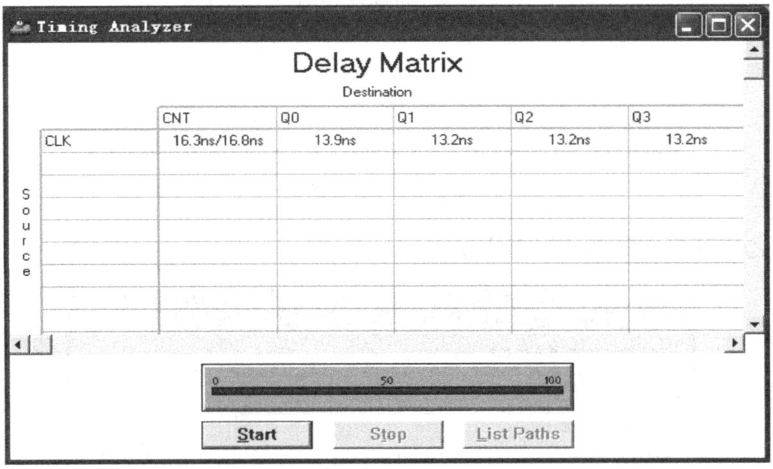

图 10.21　延迟时间统计

13）封装元件

选择 File→Create Default Symbol，将当前文件变成一个包装好的单一元件，并放在指定的路径中以备后用。

注意：此元件不能在当前设计文件中调用，即本身的设计文件不能调用本身生成的图标文件。

14）引脚锁定

如果以上仿真测试正确无误，就可将该设计文件编程下载到选定的目标器件中做进一步的硬件测试，以便最终了解设计的正确性。首先要将实验箱上的 SELECT 拨码开关 1、2、3、4 打向 ON，这里根据实际需要将计数器的 CLK、CNT、Q0、Q1、Q2、Q3 与目标器件

EP10K10LC84-4 的第 1、61、16、17、18 和 19 引脚相连，操作如下：

- 选择 Assign→Pin/Location/Chip 菜单，弹出如图 10.22 所示的对话框，在该对话框的 Node Name 框中，分别输入计数器的端口名，如 CLK、CNT、Q0、Q1、Q2、Q3。如果输入的端口名正确，右侧的 Pin Type 栏将显示该信号的属性。
- 在左侧的 Pin 下拉列表中分别输入该信号对应的引脚编号，如 1、61、16、17、18 和 19，然后单击 Add 按钮。
- 需要特别注意的是，引脚锁定后必须再重新编译一次，以便将引脚信息编入下载文件中。

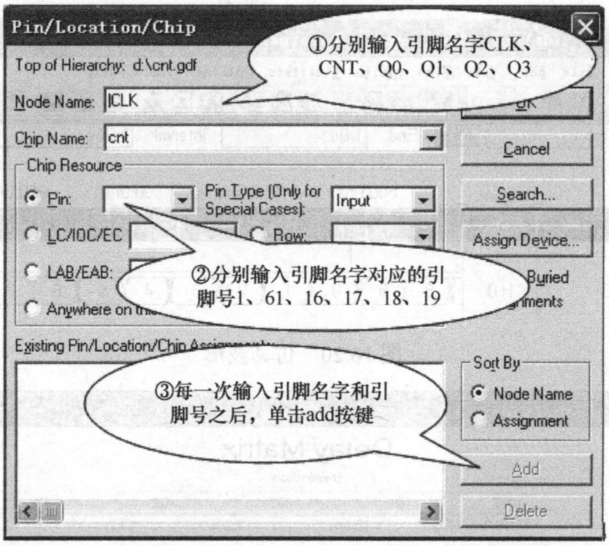

图 10.22　引脚锁定

引脚锁定之后的界面如图 10.23 所示。

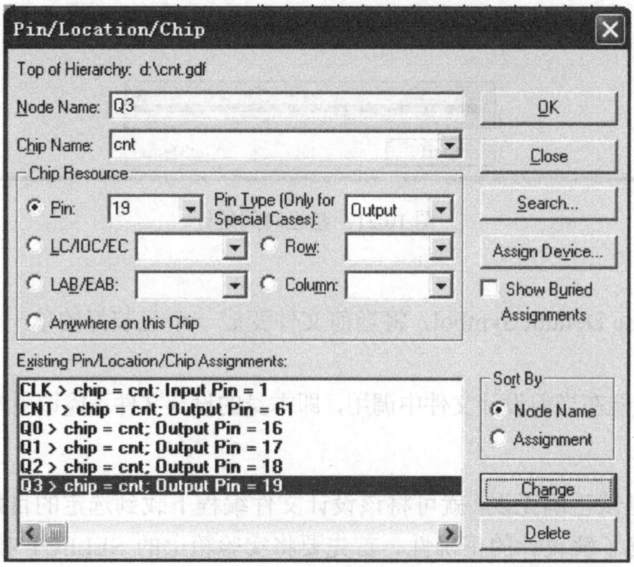

图 10.23　引脚锁定之后的界面

最终的设计文件如图 10.24 所示。

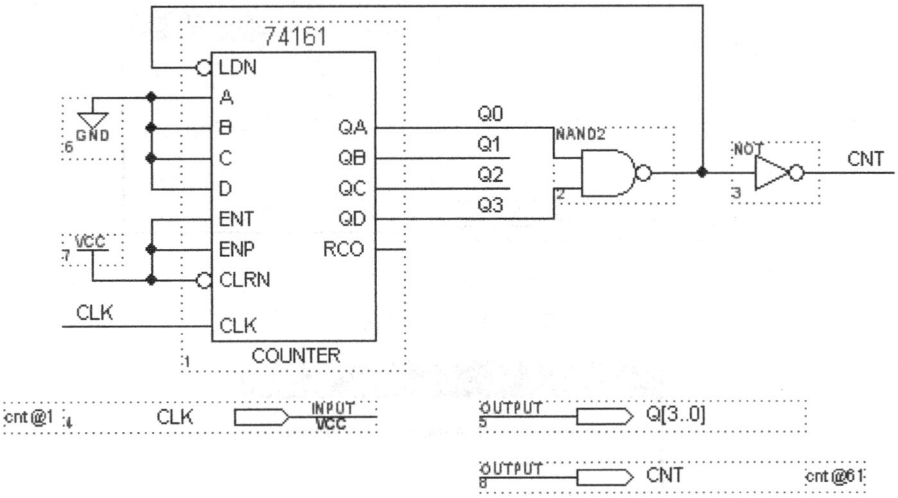

图 10.24　最终的设计文件

2．VHDL 语言描述法

采用 VHDL 语言描述时，可在图 10.3 中选择 Text Editor file，存盘时扩展名为.vhd，编译、引脚锁定等方式与以上介绍的完全相同。

注意：VHDL 源文件的主文件名与实体名必须一致。

10.1.3　器件编程/配置

通过项目编译后，可生成文件*.sof 用于下载。在 Altera 器件中，一类为 MAX 系列，另一类为 FLEX 系列。其中 MAX 系列为 CPLD 结构，编程信息以 E^2PROM 方式保存，故对这类器件的下载称为编程；FLEX 系列为 FPGA，其逻辑块 LE 及内部互连信息都是通过芯片内部的存储器单元阵列完成的，这些存储器单元阵列可由配置程序装入，存储器单元阵列采用 SRAM 方式，对这类器件的下载称为配置。因为 MAX 系列编程信息以 E^2PROM 方式保存，所以系统掉电后，MAX 系列编程信息不会丢失，而 FLEX 系列的配置信息会丢失，需要每次系统上电后重新配置。

例中使用的是 FLEX10K 系列中的 EPF10K10LC84-4 器件。下面对其进行配置：

（1）将下载电缆一端插入 LPT1（并行口），另一端插入系统板，打开系统板电源。

（2）选择 MAX+plus II→Programmer，打开如图 10.25 所示的对话框，首次使用时，对 Hardware Setup 对话框中的 Hardware Type，选择 ByteBlaster(MV)。

（3）单击 Configure 即可完成配置，如图 10.26 所示。

（4）如果器件在编程/配置时出现图 10.27 所示的对话框，可在图 10.25 所示的对话框下，选择 Options→HardWare Setup，按照图 10.25 设置即可。

注意：只有先选择 MAX+plus II→Programmer 后，在 Programmer 界面的主菜单中先选择 Options→HardWare Setup，才会出现 HardWare Setup 对话框。

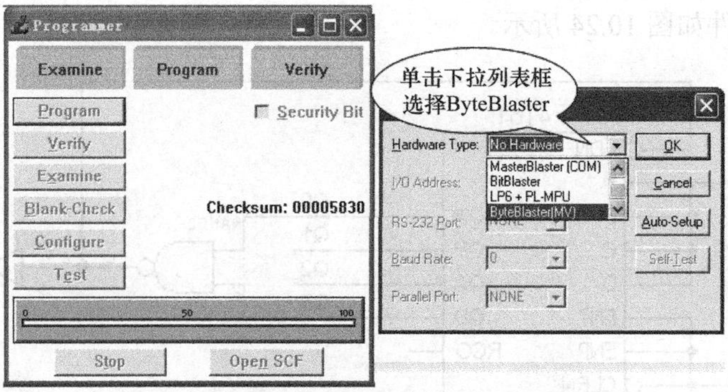

图 10.25 配置对话框

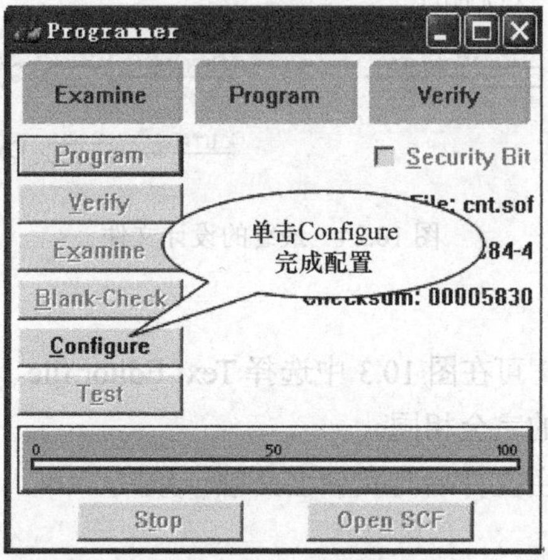

图 10.26 FPGA 配置对话框

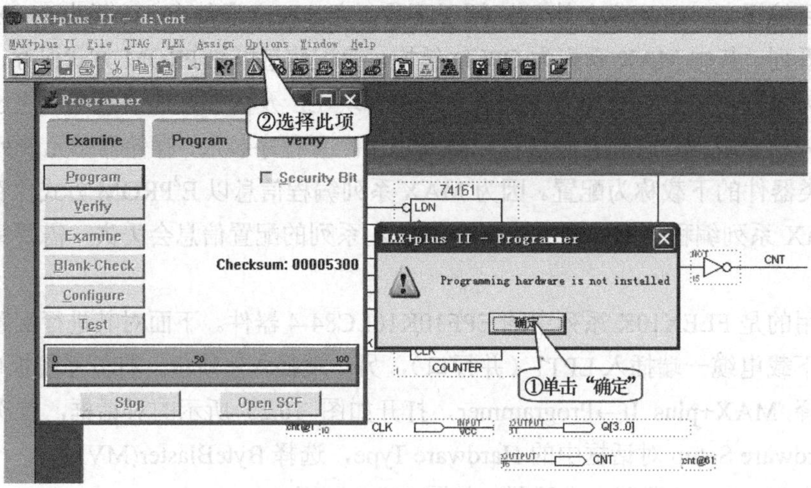

图 10.27 配置无效对话框

10.2 Quartus II 软件应用指导

Altera 公司的 Quartus II 设计软件提供完整的多平台设计环境，能够全方位满足各种设计需要，除逻辑设计外，还为可编程单片系统（SOPC）提供全面的设计环境。

Quartus II 软件提供了 FPGA 和 CPLD 各设计阶段的解决方案。它集设计输入、综合、仿真、编程（配置）于一体，带有丰富的设计库，并有详细的联机帮助功能，且许多操作（如元件复制、删除和文件操作等）与 Windows 的操作方法完全一样。

Quartus II 软件为设计流程的每个阶段提供 Quartus II 图形用户界面、EDA 工具界面及命令行界面。可以在整个流程中只使用这些界面中的一个，也可以在设计流程的不同阶段使用不同界面。

用 Quartus II 进行设计的一般过程如图 10.28 所示。

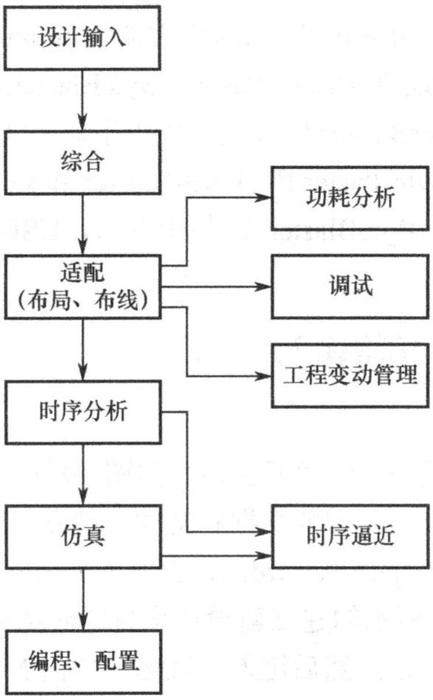

图 10.28 Quartus II 进行设计的一般过程

1．设计输入

输入方式有：原理图（模块框图）、波形图、VHDL、Verilog HDL、Altera HDL、网表等。Quartus II 支持层次化设计，可将下层设计细节抽象成一个符号（Symbol），供上层设计使用。

为提高设计效率，Quartus II 提供了丰富的库资源。Primitives 库提供了基本的逻辑元件；Megafunctions 库为参数化的模块库，具有很大的灵活性；Others 库提供了 74 系列器件。此外，还可设计 IP 核。

2．编译

编译包括分析和综合模块（Analysis & Synthesis）、适配器（Fitter）、时序分析器（Timing Analyzer）、编程数据汇编器（Assembler）。

分析和综合模块分析设计文件，建立工程数据库。适配器对设计进行布局布线，使用由分析和综合步骤建立的数据库，将工程的逻辑和时序要求与器件的可用资源相匹配。时序分析器计算给定设计在器件上的延时，并标注在网表文件中，进而完成对所设计的逻辑电路的时序分析与性能评估。编程数据汇编器生成编程文件，通过 Quartus II 中的编程器（Programmer）可对器件进行编程或配置。

3. 仿真验证

通过仿真可以检查设计中的错误和问题。Quartus II 软件可以仿真整个设计，也可以仿真设计的任何部分。可以指定工程中的任何设计实体为顶层设计实体，并仿真顶层实体及其所有附属设计实体。

仿真有两种方式：功能仿真和时序仿真。根据设计者所需的信息类型，既可以进行功能仿真以测试设计的逻辑功能，也可以进行时序仿真，针对目标器件验证设计的逻辑功能和最坏情况下的时序。

4. 下载

经编译后生成的编程数据，可通过 Quartus II 中的 Programmer 和下载电缆直接由 PC 写入 FPGA 或 CPLD。常用的下载电缆有 MasterBlaster、ByteBlasterMV、ByteBlaster II、USB-Blaster 和 Ethernet Blaster。其中，MasterBlaster 电缆既可用于串口，也可用于 USB 口，ByteBlasterMV 仅用于并口，两者功能相同。ByteBlaster II、USB-Blaster 和 Ethernet Blaster 电缆增加了对串行配置器件提供编程支持的功能。ByteBlaster II 使用并口，USB-Blaster 使用 USB 口，Ethernet Blaster 使用以太网口。

10.2.1 Quartus II 图形编辑输入

1. 建立工程项目文件

启动 Quartus II 后首先出现的是管理器窗口，如图 10.29 所示。开始一项新设计的第一步是创建一个工程，以便管理属于该工程的数据和文件。建立新工程的方法如下：

（1）选择菜单 File→New Project Wizard…，打开 New Project Wizard 对话框，如图 10.30 所示，弹出如图 10.31 所示的建立新设计项目的对话框。

（2）选择适当的驱动器和目录，然后键入工程名，单击 Next 按钮。

（3）选择需要添加到工程的文件及需要的非默认库，单击 Next 按钮。

（4）选择目标器件，单击 Next 按钮。

（5）选择需要附加的 EDA 工具，然后单击 Next 按钮。这一步主要是选用 Quartus II 之外的 EDA 工具，也可选择菜单 Assignments→Settings→EDA Tool Settings 进行设置，如图 10.32 所示。

（6）单击 Finish 按钮。

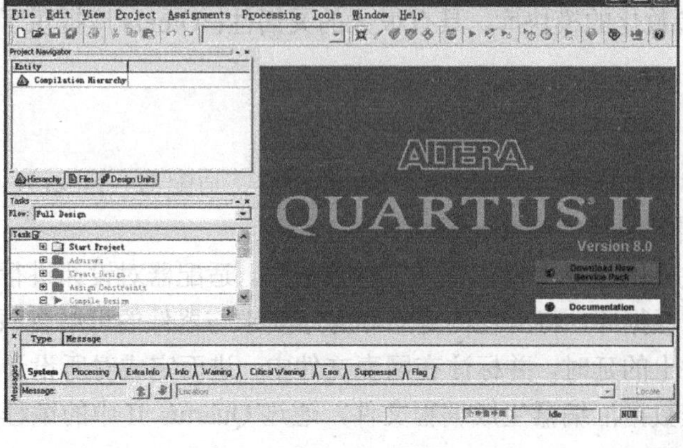

图 10.29 Quartus II 管理器窗口

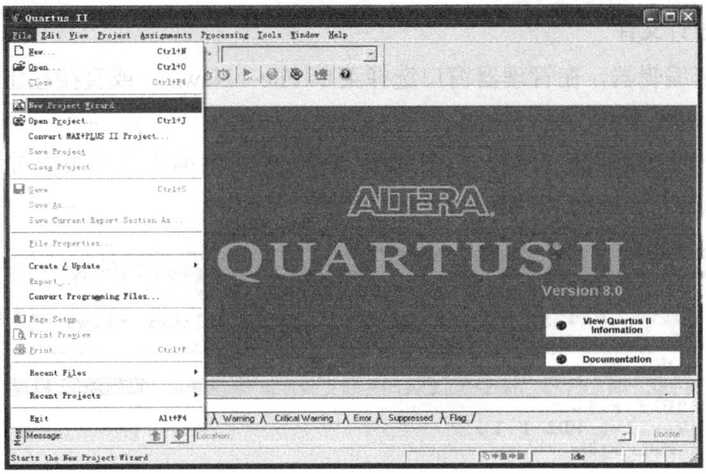

图 10.30　选择 New Project Wizard 菜单项

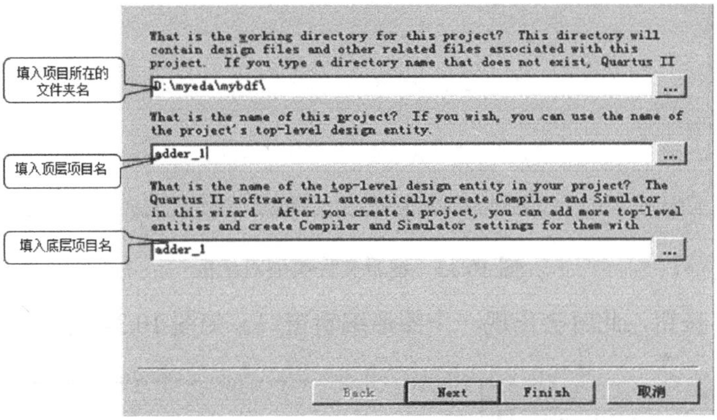

图 10.31　建立新设计项目的对话框

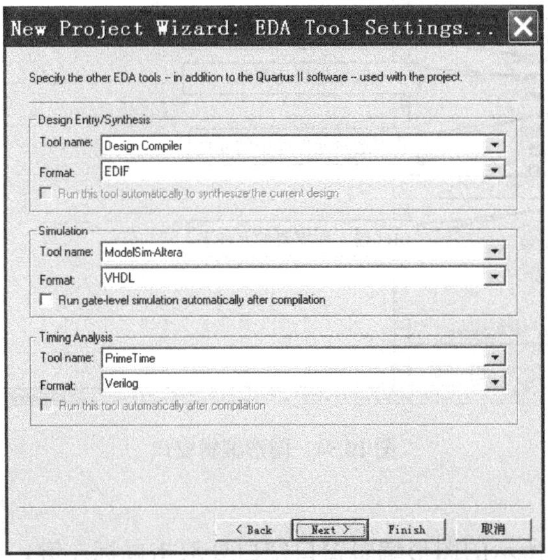

图 10.32　EDA Tool Settings 设置窗口

2. 建立图形设计文件

（1）打开图形编辑器，在管理器窗口选择菜单 File→New...，或直接在工具栏上单击按钮，打开 New 列表框。

（2）单击 Device Design Files，弹出如图 10.33 所示的编辑文件类型对话框，选中 Block Diagram/Schematic File 项。

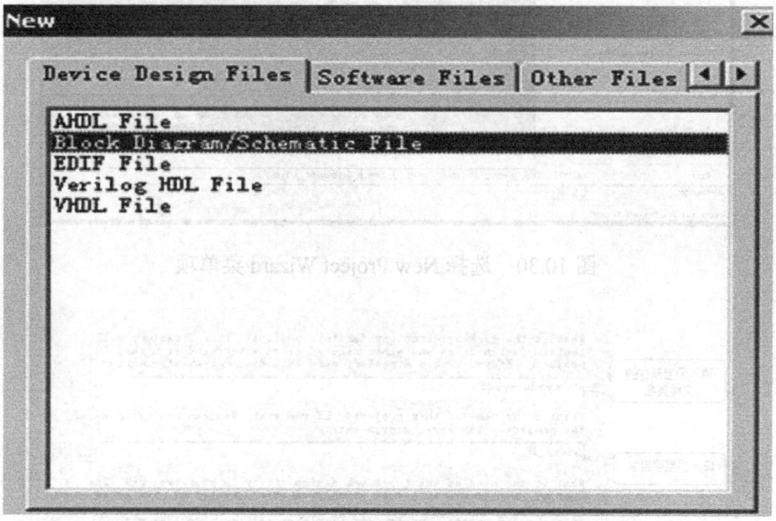

图 10.33　编辑文件类型对话框

（3）单击 OK 按钮，此时会出现一个图形编辑窗口，如图 10.34 所示。

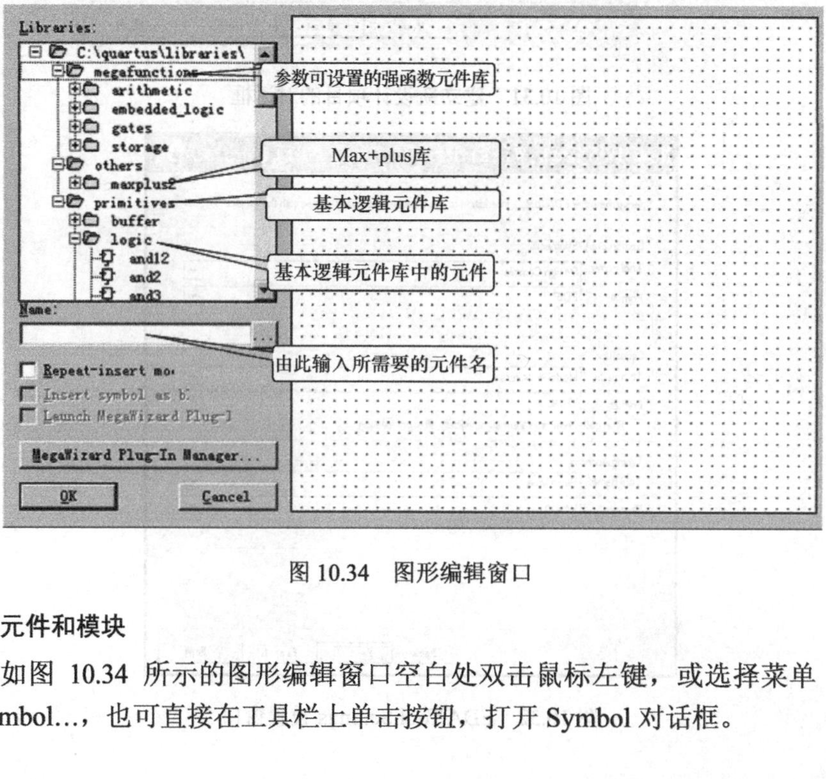

图 10.34　图形编辑窗口

3. 输入元件和模块

（1）在如图 10.34 所示的图形编辑窗口空白处双击鼠标左键，或选择菜单 Edit→Insert Symbol...，也可直接在工具栏上单击按钮，打开 Symbol 对话框。

（2）选择适当的库及所需的元件（模块）。

（3）单击 OK 按钮。

这时，所选的元件（模块）就会出现在编辑窗口中。重复这一步，选择需要的所有模块。相同的模块可以采用复制的方法产生。用鼠标左键选中器件并按住左键拖动，可以将模块放到适当的位置。

4. 放置输入/输出引脚

输入/输出引脚的处理方法与元件一样。

（1）打开 Symbol 对话框。

（2）在 Name 框中键入 input、output 或 bidir，分别代表输入、输出和双向 I/O。

（3）单击 OK 按钮。

此时，输入或输出引脚便会出现在编辑窗口中。重复这一步产生所有输入和输出引脚，也可以通过复制的方法得到所有引脚。还可以勾选图中的 Repeat-insert mode 在编辑窗口中重复产生引脚（每单击一次左键产生一个引脚，直到单击右键在弹出菜单中选择 Cancel 结束）。模块也能以此方式重复输入。

电源和地与输入/输出引脚类似，也作为特殊元件。采用上述方法在 Name 框中键入 VCC（电源）或 GND（地），即可使它们出现在编辑窗口中。

5. 连线

将电路图中的两个端口相连的方法如下：

（1）将鼠标指向一个端口，鼠标箭头会自动变成十字“+”。

（2）一直按住鼠标左键，拖至另一端口。

（3）松开左键，则会在两个端口间产生一根连线。

连线时若需要转弯，可在转折处松一下左键，再按住继续移动。连线的属性可通过单击鼠标右键，然后在弹出菜单中的 Conduit Line（管道，含多条信号线）、Bus Line（总线）、Node Line（信号线）之间选择。

1 位全加器的图形编辑文件如图 10.35 所示。

10.2.2　Quartus II 编译设计文件

在编译设计文件前，应先选择下载的目标芯片，否则系统将以默认的目标芯片为基础完成设计文件的编译。在 Quartus II 集成环境下，可选择 Assignments→Device 命令，然后在如图 10.36 所示的器件选择对话框的 Family 栏中，选择目标芯片系列名，如 FLEX10K，再在 Available devices 栏中，用鼠标点黑选择的目标芯片型号，如 EPF10KLC84-4。选择结束后，单击 OK 按键即可。

选择 Processing→Start Compilation 命令，或按“开始编译”按键，即可进行编译。编译过程中的相关信息将在“消息窗口”中出现。

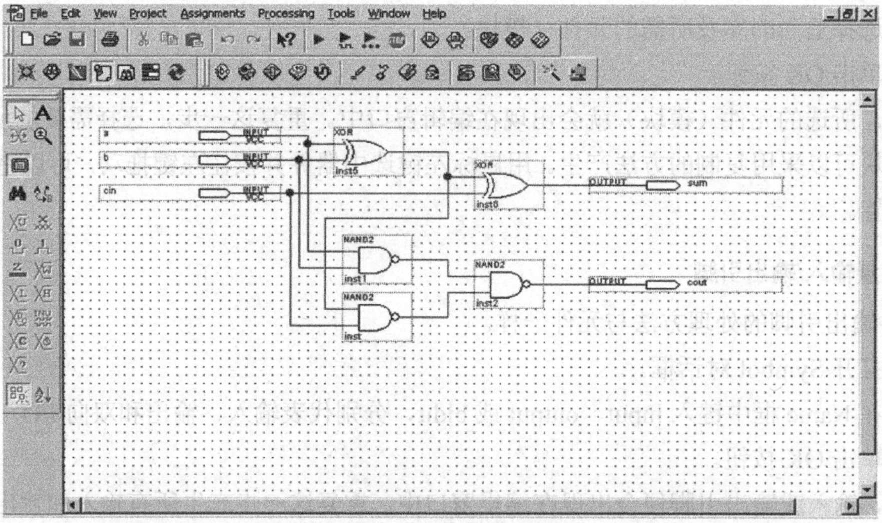

图 10.35 1位全加器的图形编辑文件

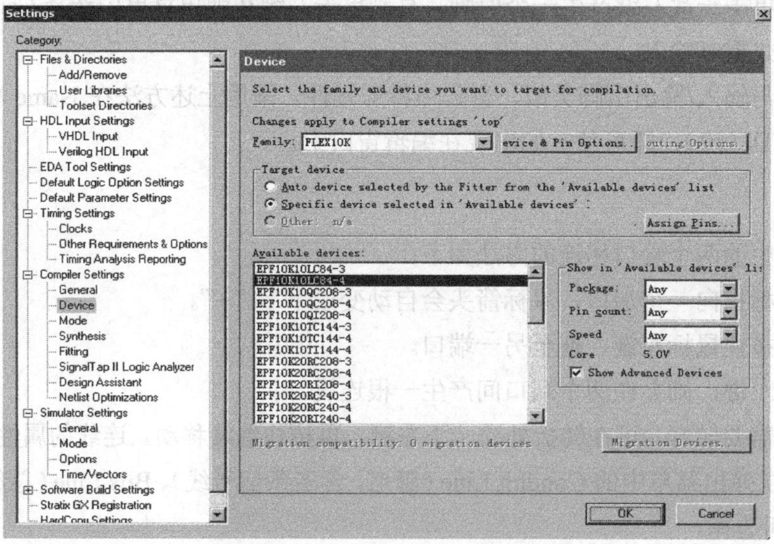

图 10.36 目标芯片选择对话框

10.2.3 Quartus II 仿真设计文件

仿真一般需要经过建立波形文件、输入信号节点、设置波形参量、编辑输入信号、波形文件存盘、运行仿真器和分析仿真波形等过程。

1. 建立波形文件

选择 File→New，在弹出的编辑文件类型对话框中，选择 Other Files 下的 Vector Waveform File 方式后，单击 OK 按键，或直接单击主窗口上的“创建新的波形文件”按钮，进入 Quartus II 波形编辑方式。

2. 输入信号节点

在波形编辑方式下，选择 Edit→Insert Node or Bus，或在波形文件编辑窗口的 Name 栏中单击鼠标右键，然后在弹出的菜单中选择 Insert Node or Bus 命令，即可弹出 Insert Node or Bus（插入节点或总线）对话框，如图 10.37 所示。在图 10.37 中单击 Node Finder...按钮，弹出节点发现者对话框，如图 10.38 所示。

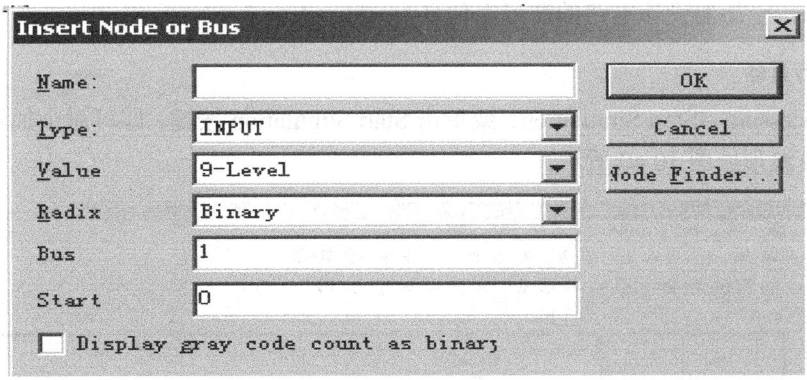

图 10.37　插入信号节点对话框

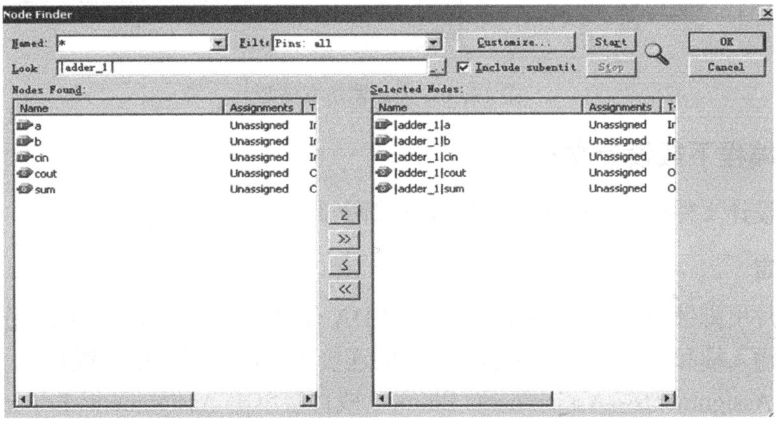

图 10.38　节点发现者对话框

3. 设置波形参量

Quartus II 默认的仿真时间域是 100ns，如果需要更长时间观察仿真结果，可选择 Edit→End Time...，然后在弹出的 End Time 窗口中，选择适当的仿真时间域，如图 10.39 所示。

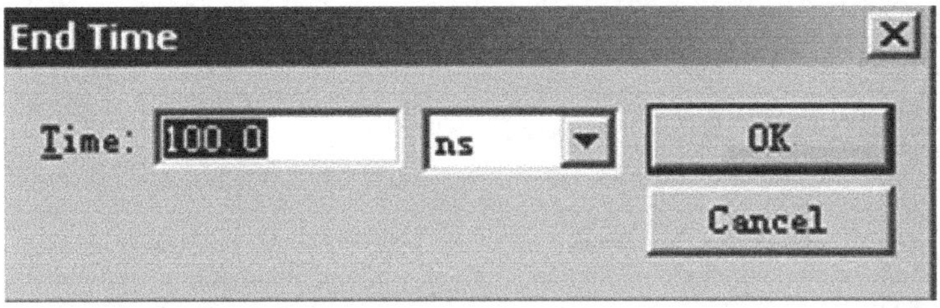

图 10.39　设置仿真时间域对话框

4. 编辑输入信号

输入信号 a、b 和 cin 编辑测试电平的方法及相关操作，与 MAX+plus II 中的基本相同。

5. 波形文件存盘

选择 File→Save，在弹出的 Save as 对话框中直接单击 OK 按钮，即可完成波形文件的存盘。在波形文件存盘操作中，系统会自动将波形文件名设置得与设计文件名同名，但文件类型是.vwf。例如，全加器设计电路的波形文件名为 adder_1.vwf。

6. 运行仿真器

选择 Processing→Start Simulation，或单击 Start Simulation 按键，即可对全加器设计电路进行仿真，仿真波形如图 10.40 所示。

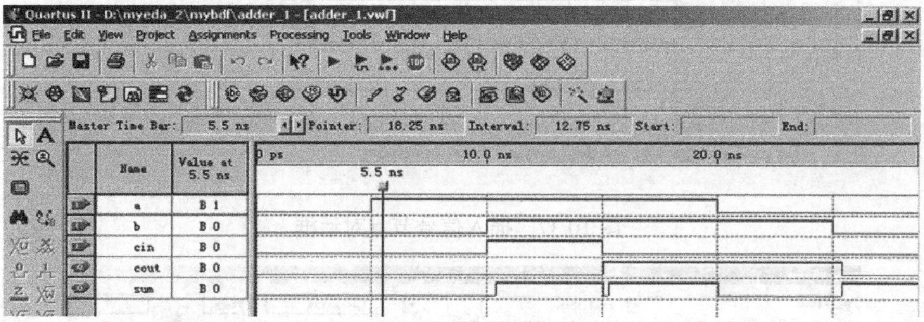

图 10.40 全加器仿真波形

10.2.4 编程下载设计文件

编程下载设计文件包括引脚锁定和编程下载两部分。

1. 引脚锁定

在目标芯片引脚锁定前，需要确定使用的 EDA 硬件开发平台及相应的工作模式。然后确定设计电路的输入端和输出端与目标芯片引脚的连接关系，再进行引脚锁定。

（1）选择 Assignments→Assignments Editor，或直接单击 Assignments Editor 按钮，弹出如图 10.41 所示的赋值编辑对话框，在对话框的 Category 栏中选择 Pin 项。

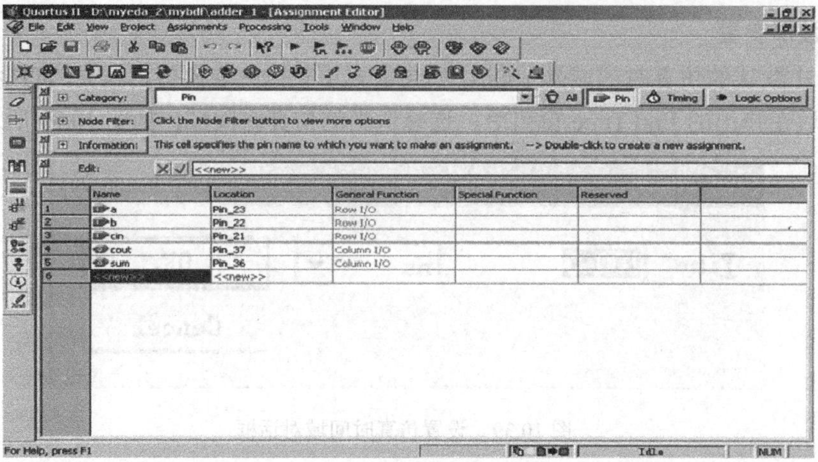

图 10.41 赋值编辑对话框

（2）双击 Name 栏目下的 new，在其下拉菜单中列出了设计电路的全部输入和输出端口名，例如全加器的 a、b、cin、cout、sum 端口等。用鼠标选择其中的一个端口后，再用鼠标双击 Location 栏下的 new，在其下拉菜单中列出了目标芯片全部可使用的 I/O 端口，然后用鼠标选择其中的一个 I/O 端口。例如，对于全加器的 a、b、cin、cout、sum 端口，分别选择 Pin_23、Pin_22、Pin_21、Pin_37、Pin_36。赋值编辑操作结束后，存盘并关闭此窗口，完成引脚锁定。

（3）锁定引脚后还需要对设计文件重新编译，产生设计电路的下载文件（.sof）。

2. 编程下载设计文件

在编程下载设计文件之前，需要利用硬件测试系统，这时要连接计算机的并行打印机接口，并打开电源。

设定编程方式的方法如下：选择 Tools→Programmer，或直接单击 Programmer 按钮，弹出如图 10.42 所示的设置编程方式窗口。

（1）选择下载文件。单击下载方式窗口左边的 Add File（添加文件）按键，在弹出的 Select Programming File（选择编程文件）的对话框（见图 10.43），选择全加器设计工程目录下的下载文件 adder_1.sof。

（2）设置硬件。在设置编程方式窗口中，单击 Hardwaresettings（硬件设置）按钮，在弹出的 Hardware Setup（硬件设置）对话框（见图 10.44）中单击 Add Hardware 按键，然后在弹出的 Add Hardware（添加硬件）对话框（见图 10.45）中选择 ByteBlasterMV 编程方式后，单击 OK 铵钮。

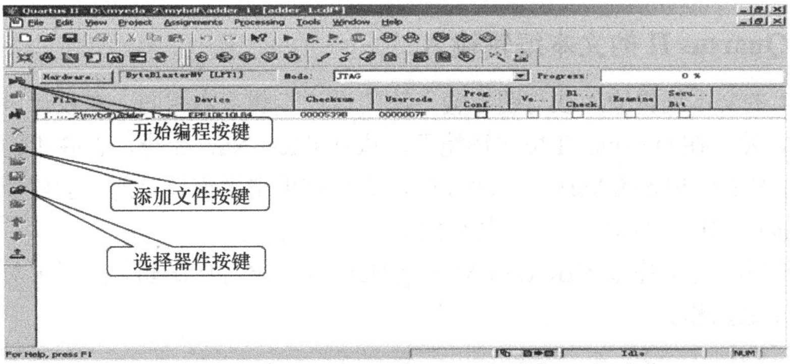

图 10.42　设置编程方式窗口

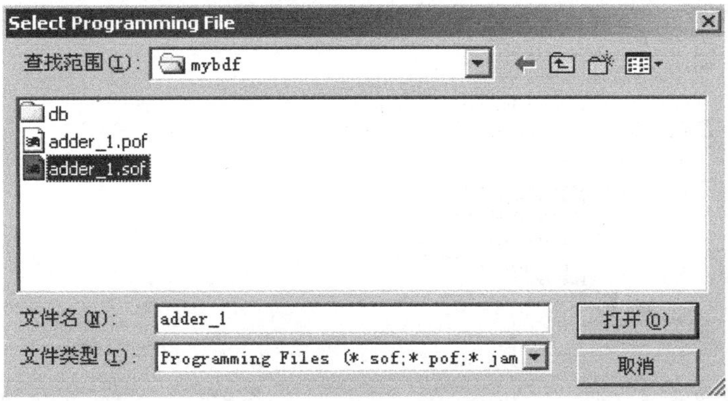

图 10.43　选择下载文件对话框

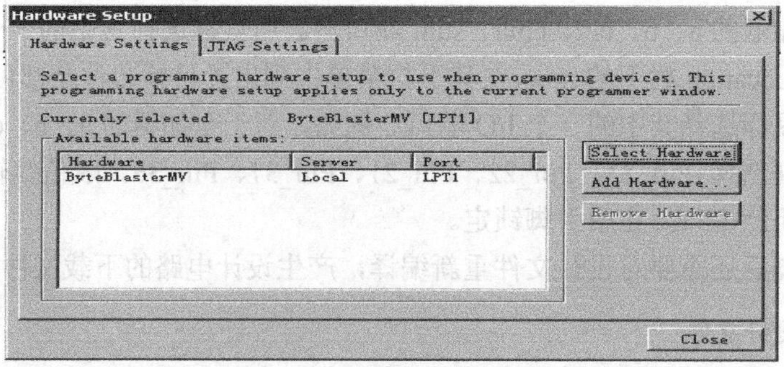

图 10.44 硬件设置对话框

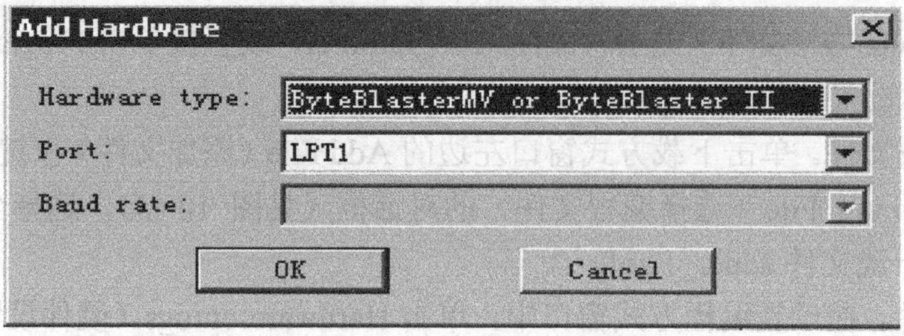

图 10.45 添加硬件对话框

（3）编程下载。选择 Processing→Start Programming，或直接单击 Start Programming 按钮，即可实现设计电路到目标芯片的编程下载。

10.2.5 Quartus II 的文本编辑输入

Quartus II 的文本编辑输入法与图形输入法的设计步骤基本相同。在设计电路时，首先要建立设计项目，然后在 Quartus II 集成环境下，执行 File→New 命令，在弹出的编辑文件类型对话框， 选择 VHDL File 或 Verilog HDL File，或直接单击主窗口上的“创建新的文本文件”按钮，进入 Quartus II 文本编辑方式，其界面如图 10.46 所示。

在文本编辑窗口中，完成 VHDL 或 Verilog HDL 设计文件的编辑，然后再对设计文件进行编译、仿真和下载操作。

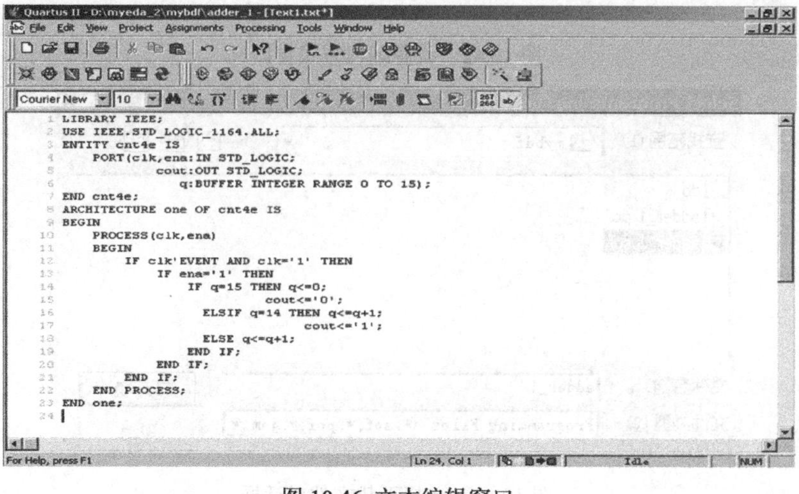

图 10.46 文本编辑窗口

习　题

10.1　根据 10.1 节中的 MAX+plus II 软件应用过程，应用 74161 设计一个十二进制计数器，并画出仿真图形。

10.2　根据 10.1 节中的 MAX+plus II 软件应用过程，应用 VHDL 语言描述 1 位全加器并仿真。

10.3　根据 10.1 节和 10.2 节的内容，总结 MAX+plus II 软件和 Quartus II 软件应用的异同。

第 11 章　实验指导

11.1　十进制计数器设计

1．实验目的

学会使用 MAX+plus II 的调试方法，能独立输入程序，并能正确连机操作，进而调试出正确的结果。理解 VHDL 语言的语法结构及其硬件描述过程，学会运用原理图设计和运用 VHDL 语言编程。

2．实验设备

系统微机、MAX+plus II 软件、EDA 实验箱。

3．实验步骤与内容

（1）启动 MAX+plus II 软件，打开原理图编辑器，调入 74161 宏功能模块，然后再调入必要的门电路，按照图 11.1 连线。

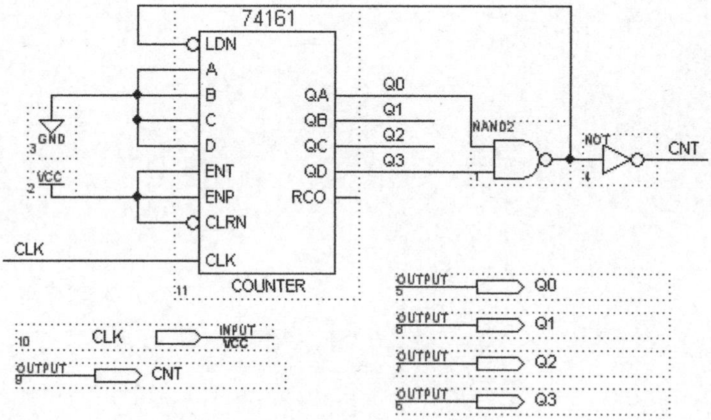

图 11.1　十进制计数器

（2）存盘后，选择 File→Project→Set Project to Current File，将源文件设置成当前项目文件，然后选择 MAX+plus II→Compiler 对原理图文件进行编译。

（3）选择 MAX+plus II→Waveform Editor 启动波形编辑器，设置时钟 CLK 波形；选择 MAX+plus II→Simulator 对设计的原理图进行时序仿真，验证设计是否正确，仿真波形图如图 11.2 所示。

（4）将实验箱上的 SELECT 拨码开关全部置成 ON 状态。

（5）选择设备。选择 Assign→Device，然后在出现的对话框中选择 FLEXl0K 系列的 EPF10K10LC84-4 器件并编译。

（6）引脚锁定。选择 Assign→Pin/Location/Chip，分别将 CLK、CNT、Q0、Q1、Q2、Q3 锁定在目标器件 EP10K10LC84-4 的第 1、61、16、17、18 和 19 脚上。

（7）编程下载。选择 MAX+plus II→Programmer，在弹出的对话框中单击 Configure 即可实现对器件的配置。

（8）实验现象。实验箱上的 LED0 数码管从 0 计到 9，当数值是 9 时，DLED0 发光二极管点亮。

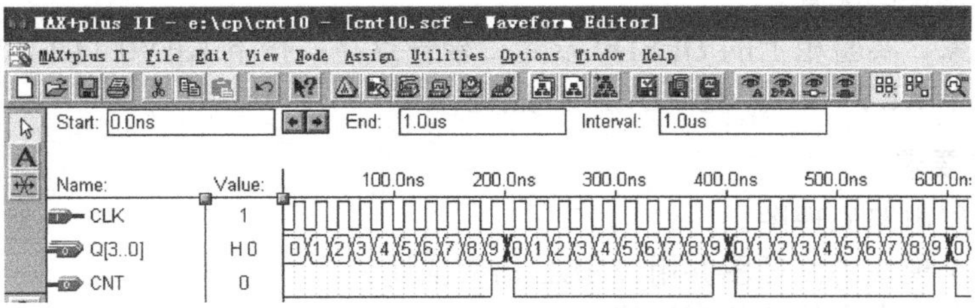

图 11.2　十进制计数器仿真波形

（9）启动文本编辑器，运用 VHDL 语言描述十进制计数器。注意：存盘时，文件名一定要与实体名一致，扩展名为 VHD。

（10）存盘，对 VHDL 语言源文件进行编译。

（11）按照以上步骤启动波形编辑器，对设计的原理图进行时序仿真，验证设计是否正确；然后将程序下载到实验箱中进行硬件验证。

4．实验报告要求

（1）叙述所设计的十进制计数器的工作原理。

（2）写出十进制计数器的 VHDL 语言源程序。

（3）画出运用 74161 模块设计的十进制计数器的原理图。

11.2　D 触发器设计

1．实验目的

掌握运用 VHDL 语言描述常用数字电路的方法，并能熟练掌握触发器电路的描述。

2．实验设备

系统微机、MAX+plus II 软件、EDA 实验箱。

3．实验步骤与内容

（1）启动 MAX+plus II 软件，打开文本编辑器，运用 VHDL 语言描述 D 触发器，设定 D 触发器的数据输入端为 D；清零端为 CLR，高电平有效；数据输出端为 Q，时钟输入端为 CLK，上升沿有效。

（2）存盘后，选择 File→Project→Set Project to Current File 将源文件设置成当前项目文件，选择 MAX+plus II→Compiler，对 VHDL 语言源文件进行编译。

（3）选择 MAX+plus II→Waveform Editor 启动波形编辑器，按照图 11.3 设置输入波形；选择 MAX+plus II→Simulator 对设计的 D 触发器进行时序仿真，仿真波形如图 11.4 所示。

（4）选择设备。选择 Assign→Device，然后在出现的对话框中选择 FLEX10K 系列的 EPF10K10LC84-4 器件并编译。

（5）引脚锁定。选择 Assign→Pin/Location/Chip，分别将 CLK、CLR、D、Q 锁定在目标器件 EP10K10LC84-4 的第 1、2、42、61 脚上，引脚锁定完成后一定要再重新编译源文件。

（6）编程下载。选择 MAX+plus II→Programmer，在弹出的对话框中单击 Configure 即可实现对器件的配置。

（7）实验现象。实验箱上的 DLED0 发光二极管点亮；按下 KEY0（CLR）键，DLED0 熄灭；按下 KEY1（D）键，DLED0 点亮。

4．实验报告要求

（1）画出顶层电路原理图。

（2）画出各个模块的原理图并用 VHDL 语言描述。

（3）画出有关仿真文件的仿真波形。

（4）叙述顶层原理图的工作原理。

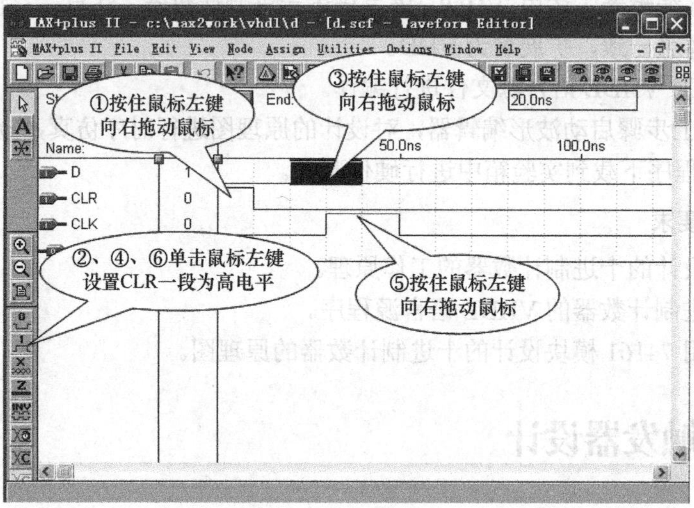

图 11.3　设置 D 触发器的输入波形

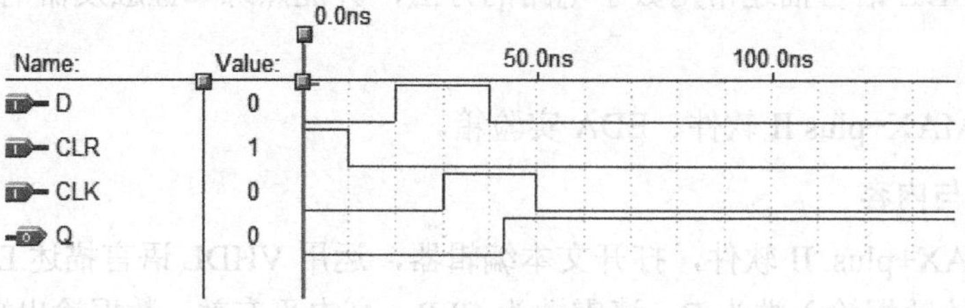

图 11.4　D 触发器仿真波形

11.3　8 位加法器设计

1．实验目的

熟练掌握运用 VHDL 语言描述 4 位二进制并行加法器，并能通过元件例化的方法实现 8 位二进制并行加法器设计，掌握各个底层元件的连接关系，运用 PORT MAP 语句进行端口映射关系设置。

2．实验设备

系统微机、MAX+plus II 软件、EDA 实验箱。

3．实验步骤与内容

（1）启动 MAX+plus II 软件，打开文本编辑器，运用 VHDL 描述 4 位二进制并行加法器。

（2）存盘后，选择 File→Project→Set Project to Current File，将源文件设置成当前项目文件，然后选择 MAX+plus II→Compiler，对源文件进行编译；生成模块文件，供顶层文件调用。

（3）按照时序关系，运用元件例化的方法设计 8 位二进制并行加法器。

（4）存盘后，将源文件设置成当前项目文件，对源文件进行编译。

（5）选择 MAX+plus II→Waveform Editor 启动波形编辑器，设置输入信号波形。加数 A 的仿真波形设置如图 11.5、图 11.6、图 11.7 所示，在图 11.7 所示的对话框中，执行完第②步后，弹出如图 11.8 所示对话框，单击 OK 即可。设置完成之后，加数 A 的波形如图 11.9 所示。

（6）按照同样的方法，设置另一个加数 B，设置完成之后的波形图如图 11.10 所示。

（7）设置进位输入端 CIN，如图 11.11 所示。

（8）选择 MAX+plus II→Simulator 对设计的加法器进行时序仿真，仿真波形如图 11.12 所示。其中 A7～A0 为加法器的一个加数，B7～B0 为加法器的另一个加数，S7～S0 为加法器的和，CIN 为加法器接受低位进位输入端，COUT 为加法器向高位进位输出端。

（9）实验现象。通过设置加数和被加数不同的值，在输出的仿真波形显示出相加的和；相加有进位时，进位输出端输出一个高电平。

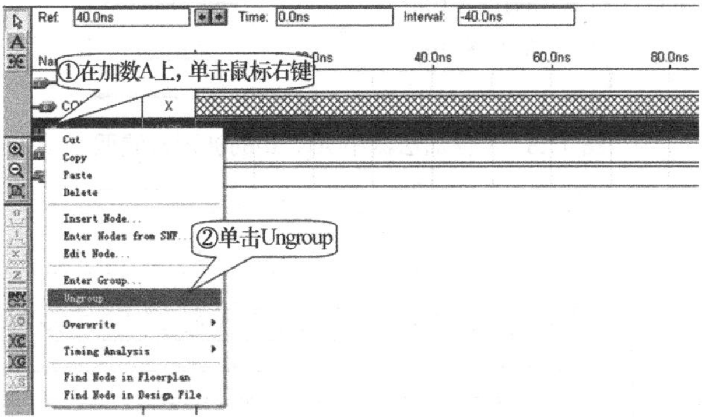

图 11.5　8 位加法器中 A[7..0]的波形设置一

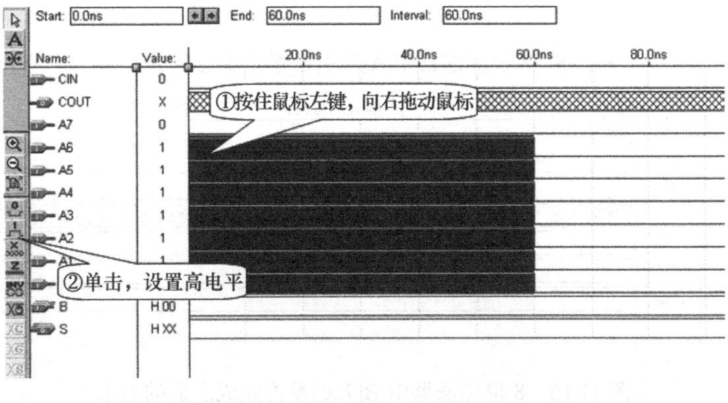

图 11.6　8 位加法器中 A[7..0]的波形设置二

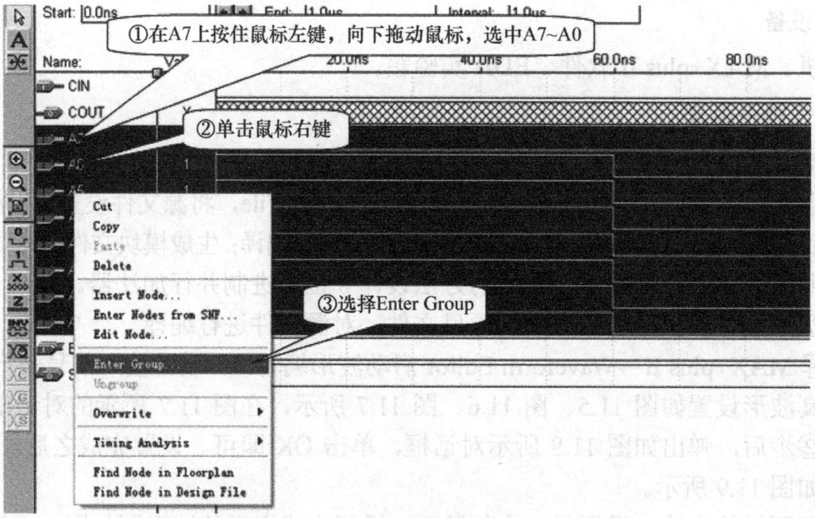

图 11.7 8 位加法器中 A[7..0]的波形设置三

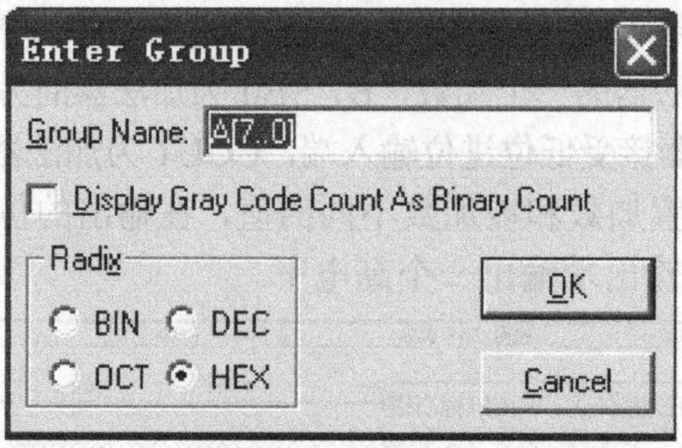

图 11.8 8 位加法器中 A[7..0]的波形设置四

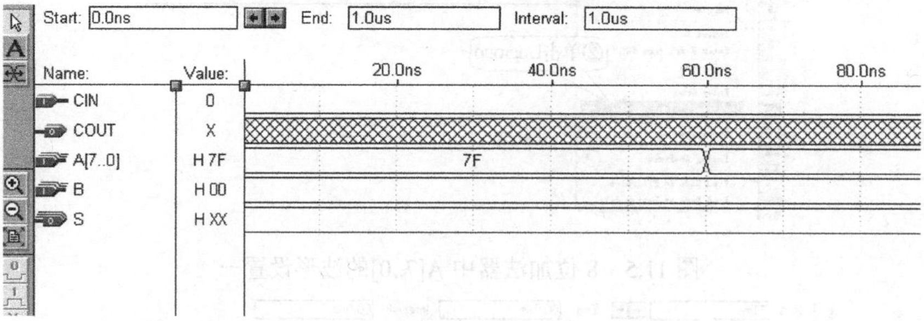

图 11.9 8 位加法器中 A[7..0]设置完成之后的波形

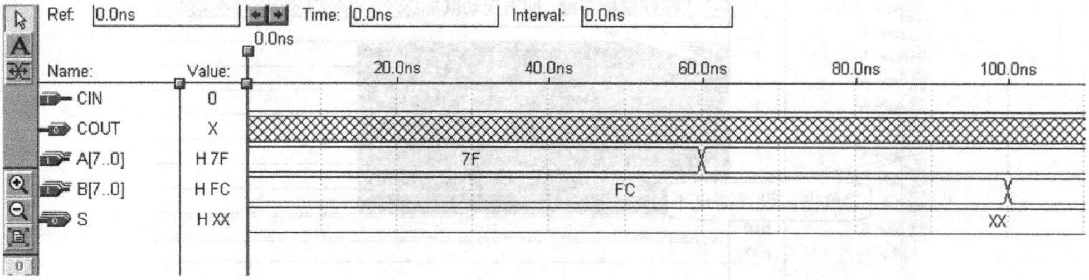

图 11.10 8 位加法器中 B[7..0]设置完成之后的波形

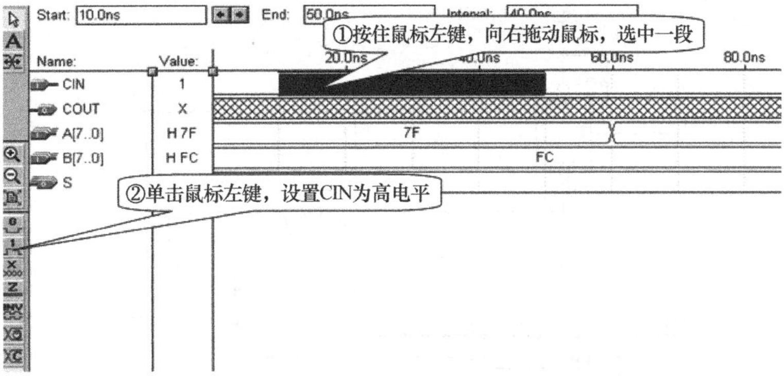

图 11.11　设置 CIN 完成之后的波形

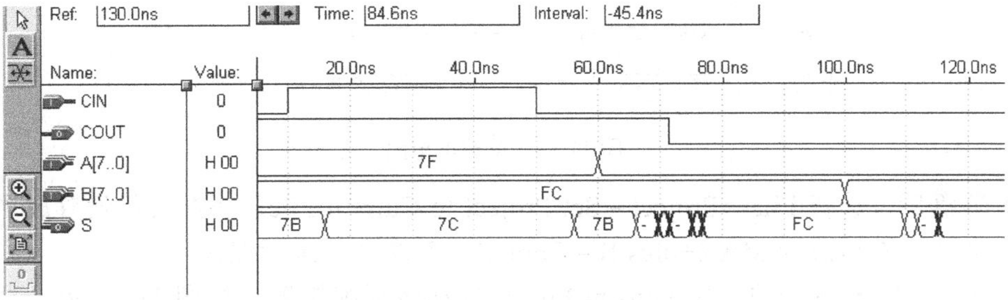

图 11.12　8 位加法器的仿真波形

4．实验报告要求

（1）画出顶层电路原理图。

（2）画出各个模块的原理图并用 VHDL 语言描述。

（3）画出有关仿真文件的仿真波形。

（4）叙述顶层原理图的工作原理。

11.4　单稳态电路设计

1．实验目的

进一步掌握运用 VHDL 语言描述常用数字电路的方法，熟练掌握各个独立元件之间的连接关系，分析信号之间的传递关系，能设计较复杂的数字电路。熟练掌握各个子模块之间的时序传递关系，掌握运用元件例化的方法进行顶层电路设计。

2．实验设备

系统微机、MAX+plus II 软件、EDA 实验箱。

3．实验步骤与内容

（1）启动 MAX+plus II 软件，打开文本编辑器，运用 VHDL 描述十进制计数器。

（2）运用 VHDL 语言描述 D 触发器和非门电路。

（3）按照时序关系连接电路，参考连接如图 11.13 所示。图 11.14 为单稳态电路底层文件 CNT。

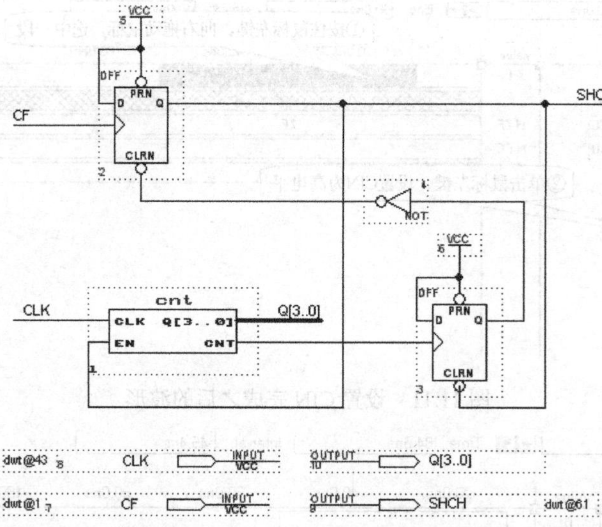

图 11.13　单稳态电路

（4）存盘后，选择 File→Project→Set Project to Current File，将源文件设置成当前项目文件，然后选择 MAX+plus II→Compiler 对源文件进行编译。

（5）选择 MAX+plus II→Waveform Editor 启动波形编辑器，按图 11.15 所示设置完成后，选择 MAX+plus II→Simulator 进行仿真，选择 View→Fit in Windows，仿真波形如图 11.16 所示。

（6）选择设备。选择 Assign→Device，选择 FLEXl0K 系列的 EPF10K10LC84-4 器件并编译。

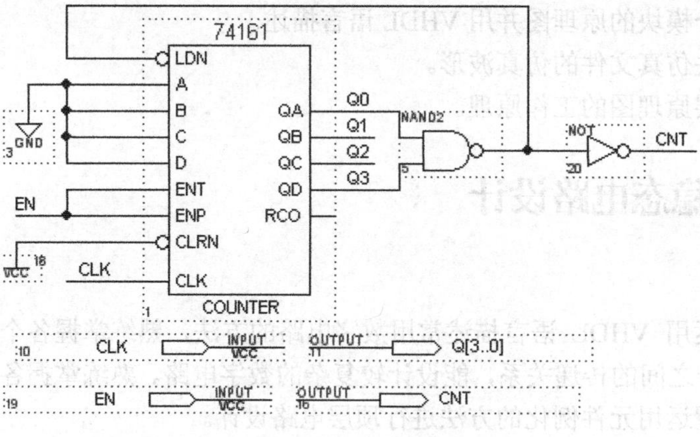

图 11.14　单稳态电路设计底层文件 CNT

（7）引脚锁定。选择 Assign→Pin/Location/Chip，分别将 CF、CLK、SHCH 引脚锁定到实验箱的 1、43、61 引脚上，并将 JP1 设置成 1Hz，JP2 设置成 100Hz。引脚锁定完成之后一定要再重新编译源文件。

（8）编程下载。选择 MAX+plus II→Programmer，单击弹出对话框中的 Configure 即可实现对器件的配置。

（9）实验现象：发光二极管 LED0 一亮一灭地闪动。

4. 实验报告要求

（1）画出顶层电路的原理图。

（2）画出各个模块原理图并用 VHDL 语言描述。

（3）画出有关仿真文件的仿真波形。

（4）叙述顶层原理图的工作原理。

（5）叙述各个模块电路的工作原理。

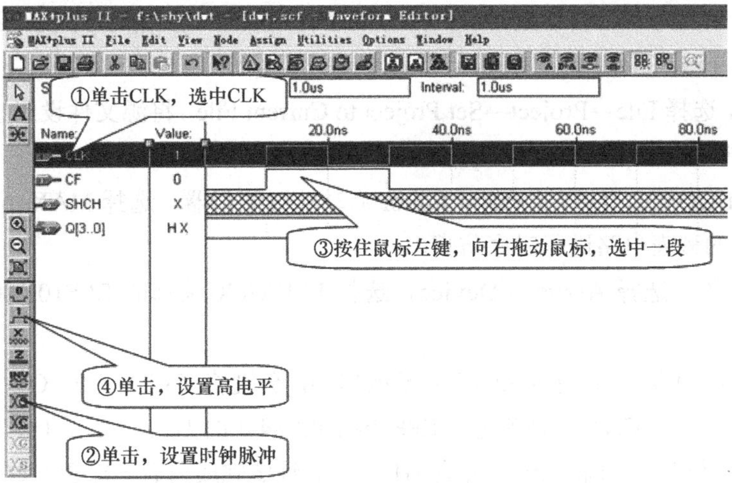

图 11.15　波形仿真设置

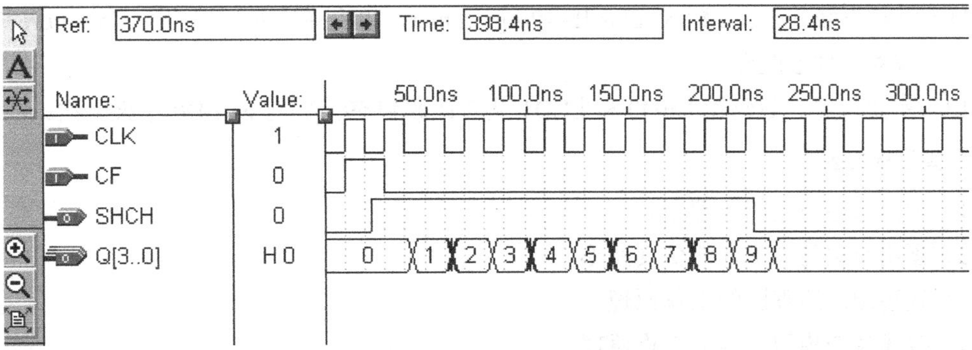

图 11.16　单稳态仿真波形

11.5　秒表设计

1. 实验目的

进一步掌握运用 VHDL 语言描述常用数字电路的方法，熟练掌握各个独立元件之间的连接关系，并能分析信号之间的传递关系，能设计较复杂的数字电路。熟练掌握各个子模块之间的时序传递关系。

2. 实验设备

系统微机、MAX+plus II 软件、EDA 实验箱。

3．实验步骤与内容

（1）启动 MAX+plus II 软件，打开文本编辑器或原理图编辑器，运用 VHDL 描述十进制计数器，或运用原理图描述十进制计数器。

（2）运用 VHDL 描述六进制计数器，或运用原理图描述六进制计数器。

（3）生成十进制计数器和六进制计数器的图标文件。

（4）将实验箱上的 SELECT 拨码开关全部置成 ON 状态。

（5）秒表的十位为六进制计数器，个位为十进制计数器，按照时序关系连接电路，参考连接如图 11.17 所示。

（6）存盘后，选择 File→Project→Set Project to Current File，将源文件设置成当前项目文件，然后选择 MAX+plus II→Compiler 对源文件进行编译。

（7）选择 MAX+plus II→Waveform Editor 启动波形编辑器，选择 MAX+plus II→Simulator 对设计的秒表电路进行时序仿真。

（8）选择设备。选择 Assign→Device，选择 FLEX10K 系列的 EPF10K10LC84-4 器件并编译。

（9）引脚锁定。选择 Assign→Pin/Location/Chip，分别将 CLK、Q0、Q1、Q2、Q3、Q4、Q5、Q6、Q7、CNT 引脚锁定到 EPF10K10LC84-4 的 1、16、17、18、19、21、22、23、24、61 引脚上，并将 JP1 设置成 1Hz，引脚锁定完成之后一定要再重新编译源文件。

（10）根据已学过的数字电路知识，设计六十进制计数器的进位输出端。

（11）编程下载。选择 MAX+plus II→Programmer，单击弹出对话框中的 Configure 即可实现对器件的配置。

（12）实验现象。数码管 LED0 和 LED1 从 0 计数到 59，同时 SLED0 熄灭一次。

4．实验报告要求

（1）画出顶层电路的原理图。

（2）画出有关仿真文件的仿真波形。

（3）叙述顶层原理图的工作原理。

（4）叙述各个模块电路的工作原理。

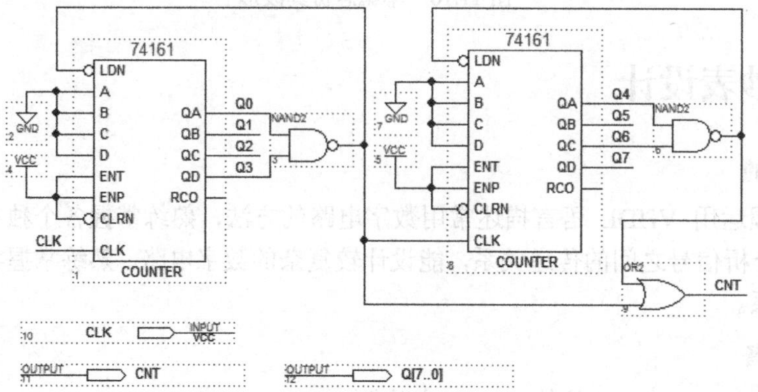

图 11.17 秒表电路

11.6　循环彩灯控制电路设计

1．实验目的

进一步掌握在 FPGA/CPLD 中数字电路的设计方法，能熟练掌握各个独立元件之间的连接关系，并能够准确地设计各个电路之间的逻辑关系，能设计较复杂的数字电路。

2．实验设备

系统微机、MAX+plus II 软件、EDA 实验箱。

3．实验步骤与内容

（1）启动 MAX+plus II 软件，打开文本编辑器或原理图编辑器，运用 VHDL 描述或运用原理图描述彩灯控制逻辑。

（2）存盘后，选择 File→Project→Set Project to Current File，将源文件设置成当前项目文件，选择 MAX+plus II→Compiler 对源文件进行编译。

（3）选择 MAX+plus II→Waveform Editor 启动波形编辑器，设置 CLK 的波形，选择 MAX+plus II→Simulator 对设计的控制电路进行时序仿真，仿真波形图如图 11.18 所示。

（4）选择设备。选择 Assign→Device，选择 FLEXl0K 系列的 EPF10K10LC84-4 器件并编译。

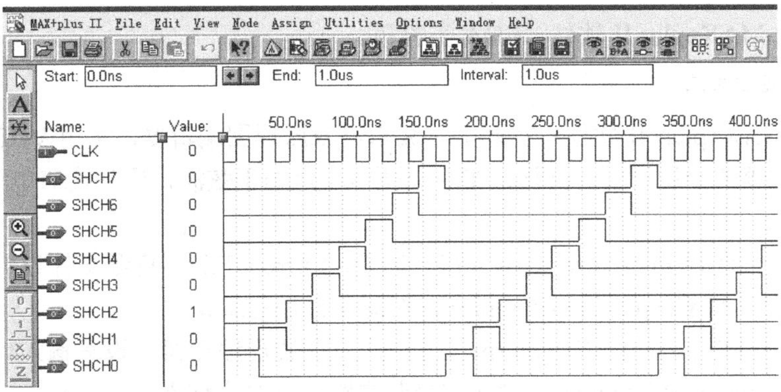

图 11.18　仿真波形图

（5）引脚锁定。选择 Assign→Pin/Location/Chip，分别将 SHCH0、SHCH1、SHCH2、SHCH3、SHCH4、SHCH5、SHCH6、SHCH7 的引脚锁定到 EPF10K10LC84-4 的 61、62、64、65、66、67、71、72 引脚上，CLK 时钟引脚锁定到 1 引脚上，并将 JP1 设置成 10Hz。引脚锁定完成之后一定要再重新编译源文件，硬件接口电路如图 11.19 所示。

（6）编程下载。选择 MAX+plus II→Programmer，单击弹出对话框中的 Configure 即可实现对器件的配置。

（7）实验现象。发光二极管 DLED0、DLED1、DLED2、DLED3、DLED4、DLED5、SLED6、SLED7 依次点亮。

4．实验报告要求

（1）画出顶层电路的原理图。

（2）画出有关仿真文件的仿真波形。

（3）叙述顶层原理图的工作原理。

（4）叙述各个模块电路的工作原理。

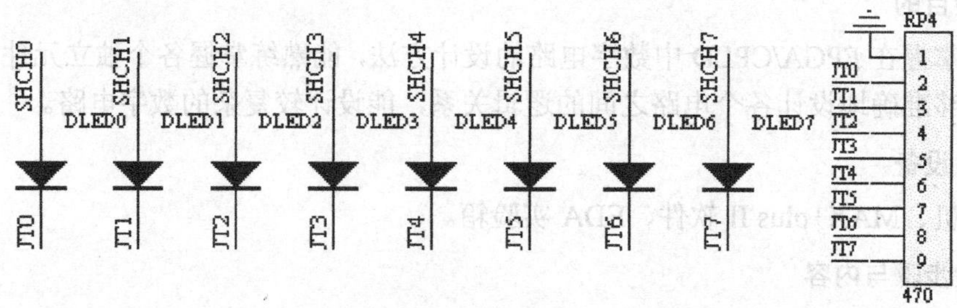

图 11.19　循环彩灯硬件接口电路图

11.7　D/A 控制电路设计

1．实验目的

进一步掌握在 FPGA/CPLD 中数字电路的设计方法，熟练掌握各个独立元件之间的连接关系，并能准确地设计各个电路之间的逻辑关系，能设计较复杂的数字电路。

2．实验设备

系统微机、MAX+plus II 软件、EDA 实验箱。

3．实验步骤与内容

（1）启动 MAX+plus II 软件，打开文本编辑器或原理图编辑器，运用 VHDL 描述 D/A 波形发生器的控制逻辑，并通过 D/A 发出 64 点的正弦波，硬件接口电路如图 11.20 所示。

（2）存盘后，选择 File→Project→Set Project to Current File，将源文件设置成当前项目文件，选择 MAX+plus II→Compiler，对源文件进行编译。

（3）选择 MAX+plus II→Waveform Editor，启动波形编辑器，设置输入信号波形，选择 MAX+plus II→Simulator 对设计的控制电路进行时序仿真。

（4）选择设备。选择 Assign→Device，选择 FLEXl0K 系列的 EPF10K10LC84-4 器件并编译。

（5）引脚锁定。选择 Assign→Pin/Location/Chip，分别将 D0～D7 锁定到 EPF10K10LC84-4 的 38、39、47、48、49、50、51、52 引脚，WR、CS 分别是 59 和 60 引脚，控制程序的时钟引脚是 1，并将 JP1 设置成 1MHz，引脚锁定完成之后一定要再重新编译源文件。

（6）编程下载。选择 MAX+plus II→Programmer，单击弹出对话框中的 Configure 即可实现对器件的配置。

（7）实验现象。通过示波器观察实验箱的 D/A 输出端输出的正弦波。

4．实验报告要求

（1）画出顶层电路的原理图。

（2）画出有关仿真文件的仿真波形。
（3）叙述顶层原理图的工作原理。
（4）叙述各个模块电路的工作原理。

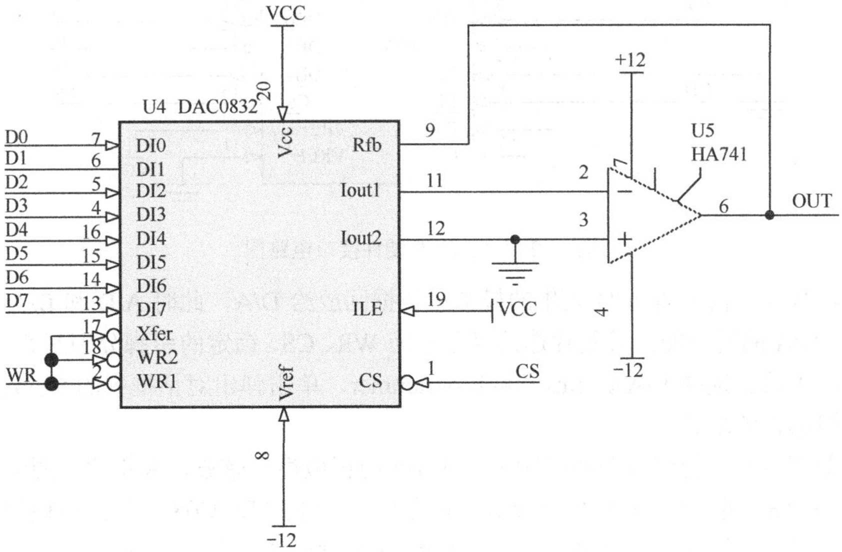

图 11.20　D/A 波形发生器硬件接口电路图

11.8　A/ D 采样控制器设计

1．实验目的

进一步掌握在 FPGA/CPLD 中数字电路的设计方法，能熟练掌握各个独立元件之间的连接关系，并能准确地设计各个电路之间的逻辑关系，能设计较复杂的数字电路。

2．实验设备

系统微机、MAX+plus II 软件、EDA 实验箱。

3．实验步骤与内容

（1）启动 MAX+plus II 软件，打开文本编辑器或原理图编辑器，运用 VHDL 描述 A/D 采样控制器，通过 A/D 采集正弦波并通过 D/A 还原，硬件接口电路如图 11.21 所示。
（2）存盘后，选择 File→Project→Set Project to Current File，将源文件设置成当前项目文件，选择 MAX+plus II→Compiler 对源文件进行编译。
（3）选择 MAX+plus II→Waveform Editor，启动波形编辑器，设置输入波形；选择 MAX+plus II→Simulator，对设计的控制电路进行时序仿真。
（4）选择设备。选择 Assign→Device，选择 FLEX10K 系列的 EPF10K10LC84-4 器件并编译。
（5）引脚锁定。选择 Assign→Pin/Location/Chip，分别将 D0～D7 引脚锁定到 EPF10K10LC84-4 的 38、39、47、48、49、50、51、52 引脚，RD、EN 分别是 54 和 58 引脚，控制程序的时钟引脚是 1，并将 JP1 设置成 1MHz，引脚锁定完成之后一定要再重新编译源文件。

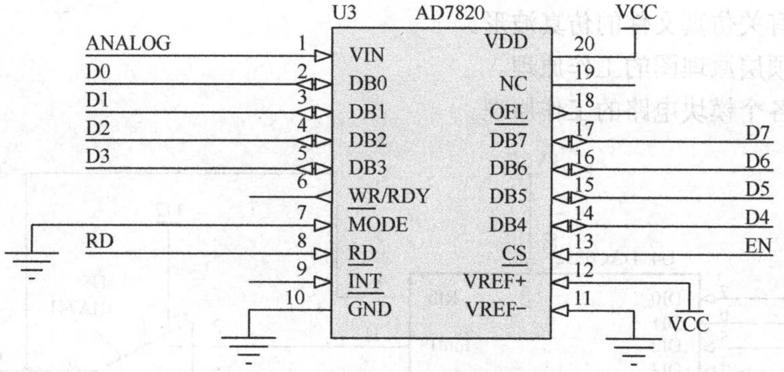

图 11.21 AD7820 硬件接口电路图

（6）控制程序中需要将 A/D 采集的模拟量数据回放给 D/A，此时 A/D 和 D/A 共用数据总线，D/A 的写使能信号及片选信号分别为 WR、CS，锁定的引脚分别是 59 和 60 引脚。

（7）编程下载。选择 MAX+plus II→Programmer，单击弹出对话框中的 Configure 即可实现对器件的配置。

（8）调节信号源，使信号源输出频率为 1kHz 的正极性正弦波，并将信号源的输出端接到 ANALOG 端，AD7820 转换成数字量之后，再通过 DAC0832 转换成模拟量输出。

（9）实验现象。通过示波器观察在实验箱的 D/A 输出端输出的正弦波。

4．实验报告要求

（1）画出顶层电路的原理图。

（2）画出有关仿真文件的仿真波形。

（3）叙述顶层原理图的工作原理。

（4）叙述各个模块电路的工作原理。

11.9 数字频率计设计

1．实验目的

熟练掌握运用数字频率计的设计方法，并能描述其工作原理。

2．实验设备

系统微机、MAX+plus II 软件、EDA 实验箱。

3．实验步骤与内容

（1）启动 MAX+plus II 软件，打开文本编辑器，运用 VHDL 语言描述十进制计数器。

（2）存盘，选择 File→Project→Set Project to Current File 将源文件设置成当前项目文件，选择 MAX+plus II→Compiler 对源文件进行编译。

（3）选择 File→Create Default Symbol 生成图标文件。

（4）将 4 个十进制计数器级联成 4 位十进制计数器，或通过元件例化的方式级联成 4 位十进制计数器。

（5）运用 VHDL 语言描述锁存器，锁存计数器的输出值。

（6）设计数字频率计的顶层文件并编译。

（7）选择设备。选择 Assign→Device，选择 FLEX10K 系列的 EPF10K10LC84-4 器件并编译。

（8）将锁存器的输出端从低到高分别锁定到 16、17、18、19、21、22、23、24、25、27、28、29、30、35、36、37 引脚，时钟端锁定到 1 引脚，并设定时钟频率 1Hz，外部频率端锁定到 43 引脚上并编译，引脚锁定完成之后一定要再重新编译源文件。

（9）编程下载。选择 MAX+plus II→Programmer，单击弹出对话框中的 Configure 即可实现对器件的配置。

（10）实验现象。频率计显示给定的频率值。

4．实验报告要求

（1）画出顶层电路的原理图。

（2）画出有关仿真文件的仿真波形。

（3）叙述顶层原理图的工作原理。

（4）叙述各个模块电路的工作原理。

11.10 正负脉宽数控调制信号发生器的设计

1．实验目的

熟练掌握运用 VHDL 语言描述正负脉宽数控调制信号发生器的方法，并能描述其工作原理及其应用。

2．实验设备

系统微机、MAX+plus II 软件、EDA 实验箱。

3．实验步骤与内容

（1）启动 MAX+plus II 软件，打开文本编辑器，运用 VHDL 描述正负脉宽数控调制信号发生器的底层文件。

（2）存盘，选择 File→Project→Set Project to Current File，将源文件设置成当前项目文件，选择 MAX+plus II→Compiler，对 VHDL 语言源文件进行编译。

（3）按照如图 11.22 所示原理图设计顶层文件。

（4）选择 MAX+plus II→Waveform Editor，启动波形编辑器，设置输入信号波形，选择 MAX+plus II→Simulator 对设计的控制电路进行时序仿真。

（5）实验现象。设置 A0、A1、A2、A3、A4、A5、A6、A7、B0、B1、B2、B3、B4、B5、B6、B7 不同的状态，输出的仿真波形脉宽发生变化。

4．实验报告要求

（1）画出顶层电路的原理图。

（2）画出有关仿真文件的仿真波形。

（3）叙述顶层原理图的工作原理。

（4）叙述各个模块电路的工作原理。

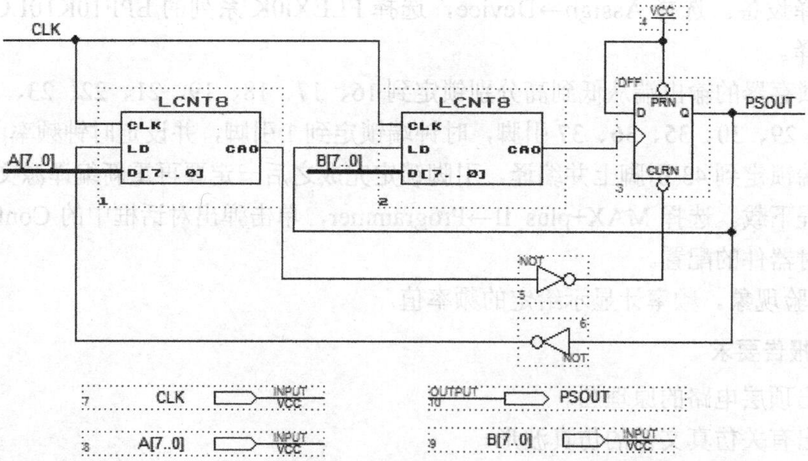

图 11.22 正负脉宽数控调制信号发生器顶层文件

11.11 序列检测器设计

1．实验目的

熟练掌握运用 VHDL 语言描述序列检测器的方法，并能描述其工作原理及其应用。

2．实验设备

系统微机、MAX+plus II 软件、EDA 实验箱。

3．实验步骤与内容

（1）启动 MAX+plus II 软件，打开文本编辑器或原理图编辑器，运用 VHDL 描述序列检测器。

（2）存盘，选择 File→Project→Set Project to Current File，将源文件设置成当前项目文件，选择 MAX+plus II→Compiler，对源文件进行编译。

（3）选择 MAX+plus II→Waveform Editor，启动波形编辑器，选择 MAX+plus II→Simulator 对设计的电路进行时序仿真，仿真时序图如图 11.23 所示。

（4）实验现象。如果检测的序列值是“01111110”，Q 输出 1，否则输出 0。

4．实验报告要求

（1）运用 VHDL 语言描述序列检测器。

（2）描述序列检测器的工作原理。

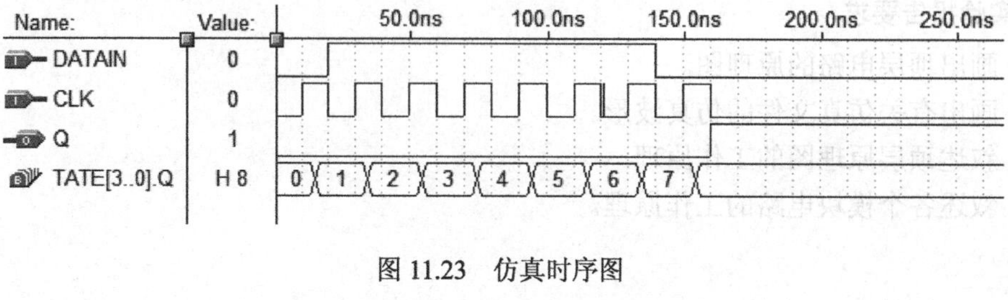

图 11.23 仿真时序图

参 考 文 献

[1] 林明权．VHDL 数字控制系统设计范例．北京：电子工业出版社，2002
[2] 卢毅，赖杰．VHDL 与数字设计．北京：科技出版社，2001
[3] 潘松，黄继业．EDA 技术实用教程．北京：科技出版社，2000
[4] 王毓银．数字电路逻辑设计．北京：高等教育出版社，1999
[5] 廖裕评，陆瑞强．CPLD 数字电路设计（使用 MAX+plus Ⅱ入门篇）．北京：清华大学出版社，2002
[6] 杨晖，张风言．大规模可编程逻辑器件与数字系统设计．北京：航空航天大学出版社，2001
[7] 褚振勇，翁木云．FPGA 设计及应用．西安：电子科技大学出版社，2001
[8] 朱明程．可编程逻辑系统的 VHDL 设计技术．南京：东南大学出版社，2000
[9] 王志华，邓阳东．数字集成化系统的结构化设计与高层次综合．北京：清华大学出版社，1998
[10] 候伯亨，顾新．VHDL 硬件描述语言与数字逻辑电路设计．西安：电子科技大学出版社，2003
[11] 潘松，王国栋．VHDL 实用教程．成都：电子科技大学出版社，2001
[12] 谭会生，张昌凡．EDA 技术及应用．西安：电子科技大学出版社，2001
[13] Altera Corporation. Altera Digital Library. Alter 2002
[14] Xilinx Inc. Data Book 2001. Xilinx，2001
[15] VHDL Language Reference Guide, Aldec Inc.Henderson NV USA, 1999
[16] VHDL Reference Guide, Xilinx Inc.San Jose USA, 1998